分析化学分析方法
及其应用的研究

田继兰　乌兰其其格　吕雅娟　著

中国原子能出版社

图书在版编目(CIP)数据

分析化学分析方法及其应用的研究 / 田继兰,乌兰
其其格,吕雅娟著. -- 北京:中国原子能出版社,
2020.7
 ISBN 978-7-5221-0733-2

Ⅰ.①分… Ⅱ.①田… ②乌… ③吕… Ⅲ.①分析化
学—分析方法—研究 Ⅳ.①O652

中国版本图书馆 CIP 数据核字(2020)第 138681 号

内 容 简 介

近年来,电子技术和计算机的飞速发展,学科的交叉、渗透和融合,不断促进分析化学新理论、新方法和新技术的产生。本书对一些常见的分析化学的分析方法进行重点介绍,突出其原理、作用和应用。本书首先对定量分析中的误差及分析数据处理、定性分析法进行阐述,然后重点介绍了酸碱平衡与酸碱滴定法、配位滴定法、氧化还原滴定法、沉淀滴定法、重量分析法及一些常用的仪器分析法,最后对分析化学中的样品制备及常用分离方法进行分析。本书语言简明扼要,详略得当,重点突出,列举了不少应用实例便于理解,是一本值得学习研究的著作。

分析化学分析方法及其应用的研究

出版发行　中国原子能出版社(北京市海淀区阜成路 43 号　100048)
责任编辑　张　琳
责任校对　冯莲凤
印　　刷　三河市铭浩彩色印装有限公司
经　　销　全国新华书店
开　　本　787mm×1092mm　1/16
印　　张　17.5
字　　数　314 千字
版　　次　2021 年 5 月第 1 版　2021 年 5 月第 1 次印刷
书　　号　ISBN 978-7-5221-0733-2　　定　价　84.00 元

网址:http://www.aep.com.cn　　E-mail:atomep123@126.com
发行电话:010-68452845　　　　　版权所有　侵权必究

前　言

　　分析化学是关于研究物质的组成、含量、结构和形态等化学信息的分析方法及理论的一门科学，是化学的一个重要分支。分析化学的发展水平反映了一个国家的科学、技术的先进程度。现代分析化学如今已被广泛应用于地质普查、矿产勘探、冶金、化学工业、能源、农业、医药、临床化验、环境保护、商品检验、考古分析、法医刑侦鉴定等各领域。

　　近年来，电子技术和计算机的飞速发展，学科的交叉、渗透和融合，不断促进分析化学新理论、新方法和新技术的产生。但同时还需要看到的是，生命、材料和环境的发展变化也带来了一系列问题，如分析对象的多样性、不确定性和复杂性等，这些都使分析化学的研究面临严峻挑战。在此背景下，作者写作了《分析化学分析方法及其应用的研究》一书。

　　本书对一些常见的分析化学的分析方法进行重点介绍，突出其原理、作用和应用。全书共 10 章。第 1 章绪论，对分析化学进行了简单介绍。第 2 章讨论了定量分析中的误差及分析数据处理。第 3 章为定性分析法导论。第 4 章～第 8 章为重点章节，分别介绍了酸碱平衡与酸碱滴定法、配位滴定法、氧化还原滴定法、沉淀滴定法、重量分析法。第 9 章介绍了一些常用的仪器分析法。第 10 章则对分析化学中的样品制备及常用分离方法进行分析。

　　本书具有如下特点：

　　1. 写作时力求做到语言简明扼要，详略得当，重点突出。

　　2. 插图、表格的运用增加了本书的趣味性和直观性。

　　3. 结合应用实例，保证科学性、系统性的前提下，以实用为原则。

　　本书在写作过程中得到了许多同行专家的支持和帮助；同时，参阅了大量的著作与文献资料，选用了其中的部分内容和习题，在此一并表示感谢。限于作者水平，本书虽经过多次修正，仍难免有疏漏和不当之处，敬请专家、同行和广大读者批评指正。

作　者

2020 年 2 月

目　　录

第1章 绪 论

分析化学学科的发展历史悠久,在科学史上,分析化学曾经是化学研究的开路先锋。分析化学的定性发展史始于波义耳,定量测定是由拉瓦锡(AL. Lavoisier)在由汞和氧形成氧化汞的实验中引进的,这为分析化学发展提供了理论基础和技术条件。随着工业生产和新兴科学技术的发展,分析化学已在工农业生产、环境保护和人类健康等各领域的质量控制系统的建立方面做出了重大贡献。

1.1 分析化学的定义、任务和作用

1.1.1 分析化学的定义

分析化学(analytical chemistry)是人们获得物质化学组成、含量和结构等信息的分析方法及有关理论的科学,即化学信息科学。分析化学以化学基本理论和实验技术为基础,并吸收物理、生物、统计、电子计算机、自动化等方面的知识以充实本身的内容,从而解决科学与技术所提出的各种分析问题。

1.1.2 分析化学的任务

分析化学的任务是采用各种方法,应用各种仪器测定其中的有关物质的化学组分(或成分)、各组分的含量以及鉴定物质的形态与结构,从而解决物质的构成及其性质的问题,它们分别隶属于定性分析(qualitative analysis)、定量分析(quantitative analysis)和结构分析(structural analysis)研究的范畴。

1.1.3 分析化学的作用

分析化学不仅对化学学科本身的发展起着重大推进作用,而且对国民

经济建设各方面,包括医药卫生、食品的发展及高等医药院校教育都起着重要的作用。

1.1.3.1 化学药物研究

分析化学对于化学药物的新药研发、药物构效关系研究、药物代谢动力学研究、药品质量控制、药品生产、药品流通、临床检验、疾病诊断等均发挥着举足轻重的作用。化学药物的新药研发,首先需要确定药物的化学结构,需要应用元素分析、质谱分析和光谱分析等一系列分析方法。同时在化学药物的生产工艺研究中,需要对影响药物质量的特殊杂质进行定性、定量研究,最大限度地控制其含量,此时需要用到分析化学的结构确定方法和色谱、光谱等定量分析方法。众所周知,药物在体内发挥作用,而药物的体内研究,往往需要采用色谱-质谱联用等先进分析化学手段进行。而化学药物的质量标准,更需要采用分析化学的手段通过系统的定性、定量研究而建立。

1.1.3.2 中药研究

分析化学是中药的药效成分研究、资源研究、炮制与制剂工艺研究、品质评价与质量标准研究等贯穿中药生产—流通—临床应用全产业链研究中不可或缺的技术支持。中药现代化研究中首要任务是中药药效成分的确定,这是中药所有研究的基础。在进行中药药效成分研究时,需要采用色谱分析法对中药各类成分分别进行提取分离,得到单体后再应用元素分析、质谱分析和光谱分析等一系列分析方法进行定性、定量研究并确定其结构,最后通过药效学实验确定其效应。

中药产业的源头是中药资源,《中药材保护和发展规划》中明确指出"中药材是中医药事业传承和发展的物质基础,是关系国计民生的战略性资源"。随着人健康产业的到来,中药资源需求量不断增长,野生中药资源已不能满足大健康事业发展的需求,中药材由野生变家种(养)是产业革命,并需要以中药药效成分为指标,开展系统、坚实的研究。在这一过程中,分析化学可提供强有力的技术支持。

中药饮片是可以直接用于临床中药汤剂煎煮或作为中药制剂的原料药,古人的炮制工艺描绘往往缺乏量化,需要工艺优化后,以优选后的参数实现工业化生产。中药制剂的工艺亦是如此,需要和炮制工艺优选一样,采用分析化学的手段提供指标性成分在工艺过程中的动态信息或多成分的指纹谱信息,从而优选最佳工艺。

中药的质量标准与品质评价,主要涉及中药的性状、鉴别、检查和含量测定等中药真伪优劣的评价,如水分、灰分、农药残留量、重金属的检查、指标性成分或有效成分含量等,这些内容无一不依赖于分析化学的手段进行研究。

1.1.3.3 食品研究

相比较于药品的短时间应用,食品的食用时间往往较长,容易产生蓄积毒性。因此,食品质量与安全是食品行业发展的立足之本,也是世界各国极为重视的问题。在食品质量与安全的研究中,需要采用各种分析化学的手段与方法进行食品生产过程中的杂质确定与控制、食品质量标准的制定、食品中非法添加剂的检测等。近年来,飞速发展的分析化学学科,也为提高食品质量与安全监管提供了强有力的支持。

总之,在药学、中药学、食品质量与安全及相关专业的院校教育中,分析化学是一门重要的专业基础课,其理论知识和实验技能不仅有效支撑相关专业后续各门专业课程的学习,而且还有助于科学研究思路的扩展。

1.2 分析方法的分类

根据不同的分类方法,可将分析化学方法归属于不同的类别。下面介绍常用的几种方法,即根据分析任务(目的)、分析对象、分析方法的测定原理、操作方法和具体要求的不同所进行的分类。

1.2.1 定性分析、定量分析、结构分析和形态分析

这是按照分析任务的不同进行分类。定性分析的任务是鉴定试样由哪些元素、离子、基团或化合物组成,即确定物质的组成;定量分析的任务是测定试样中某一或某些组分的量,有时是测定所有组分,即全分析;结构分析的任务是研究物质的分子结构或晶体结构;形态分析的任务是研究物质的价态、晶态、结合态等存在状态及其含量。

在试样的成分已知时,可以直接进行定量分析。对于结构未知的化合物,需首先进行结构分析,确定化合物的分子结构。随着现代分析技术尤其是联用技术和计算机、信息学的发展,常可同时进行定性、定量和结构分析。

1.2.2 无机分析和有机分析

这是按照分析对象的不同进行分类。无机分析的对象是无机物,由于

组成无机物的元素多种多样,因此在无机分析中要求鉴定试样是由哪些元素、离子、原子团或化合物组成,以及各组分的相对含量。

有机分析的对象是有机物。虽然组成有机物的元素种类并不多,主要是碳、氢、氧、氮、硫和卤素等,但有机物的化学结构却很复杂,化合物的种类有数百万之多,因此,有机分析不仅需要元素分析,更重要的是进行基团分析和结构分析。

按照被分析的对象或者试样,还可将分析方法进一步分类。例如分析对象为食品则称为食品分析,还有水分析、岩石分析、钢铁分析等。此外,根据研究的领域,还可将分析方法分类为药物分析、环境分析和临床分析等。

1.2.3 化学分析和仪器分析

根据分析方法测定原理的不同,分析化学可分为化学分析和仪器分析。

化学分析法(chemical analysis)是以物质的化学反应为基础的分析方法。化学分析法由于历史悠久,又是分析化学的基础,故常称为经典分析法(classical analysis)。被分析的物质称为试样(sample,样品),与试样起反应的物质称为试剂(reagent)。试剂与试样所发生的化学变化称为分析化学反应。根据分析化学反应的现象和特征鉴定物质的化学成分,称为化学定性分析。根据分析化学反应中试样和试剂的用量,测定物质中各组分的相对含量,称为化学定量分析。化学定量分析主要有重量分析(gravimetric analysis)和滴定分析(titrimetric analysis)或容量分析(volumetric analysis)等。

例如,某定量分析化学反应为

$$m\mathrm{C} + n\mathrm{R} \longrightarrow \mathrm{C}_m\mathrm{R}_n$$
$$\quad X \qquad V \qquad\quad W$$

C 为被测组分,R 为试剂。可根据生成物 $\mathrm{C}_m\mathrm{R}_n$ 的量 W,或与组分 C 反应所需试剂 R 的量 V,求出组分 C 的量 X。如果用称量方法求得生成物 $\mathrm{C}_m\mathrm{R}_n$ 的质量,这种方法称为重量分析。如果从与组分反应的试剂 R 的浓度和体积求得组分 C 的含量,这种方法称为滴定分析或容量分析。

化学分析法的特点是所用仪器设备简单、结果准确、应用范围广,但有一定的局限性。例如,对于物质中痕量或微量杂质的定性或定量分析往往灵敏度欠佳、操作繁琐,以致不能满足快速分析的要求,因此该法的分析范围以常量分析为主。

仪器分析法(instrumental analysis)是以物质的物理性质或物理化学性质为基础的分析方法。其中,根据物质的某种物理性质,如熔点、沸点、折射率、旋光度或光谱特征等,不经化学反应,直接进行定性、定量和结构分析的方法,称为物理分析法(physical analysis),如色谱分析法等;根据物质在化学变化中的某种物理性质,进行定性、定量分析的方法称为物理化学分析法(physicochemical analysis),如比色测定法等。仪器分析法主要包括电化学(electrochemical)分析法、光学(optical)分析法、质谱(mass spectrometric)分析法、色谱(chromatographic)分析法等,具有灵敏、快速、准确和应用范围广等特点,广泛应用于痕量或微量成分的分析。

1.2.4 常量分析、半微量分析、微量分析和超微量分析

根据试样的用量多少,分析化学可分为常量、半微量、微量分析和超微量分析。各种方法的试样用量分类如表 1-1 所示。

表 1-1 各种分析方法的试样用量

方法	试样质量	试液体积
常量分析	＞0.1 g	＞10 mL
半微量分析	0.01～0.1 g	1～10 mL
微量分析	0.1～10 mg	0.01～1 mL
超微量分析	＜0.1 mg	＜0.01 mL

通常无机定性分析多为半微量分析,化学定量分析多为常量分析,微量分析及超微量分析时多为仪器分析方法。

1.2.5 常量组分分析、微量组分分析和痕量组分分析

这是根据试样中被测组分的含量高低进行分类。常量组分分析、微量组分分析和痕量组分分析中被测组分在试样中的含量高低列于表 1-2。要注意的是,这种分类法与试样用量分类法不同,两种概念不可混淆。例如,痕量成分的测定,有时取样千克以上。

表 1-2 分析方法按被测组分的含量分类

分析方法	被测组分在试样中的含量
常量组分分析	＞1%
微量组分分析	0.01%～1%
痕量组分分析	＜0.01%

1.2.6　例行分析和仲裁分析

根据具体作用的不同,分析化学又可分为例行分析和仲裁分析。例行分析(routine analysis)是一般化验室在日常生产或工作中的分析,又称为常规分析。仲裁分析(arbitral analysis)是指不同单位对分析结果有争议时,要求某仲裁单位(法定检验单位)使用法定方法进行裁判的分析。

1.3　分析过程

定量分析的一般步骤包括取样、试样的分解、干扰组分的分离、测定、数据处理及分析结果的表示。

1.3.1　试样的采取与制备

在进行分析前,首先要保证所取得的试样具有代表性,即试样的组成和被分析物料整体的平均组成一致。否则,分析工作即使做得十分认真、准确,也是没有意义的。因为在这种情况下,分析结果只不过代表了所取试样的组成,并不能代表被分析物料整体的平均组成。更有害的是,错误的分析数据可能导致科研工作上的错误结论,造成生产上的报废、材料上的损失,甚至给实际工作带来难以估计的不良后果。

实际工作中要分析的物料是各种各样的,有的物料组成极不均匀,有的则比较均匀。对于组成比较均匀的物料,试样的采取即取样(sampling)比较容易;对于组成不均匀的物料,要取得具有代表性的试样,是一件比较困难的事情。取样技术与物料的物理状态、储存情况及数量等条件有关。对于不同形态的物料应采取不同的取样方法。

1.3.1.1　取样的基本原则

取样是定量分析中的第一步。

取样的基本原则:具有代表性。

取样的基本步骤:①收集粗样(原始试样);②将每份粗样混合或粉碎、缩分,减少至适合分析所需的数量;③制成符合分析用的试样。

正确取样应满足以下要求:①大批试样(总体)中所有组成部分都有同等被采集的概率;②根据给定的准确度,采取有次序地或随机地取样,使取样费用尽可能低;③将几个取样单元的试样彻底混合后,再分成若干份,每份分析一次。

1.3.1.2 固体物料的取样与制备

固体物料可以是各种坚硬的金属材料、矿物原料、天然产物等,也可以是各种颗粒状、粉末状、膏状的化工产品、半成品等。

各种金属材料,虽然经过熔融、冶炼处理,组成比较均匀,但是在冷却凝固过程中,由于纯组分的凝固点比较高,常常在物体的表面先凝固下来,杂质向内部移动;在固体的内部杂质后凝固,凝固点比较低,杂质含量较高。铸件越大,这种不均匀的现象越严重。因此,不能光从物体的表面取样,也不应该仅从物体的不同部位钻取试样,而是应使钻孔穿过整个物体或达到厚度的一半,收集钻屑作为试样,也可以把金属材料从不同的部位锯断,收集锯屑作为试样。

固体物料(如矿石、煤炭等)常常露天放置,此类物料本来就是不均匀的,在堆放过程中往往由于料径或相对密度不同而进一步发生"分层"现象,增加物料的不均匀性。例如,大块物料从上滚下,聚集在底部附近,细粒则堆集在中心。因而在采取此类试样时,应从物料堆的不同部位、不同深度分别取样。但这样做往往是比较困难的,因为要采取物料堆积如山深处的试样时,需扒开物料堆,这会破坏贮存条件,促使空气流通,引起物料成分发生变化;如果贮存的是燃料,甚至可能引起自燃。因此最好是在物料堆放过程中采取试样。如果物料是从皮带运输机输送过来堆放的,可在输送过程中,每隔一定时间采取一份试样,且每份试样都应从输送皮带的全宽度上取得,因为在运输过程中,往往也会发生"分层"现象,如大块靠近皮带边缘、细粉靠近中心等。

如果物料已被包装成桶、袋、箱、捆等,则首先应从一批包装中随机抽取若干件,然后用适当的取样器从每件中取出若干份。这类取样器一般可以插入各种包装的底部以便从不同浓度采取试样。

对于成堆的物料,为了使所采取的试样具有代表性,在取样时要根据堆放情况,从不同的部位和深度选取多个取样点,采取的份数越多越有代表性。但是,取样量过大会造成处理麻烦。一般而言,应取试样的量与其均匀程度、颗粒的大小等因素有关。通常,试样采取量 $Q(kg)$ 通常按下述经验公式计算

$$Q = Kd^2$$

式中,d 为试样中最大颗粒的直径,mm;K 为表征物料特性的缩分系数。

均匀铁矿石:$K = 0.02 \sim 0.3$;不均匀铁矿石:$K = 0.5 \sim 2.0$;煤炭:$K=$

0.3～0.5。

对于不均匀的固体物料,按前述的方法取得的初步试样,其质量总是相当多的,可能是数十千克;其组成也是不均匀的,因此在送去分析前必须经过适当处理,使之质量减小并成为十分均匀且粉碎得很细的微小颗粒,以便在分析时只需称取一小份(如0.1～1.0 g),其组成就能代表大批物料的整体组成,且易于溶解。处理试样的步骤包括破碎、过筛、混合和缩分四步,必要时需要反复进行。

(1)破碎。可使用各种破碎机击碎大块试样,较硬的试样可用破碎机,中等硬度的或较软的可用锤磨机。为了进一步粉碎试样,对于破碎后仍较硬的试样可用球磨机。把试样和瓷球一起放入球磨机的容器中,盖紧后使之不断转动,由于瓷球不断翻腾、打滚,试样逐步被磨细。

破碎也可以手工操作。将试样放置于平滑的钢板上,用锤击碎;也可以把试样放在冲击钵中打碎。冲击钵由硬质的工具钢制成。冲击钵的底座上有一可取下的套环,环中放入数块试样,插入杆,用锤击打数下,可把试样粉碎。然后可用研钵把试样进一步研磨成细粉。对于硬试样,可用玛瑙研钵或红柱石研钵研磨。

在破碎过程中,试样的组成会发生以下改变,这是应该加以注意的问题。

①在粉碎试样的后阶段常常会引起试样中水分含量的改变。

②试样在研磨过程中会引入某些杂质,如果这些杂质恰巧是待分析的某种微量组分,问题就更为严重。

③试样在破碎、研磨过程中,常常因发热而使温度升高,引起某些挥发性组分的逸出。另外,由于试样粉碎后表面积大大增加,某些组分易被空气氧化。

④试样中质地坚硬的组分难以破碎,锤击时容易飞溅逸出;较软的组分容易粉碎成粉末而造成损失,这样都将引起试样组成的改变。因此,试样只要磨细到能保证组成均匀且易为试剂所分解即可,将试样研磨过细是不必要的。

(2)过筛。在试样破碎过程中,应经常过筛。先用较粗的筛子过筛,随着试样颗粒逐渐地减小,筛孔目数应相应地增加。不能通过筛孔的试样粗颗粒,应反复破碎,直至能全部通过为止,切不可将难破碎的粗颗粒试样丢弃。因为难破碎的粗颗粒和容易破碎的细颗粒组成往往是不相同的,丢弃难破碎的粗颗粒将引起试样组成的改变。

(3)混合。经破碎、过筛后的试样,应加以混合,使其组成均匀,可人工进行混合。对于较大量的试样,可用锹将试样堆成一个圆锥,堆时第一锹都应倒在圆锥顶上,当全部堆好后,仍用锹将试样铲下,堆成另一个圆锥,如此反复进行,直到混合均匀。对于较少量的试样,可将试样放在光滑的纸上,依次提起纸张的一角,使试样不断地在纸上来回滚动,以达到混合。为了混合试样,也可以将试样放在球磨机中转动一定时间。如果能用各种实验室用的混合机来混合试样,那就更为方便。

（4）缩分。在破碎、混合过程中,随着试样颗粒越来越细,组成越来越均匀,可将试样不断地缩分,以减小试样的处理量。常用的缩分方法是四分法（图1-1）,就是将试样堆成圆锥形,将圆锥形试样堆压平成扁圆堆。然后通过圆心按十字形将试样堆平分为 4 等份。弃去对角的两份,而把其余的两份收集混合。这样经过一次四分法处理就把试样量缩减一半。反复用四分法缩分,最后得到数百克均匀、粉碎的试样,密封于瓶中,贴上标签,把其送往分析室。近年还采用格槽缩样器来缩分试样。格槽缩样器能自动地把相间格槽中的试样收集起来,而与另一半试样分开,以达到缩分目的。

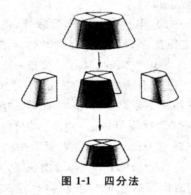

图 1-1 四分法

总之,在过去试样处理都用人工操作,相当费时费力。现在对于破碎、过筛、混合、缩分等步骤都已经逐步实现机械化和自动化,这样就方便、快速多了。

1.3.1.3 液体物料的取样与制备

对于液体物料的取样应该注意两点：必须清洁取样容器和取样用的管道。要注意在取样过程中勿使物料组成发生任何改变。例如,要注意勿使挥发性组分、溶解的气体逸去；要注意包含于液体物料中的任何固体微粒或不混溶的其他液体的微粒,应采入试样中；取样时勿把空气带入试样等。取得的试样应保存在密闭的容器中。如果试样见光后有可能发生反应,则应将它贮于棕色容器中,在保存和送去分析途中要注意避光等。

一般来讲,液体物料组成比较均匀,取样也比较容易,取样数量可以较少。但是也要考虑到可能存在的不均匀性，事实上这种不均匀性常常是存在的。例如，湖水中的含氧量，在湖水表面和数米深处往往可能相差数倍以上。为此，对于液体试样的取样也要注意使其具有代表性。

如果液体物料贮于较小的容器中，如分装于一批瓶中或桶中，取样前应选取数瓶或数桶，将其滚动或用其他方法将物料混合均匀，然后取样。如果把物料贮于大的容器中，或无法使其混合时，应用取样器从容器上部、中部和下部分别采集试样。对采得的试样分别进行分析，这时的分析结果分别代表这些部位物料的组成，也可以把取得的各份试样混合，然后进行分析，这时的分析结果代表物料的平均组成。

液体物料取样器可以用一般的瓶子，下垂重物使之可以浸入物料中。在瓶颈和瓶塞上系以绳子或链条，塞好瓶塞，浸入物料中的一定部位后，将绳子猛地一拉，就可以打开瓶塞，让这一部位的物料充满取样瓶。取出瓶子，倾去少许，塞上瓶塞，擦拭干净，贴上标签，送去分析。也可以用特制的取样器取样，其原理基本上相同。

从较小的容器中取样，可用特别的取样管取样，也可用一般的移液管，插入液面下一定深度，吸取试样。如果贮存物料的容器装有取样开关，就可以从取样开关放取试样。显然较大的贮器（如液槽）应至少装有三只取样开关，且这三只取样开关应位于不同的高度，以便从不同的高度取得试样。

从管道输送的液体物料中连续取样时，可在管道中装入连续取样管，管径为 3.2～6.4 mm。连续取样管可以是一直管，把管口切成 45°斜面；也可以把管口弯成 90°，管口铣成尖锐的边。由于管道中间，对着液体流动方向连续取样管也可以是开有孔或槽的管子，孔或槽也是对着液体流动方向，贯穿整个管道。每隔一定时间用人工取样或用自动控制的机械装置取样，也可以就在连续取样管上装入分析指示仪表，直接进行"在线分析"。

1.3.1.4 气体试样的取样

气体分子的扩散作用使气体组成均匀，因而要取得具有代表性的气体试样，主要关注的不在于物料的均匀性，而在于取样时怎样防止杂质的进入。

气体取样装置由取样探头、试样导出管和贮样器组成。取样探头应介入输送气体的管道或贮存气体的容器内部。贮样器可由金属或玻璃制成，也可由塑料袋制成，大小、形状不一。

气体样品可以在取样后直接进行分析。如果欲测定的是气体试样中的微量组分，贮样器中需要装有液体吸收剂，用以浓缩和富集欲测定的微量组分，这时的贮样器常常是喷泡式的取样瓶。如欲测定的是气体中的粉尘、烟等固体微粒,可采用滤膜取样夹,以阻留固体微粒,达到浓缩和富集的目的。

气体取样装置有时还需备有流量计和简单的抽气装置。流量计用以测量所采集气体的体积,抽气装置采用电动抽气泵。

气体样品主要有以下 5 种采样方法。

(1)吸收液法。此法主要吸收气态和蒸气态物质。常用的吸收液有水、水溶液、有机溶剂。吸收液的选择依据被测物质的性质及所用分析方法而定。但是,吸收液必须与被测物质发生作用快,吸收率高,同时便于以后的分析操作。

(2)固体吸附剂法。吸附作用主要是物理性阻留,用于采集气溶胶。固体吸附剂有颗粒状吸附剂和纤维状吸附剂两种。前者有硅胶、素陶瓷等,后者有滤纸、滤膜、脱脂棉、玻璃棉等。常用的硅胶是粗孔及中孔硅胶,这两种硅胶均有物理和化学吸附作用,素陶瓷需用酸或碱除去杂质,并在 110~120 ℃下烘干,由于素陶瓷并非多孔性物质,仅能在粗糙表面上吸附,所以取样后洗脱比较容易。采用的滤纸及滤膜要求质密而均匀,否则取样效率低。

(3)真空瓶法。当气体中被测物质浓度较高,或测定方法的灵敏度较高,或被测物质不易被吸收液吸收,且用固体吸附剂取样有困难时,可用此方法取样。将不大于 1 L 的具有活塞的玻璃瓶抽空,在取样地点打开活塞,被测空气立即充满瓶中,然后往瓶中加入吸收液,使其有较长的接触时间以利于吸收被测物质,然后进行化学测定

(4)置换法。采集少量空气样品时,将取样器(如取样瓶、取样器)连接在一抽气泵上,使通过比取样器体积大 6~10 倍的空气,以便将取样器中原有的空气完全置换出来,也可将不与被测物质起反应的液体(如水、盐水)注满取样器,取样时放掉液体,被测空气即充满取样器中。

(5)静电沉降法。此法常用于气溶胶状物质的取样。空气样品通过 12 000~20 000 V 的电场,在电场中气体分子电离所产生的离子附着在气溶胶粒子上,使粒子带电荷,此带电荷的粒子在电场的作用下就沉降到收集电极上,将收集电极表面沉降的物质洗下,即可进行分析。此法取样效率高、速度快,但在有易爆炸性气体、蒸气或粉尘存在时不能使用。

1.3.2 试样的分解

1.3.2.1 无机试样的分解

许多分析测定工作是在水溶液中进行的,因此将试样分解,使之转变为

水溶性的物质,溶解成试液,也是一个重要的问题。对于一些难溶的试样,为了使其转变为可溶性的物质,选择适当的分解方法和分解用的试剂是分析工作顺利进行的关键。一般所选用的试剂应能使试样全部分解转入溶液。如果仅能使一种或几种组分溶解,溶解后仍留有未分解的残渣,这种从试样残渣中溶解某些组分的溶解方法往往是不完全的,因而是不可取的。

对于所选用的试剂,首先应考虑其是否会影响测定。例如,测定试样中的溴离子,不应选用盐酸作溶剂,否则大量氯离子的存在会影响溴的测定。其次,溶剂如果含有杂质,或者在分解过程中引入某种杂质,常常会影响分析结果。对于痕量组分的测定,这个问题尤为突出。因此,在痕量分析中,纯度也是选择溶剂的主要标准。

在溶解和分解过程中,如果不加注意,许多组分可能因挥发而造成损失。例如,用酸处理试样,会使二氧化碳、二氧化硫、硫化氢、硒化氢、碲化氢等挥发而造成损失;用碱性试剂处理会使氨损失;用氢氟酸处理试样,会使硅和硼生成氟化物逸出。如果是含有卤素的试样,用强氧化剂处理会将卤素氧化成游离的氯、溴、碘而造成损失;三氯化砷、三氯化锑、四氯化锡、四氯化锗和氯化高汞等挥发性的氯化物将因部分或全部挥发而造成损失。同样,氯化硒和氯化碲也能从热的盐酸溶液中挥发损失一部分。当氯离子存在时,从热的、浓的高氯酸或硫酸溶液中铼、锰、钼、铊、钒和铬都将因部分挥发而造成损失。硼酸、硝酸和氢卤酸能从沸腾的水溶液中挥发而造成损失,而磷酸从热的浓硫酸或高氯酸中挥发而造成损失。一些挥发性氧化物(如四氧化锇、四氧化钌及七氧化二铼)能从热的乙酸溶液中挥发而造成损失等。

如有可能,分解试样最好能与干扰组分的分离相结合,以便能简单快速地进行分析测定。例如,矿石中铬的测定,如果用过氧化钠作为熔剂进行熔融,熔块以水浸取。这时铬被氧化成铬酸根转到溶液中,可直接用氧化还原法测定。铁、锰、镍等组分形成氢氧化物沉淀,可避免干扰。

为了分解试样,一般可用溶解法、熔融法和烧结法。

(1)溶解法。

采用适当的溶剂将试样溶解制成溶液,这种方法比较简单、快速。常用的溶剂有水、酸和碱等。溶于水的试样一般称为可溶性盐类,如硝酸盐、乙酸盐、铵盐、绝大部分的碱金属盐,可以用水作为溶剂,以制备分析试液。

酸溶法是利用酸的酸性、氧化还原和形成配合物的作用,使试样溶解。钢铁、合金、部分氧化物、硫化物、碳酸盐矿物和磷酸盐矿物等常采用此法溶解。常用的酸溶剂有盐酸、硝酸、硫酸、磷酸、高氯酸、氢氟酸及各种混合酸。

碱溶法的溶剂主要为氢氧化钠和氢氧化钾。碱溶法常用来溶解两性金属铝、锌及其合金,以及它们的氧化物、氢氧化物等。

在测定铝合金中的硅时，用碱溶解使硅以硅酸根形式转到溶液中。如果用酸溶解则硅可能以硅烷的形式挥发而造成损失，影响测定结果。

（2）熔融法。

某些试样，如硅酸盐（当需要测定含硅量时）、天然氧化物、少数铁合金等，用酸作溶剂很难使它们完全溶解，常常需要用熔融法使它们分解。熔融法是利用酸性或碱性熔剂，在高温下与试样发生复分解反应，从而生成易于溶解的反应产物。由于熔融时反应物的浓度和温度（300～1 000 ℃）都很高，因而分解能力很强。

但熔融法具有以下几种缺点。

①时常需用大量的熔剂（熔剂质量一般约为试样质量的 10 倍），因而可能引入较多的杂质。

②由于应用了大量的熔剂，在以后所得的试液中盐类浓度较高，可能会给分析测定带来干扰。

③熔融时需要加热到高温，会使某些组分因挥发而造成损失。

④熔融时所用的容器常常会受到熔剂不同程度的侵蚀，从而使试液中杂质含量增加。

因此，当试样可用酸性溶剂（或碱性溶剂）溶解时，应尽量避免用熔融法。

如果试样大部分组分可溶于酸，仅有小部分难于溶解，则最好先用溶剂使试样的大部分溶解，然后过滤、分离出难以溶解的部分，再用较少量的熔剂。熔块冷却、溶解后，将所得溶液合并，进行分析测定。

熔融一般在坩埚中进行。把已经磨细、混匀的试样置于坩埚中，加入熔剂，混合均匀。开始时缓缓升温，进行熔融。此时必须注意不要加热过猛，否则水分或某些气体的逸出会引起试样飞溅，造成试样损失，可将坩埚盖住，然后渐渐升高温度，直到试样分解。应避免温度过高，否则会使熔剂分解，也会增加坩埚的腐蚀。熔融所需时间一般在数分钟到一小时，这需要视试样的种类而定。当熔融进行到熔融物变成澄清时，表示分解作用已经进行完全，熔融可以停止。但熔融物是否已澄清，有时不明显，难以判断，在这种情况下，分析者只能根据以往分析同类试样的经验，从加热时间来判断熔融是否已经完全。熔融完全后，让坩埚渐渐冷却，待熔融物将要开始凝结时，转动坩埚，使熔融物凝结成薄层，均匀地分布在坩埚内壁，以便于溶解。溶解所得溶液，应仔细观察其中是否残留未分解的试样微粒，如果分解不完全，应重做实验。

熔剂一般是碱金属的化合物。为了分解碱性试样，可用酸性熔剂，如碱金属的焦硫酸盐、氧化硼等。为了分解酸性试样，可用碱性熔剂，如碱金属的碳酸盐、氢氧化物和硼酸盐等。氧化性熔剂则有过氧化钠、氯酸钾等。

（3）烧结法。

烧结法又称为半熔融法，是让试样与固体试剂在低于熔点的温度下进行反应。因为温度较低，需要较长时间加热，但不易侵蚀坩埚，可以在瓷坩埚中进行。

①碳酸钠-氧化锌烧结法。此法常用于矿石或煤中全硫量的测定。试样和固体试剂混合后加热到 800 ℃，此时碳酸钠起熔剂的作用，氧化锌起疏松和通气的作用，使空气中的氧将硫化物氧化为硫酸盐。用水浸取反应产物时，硫酸根进入溶液中，硅酸根大部分析出为硅酸锌沉淀。若试样中含有游离硫，加热时易因挥发而造成损失，应在混合试样中加入少许高锰酸钾粉末，开始时缓慢升温，使游离硫氧化为硫酸根离子。

②碳酸钙-氯化铵烧结法。测定硅酸盐中的钾离子、钠离子，不能用含有钾离子、钠离子的熔剂，可用碳酸钙-氯化铵烧结法。其反应可用分解长石为例，反应方程式如下：

$$2KAlSi_3O_8 + 6CaCO_3 + 2NH_4Cl == 6CaSiO_3 + Al_2O_3 + 2KCl + 6CO_2 \uparrow$$
$$+ 2NH_3 \uparrow + H_2O$$

烧结温度为 750～800 ℃，反应产物仍为粉末状，但钾离子、钠离子已转变为氯化物，可用水浸取之。

综上所述，各种无机物料的溶解方法如表 1-3 所示。

表 1-3 溶解无机物料的数种典型方法

物料类型		典型的溶剂或试剂
活性金属		盐酸、硫酸、硝酸
惰性金属		硝酸、王水、氢氟酸
氧化物		盐酸、碳酸钠熔融、过氧化钠熔融
黑色金属		盐酸、稀硝酸、高氯酸
铁合金		硝酸、硝酸＋氢氟酸、过氧化钠熔融
非铁合金	铝或锌合金	盐酸、硫酸、硝酸
	镁合金	硫酸
	铜合金	硝酸
	锡合金	盐酸、硫酸、硫酸＋盐酸
	铅合金	王水、硝酸、硝酸＋酒石酸
	镍或镍-铬合金	王水、高氯酸、硫酸

物料类型		典型的溶剂或试剂
锆、铪、钽、铌、钛的氧化物,硼化物,碳化物氮化物		硝酸＋氢氟酸
硫化物	酸溶	盐酸、硫酸、高氯酸
	酸不溶	硝酸、硝酸＋溴、过氧化钠熔融
	砷、锑、锡等	碳酸钠＋硫熔融
磷酸盐		盐酸、硫酸、高氯酸
硅酸盐	二氧化硅含量少	盐酸、硫酸、高氯酸
	不测定硅	硫酸或高氯酸、氟氧化钾熔融
	一般	碳酸钠熔融、碳酸钠＋硝酸钾熔融

1.3.2.2 有机试样的分解

为了测定有机试样中所含有的常量或痕量的元素,一般需要把有机试样分解。这时既要使所需测定的元素能定量回收,又要使其能转变为易于测定的形态,同时又不应引入干扰组分。为了达到这个目的,对于各种不同的有机物质,有多种分解方法,这里主要讲述干法灰化法和湿法灰化法。

(1)干法灰化法。

这种方法主要是加热,使试样灰化分解,将所得灰分溶解后分析测定。分解时可以置试样于坩埚中,用火焰直接加热,也可于炉子(包括管式炉)中在控制的温度下加热灰化。应用这种灰化方法,砷、硒、硼、镉、铬、铜、铁、铅、汞、镍、磷、钒、锌等元素常因挥发而造成损失,因此对于痕量组分的测量,应用此法的不多。

干法灰化法也可以在"氧瓶"中进行,瓶中充满氧并放置少许吸收溶液。通电使试样在"氧瓶"中点燃,使分解作用在高温下进行。分解完毕后摇动"氧瓶",使燃烧产物完全被吸收,分析测定吸收液中硫、卤素和痕量金属。这种方法适用于热不稳定试样的分解。对难以分解的试样,可用氢氧焰燃烧,温度可达 2 000 ℃左右。这种方法曾用来分解四氟甲烷,使氟定量地转变为氟离子,也可用来测定卤素和硫。

(2)湿法灰化法。

对于痕量元素的测定,用湿法灰化法分解有机试样较好,但所用试剂纯度要高。

硫酸可用作湿法灰化剂,但硫酸氧化能力不够强烈,分解需要较长的时间。加入硫酸钾,以提高硫酸的沸点,可加速分解。硝酸是较强的氧化剂,但由于硝酸具有挥发性,在试样完全氧化分解前往往已经挥发逸出,因此一般采用硫酸-硝酸混合酸。对于不同试样,可以采用不同配比。两种酸可以同时加入,也可以先加入硫酸。待试样焦化后再加入数滴辛醇,以防止发生泡沫,加热直至试样完全氧化,溶液变清,并蒸发至干,以除去亚硝基硫酸。此时所得残渣应溶于水,除非有不溶性氧化物和不溶性硫酸盐存在。应用此种灰化法,氯、砷、硼、锗、汞、锑、硒、锡会挥发逸出,磷也可能挥发逸出。

对于难以氧化的有机试样,用过氯酸-硝酸或过氯酸-硝酸-硫酸混合酸可使分解作用加速。这两种混合酸曾用来分解天然产物、蛋白质、纤维素、聚合物,也曾用来分解燃料油,使其中的硫和磷氧化成硫酸和磷酸而被测定。经研究,用这样的灰化法,除汞以外,其余各元素不会因挥发而造成损失。如果装以回流装置,可防止汞的挥发而造成的损失,而且可防止硝酸的挥发,以减少爆炸的可能性。但如果操作不当,也可能发生爆炸。因此,用过氯酸氧化有机试样,必须由有经验的操作者来做。

对于含有汞、砷、锑、铋、金、银或锗的金属有机物,用硫酸-过氧化氢处理可得满意的结果,但卤素要挥发损失。由于硫酸-过氧化氢是强烈氧化剂,因而对于未知性能的试样不要随便使用。

用铬酸硫酸混合物分解有机试样,分解产物可用来测定卤素。

用浓硫酸和硫酸钾,再加入氧化汞作催化剂,加热分解有机试样,将试样中的氮还原为硫酸铵,以测定总含氮量,这是基耶达法(Kjeldahl method)。但这个方法的反应过程尚不明了,所用催化剂除氧化汞以外尚可用铜或硒化合物。但在含有硝酸盐、亚硝酸盐、偶氮、硝基、亚硝基、腈基等的化合物中,需要特殊处理,以回收逸出的含氮成分。

对于石油产品中硫含量的测定可用"灯法",即在试样中插入"灯芯",置于密封系统中,通入空气,点火使其燃烧,使试样中的硫氧化成二氧化硫,吸收后加以测定。

1.3.2.3 有机试样的溶解

为了测定有机试样中某些组分的含量,测定试样的物理性质,鉴定或测定其官能团,应选择适当的溶剂将有机试样溶解。这时,一方面要根据试样的溶解度来选择溶剂,另一方面还必须考虑所选用的溶剂是否影响以后的分离测定。

首先,根据有机物质的溶解度来选择溶剂。"相似相溶"原则往往十分有用,即一般来说,非极性试样易溶于非极性溶剂,极性试样易溶于极性溶剂中。分析化学中常用的有机溶剂种类极多,包括各种醇类、丙酮、乙醚、甲乙醚、乙二醇、二氯甲烷、三氯甲烷、四氯甲烷、氯苯、乙酸乙酯、乙酸、乙酸酐、吡啶、乙二胺、二甲基甲酰胺等。还可以应用各种混合溶剂,如甲醇与苯的混合溶剂、乙二醇和醚的混合溶剂等。混合溶剂的组成又可以调节改变,因此混合溶剂具有更广泛的适用性。

其次,有机溶剂的选择必须和以后的分离、测定方法结合起来加以考虑。例如,若试样中各组分是在用色层分析法分离后进行测定的,则所选用的溶剂应不妨碍层析分离的进行;若用紫外分光光度法测定试样的某些组分,则所用溶剂应不吸收紫外光;若用非水溶液中酸碱滴定,则应根据试样的相对酸碱性选用溶剂等。因此有机试样溶剂的选择常常要结合具体的分离和分析方法而定。

1.3.3　干扰组分的分离

在实际分析过程中,常会遇到含有多种组分的复杂试样,当这些共存组分对测定有干扰,而且不能简单地通过选择适当的测定方法或加入适当的掩蔽剂消除干扰时,就必须在测定前先将干扰物分离除去,再进行被测组分的测定。常用的分离方法有沉淀分离法、萃取分离法、离子交换分离法和色谱分离法等。此外,随着计算机技术和化学计量学的发展,很多干扰问题可在仪器测试中解决或通过计算机处理来解决,也可以通过计算分析将干扰组分同时测定来达到消除干扰的目的。

1.3.4　分析测定

分析测定组分的方法很多,不同的方法有不同的优点和不足之处。在实际分析时,究竟选择何种测定方法应视具体情况而定,一般根据测定任务的具体要求、被测组分的性质、被测组分的含量、共存组分的影响以及实验室的具体条件等因素来选择。每个试样的分析结果都是由"测定"来完成的,熟悉各种方法的特点,根据它们存灵敏度、选择性及适用范围等方面的差别来正确选择适合不同试样的分析方法尤为重要,另外,还应根据试样制备方法的不同进行空白试验来测定试样在制备过程中对结果造成的误差。

1.3.5　结果的计算和评价

分析过程的最后是对结果进行计算和评价,判断分析结果是否达到要求。首先对测定所得的数据,利用统计学方法进行合理取舍和归纳;然后根据试样的用量、测量所得数据和分析过程中有关反应的计量关系等计算出分析结果。固体试样组分通常以质量分数表示,液体试样通常用质量浓度或物质的量浓度表示,气体试样以体积分数表示。

分析结果应以待测组分实际存在形式的含量表示。如果某待测组分实际存在形式不清楚或有多种形式存在时,则分析结果最好以元素形式或氧化物形式的含量表示。

1.4 分析化学的发展

分析化学是一门古老的科学,20世纪以来,分析化学的发展大致经历了三次巨大的变革。

第一次变革是20世纪初,随着物理化学溶液理论的发展,分析化学学科得到了理论支持,建立了溶液中四大平衡理论(酸碱平衡、氧化还原平衡、配位平衡及溶解平衡),使分析化学逐渐由技术发展为科学。

第二次变革是在20世纪40~60年代,随着物理学和电子学的发展,出现了以光谱分析、极谱分析为代表的新的分析方法,丰富了分析方法的理论体系。各种仪器分析方法的发展,为化学分析提供了理论基础,也改变了经典分析化学以化学分析为主的局面。

第三次变革是在20世纪70年代末开始发展至今。由于生命、环境、材料和能源等科学发展的需要,现代分析化学已经突破了纯化学领域,逐步向着高灵敏度、高选择性、快速、便捷、数字化和计算机化发展,并向智能化、仿生化纵深发展,成为一门多学科性的综合科学,生命分析化学等学科的发展,标志着分析化学在人类探究人与自然的道路上迈向一个新高度。对分析化学的要求不再限于一般的"有什么"(定性分析)和"有多少"(定量分析)的范围,而是要求能提供物质更多的、更全面的多维信息:从常量到微量及微粒分析(分子、原子级水平及纳米尺度的检测分析方法),从组成到形态分析,从总体到微区分析,从宏观组分到微观结构分析,从整体到表面及逐层分析,从静态到快速反应追踪分析,从破坏试样到无损分析,从离线到在线分析;要由解析型分析策略转变为整体型分析策略,综合分析完整的生物体内的基因、蛋白质、代谢物、通道等各类生物元素随时间、空间的变化和相互关联。

通过多次变革,分析化学进入了一个蓬勃发展的新阶段,并上升为一门多学科交叉的化学信息学科。现代分析化学已经远远超出化学学科的领域,其中以计算机为代表的新技术的迅速发展在许多领域中发挥着越来越突出的关键作用,也是目前最为活跃的学科之一。例如,20 世纪 90 年代开始实行的人类基因组计划,其间曾经处于停滞状态,正是由于分析化学家及时研究和开发了 DNA 测序新技术,才使该计划得以完成。又如,已有人调查证实,在美国的疾病诊断中,70% 靠的是分析化验,只有 30% 靠的是医生的经验。现在分析化学已进入一个新的发展时期,为了使分析化学在科学进步中发挥更为重要的作用,人们对分析化学提出了更高的新要求。目前分析化学主要从以下几个方面进行发展:一是要研究新的仪器和测量技术以应对日新月异的各种挑战;二是要与计算机科学等领域紧密结合,使分析化学能够从复杂的体系和大量的数据中挖掘出丰富的信息,并向智能化发展;三是要积极进入生命科学、环境科学、材料科学等当今的研究前沿,不仅仅是作为数据的提供者,而是要成为课题的决策者和问题的解决者。

尽管目前已经出现了不少新的高性能的仪器和测量技术,但继续研究更好的仪器和测量技术以不断满足人们的更高要求,仍是分析化学目前最重要的发展动力。

计算机科学技术的发展推动了信息科学的迅速发展,而且计算机与分析化学相结合使一门新的学科得到了迅速的发展,这就是化学计量学(chemometrics),包括分析信息理论、采样理论、分析试验设计、误差理论、化学数据库等的内容都在不断充实和完善;色谱与质谱及各种光谱联用技术正日益完善和发展,成为对复杂体系中各组分进行同时定性、定量分析的最有力工具;生物传感器等生物分析技术也得到迅速发展。随着研究的深入,化学计量学的研究内容还在不断地充实与扩大。化学计量学已经在分析化学的各个领域得到了广泛的应用并取得了巨大的成就。随着分析化学与计算机科学的紧密结合,分析化学将取得更大的进展。科技的发展同时要求分析化学能提供灵敏度、准确度、选择性、自动化及智能化更高的新方法(或仪器)与新技术。

从化学过程得到定性或定量的信息来控制或优化化学过程的学科称为过程分析化学(process analytical chemistry,PAC)。过程分析化学的主要研究内容包括过程测量科学、过程分析化学计量学及开发相关的智能化在线分析仪器。

研究解决在各个学科领域中与分析化学相关的关键问题是促使分析化学发展的原动力。当前,随着科技的进步和社会的发展,人们对健康、环境、能源、信息、材料等给予了更大的关注,因此生命科学、环境科学、能源科学、材料科学、信息科学等已经成为当前的科学前沿。分析化学的重点应用领域向生命科学等领域转移是分析化学的机遇。在这些领域中,食品安全、疾病预防、诊断和治疗、环境监测等各个方面都向分析化学提出了许多前所未有的日益复杂的挑战。

　　进入 21 世纪,分析化学学科广泛汲取当代科学技术的最新成就,充分利用一切可以利用的性质,建立了各种分析化学的新方法与新技术,推动分析化学逐步上升为分析科学,成为当代最富活力的学科之一,必将为以大数据分析为特征的信息时代的进步提供更多的支撑。

第 2 章　定量分析中的误差及分析数据处理

　　定量分析是对化学体系的某个或某些性质参数如质量、体积、酸度、电极电位和吸光度等进行测量,以准确获取试样中被测组分的含量。任何性质的测量都包括人、仪器和体系三个方面的因素。在分析过程中,由于受到分析方法、测量仪器、试剂和分析工作者等某些主观和客观因素的影响,所得测量结果不可能绝对准确,测量值与真实值不可能完全一致,由此产生的误差是客观存在、不可避免的。因此,为了减免误差,提高分析结果的准确度,有必要探讨误差产生的原因和减免方法。

　　分析工作者在进行定量分析时,必须根据对分析结果准确度的要求,合理安排实验,选择合适的分析方法和仪器,找出分析测量过程中误差产生的原因及出现的规律,采取相应的措施加以减免,并对测量数据进行统计处理、正确表达和评价分析结果。

2.1　定量分析中的误差及其产生原因

　　根据误差的性质和来源,误差可分为系统误差和偶然误差两类。

2.1.1　系统误差

　　系统误差又称可定误差,是由某种可确定的原因造成的。这类误差在重复测定中,总是重复出现、正负方向确定、大小可测,即系统误差具有重现性、单向性和可测性。

　　系统误差影响结果的准确度,若能找出原因,就可以采取一定的方法加以消除。

　　系统误差按其来源分为以下几种。

2.1.1.1　方法误差

　　由于实验设计或分析方法选择不当所造成的误差,通常对测定结果影响较大。例如,重量分析中,沉淀条件选择不当,沉淀物溶解度较大;滴定分析中,指示剂选择不当,滴定终点与化学计量点不一致,落在滴定突跃范围之外;色谱分析中,分离条件选择不当,被测组分类与相邻峰重叠,未达到良好分离等。

2.1.1.2　仪器误差

仪器误差指仪器本身精度不够而引起的误差。例如,天平灵敏度不符合要求;砝码质量未经校正;所用滴定管刻度值与真实值不相符合等引起的误差。

当于实验仪器本身不符合要求所引起的误差,如天平两臂不等长、砝码长期使用后质量有所改变、容量仪器标线不准、分光光度计波长示值与实际波长不相符等。

2.1.1.3　试剂误差

试剂误差指试剂的纯度不够或蒸馏水含有杂质而引起的误差。

由于实验所用试剂不合格引起的误差,如化学试剂变质失效、基准物质纯度不够、溶剂或试剂中含有少量杂质等。

2.1.1.4　操作误差

操作误差指在正常操作情况下由于个人主观原因造成的误差。例如,滴定管读数偏高或偏低,滴定终点颜色辨别偏深或偏浅等。

由于分析人员马虎大意导致操作错误,即因过失而产生的误差,称为过失误差,不属于操作误差,如滴定管读错数据、试剂加错、称样时试样洒落在容器外等。

2.1.2　偶然误差

偶然误差是由一些不易察觉的随机原因所引起的误差。在消除系统误差以后,对同一试样在同一条件下进行多次重复测定,并将测定的数据用数理统计方法进行处理便可发现:大小相等的正负误差出现的概率相等;小误差出现的概率大,大误差出现的概率小。偶然误差的这种规律性,可用图2-1的曲线表示。

图2-1中横坐标 x 代表误差的大小,纵坐标 y 代表误差发生的相对频率。这条曲线称为偶然误差的正态分布曲线。

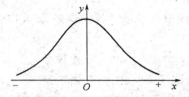

图 2-1　偶然误差的正态分布曲线

正态分布曲线清楚地反映出偶然误差的分布规律。只要在消除系统误差的前提下,操作细心,增加测定次数,则大小相等的正负误差可以相互抵消,平均值就接近于真实值。因此,增加测定次数可以减小偶然误差。

此外,由于工作粗心大意、不遵守操作规程造成一些差错,如器皿未洗净、加错试剂、看错砝码、读错刻度值、记录错误等纯属操作错误,不属误差范畴,应弃去此次分析数据。

偶然误差是由一些难以觉察和控制的、变化无常的、不可避免的偶然因素造成的。例如,实验温度、压力、湿度、仪器工作状态等的微小变动;试样处理条件的微小差异;天平或滴定管读数的不确定性等都可能使测定结果产生波动。随机误差的大小决定分析结果的精密度。

在每一次测量过程中,随机误差都会出现,误差大小和正负都不固定,无法控制,不能用校正的方法加以减免。看似没有规律性,但如果多次测量就会发现,它们的出现服从统计规律。

系统误差和随机误差的划分并不是绝对的。例如,在观察滴定终点颜色改变时,有人总是习惯性偏深,属于系统误差中的操作误差;但在多次平行测定中,观察滴定终点颜色的深浅程度不可能完全一致,时浅时深,稍有差异,又属于随机误差。在实际分析测量工作中,系统误差和随机误差完全可能同时存在。

2.2　有效数字及运算规则

定量分析测定任一组分都需要经过一系列的实验过程,最后通过计算得出分析结果。这不仅需要准确的测定,而且还需要正确的记录和计算。

2.2.1　有效数字

有效数字是分析测量中所能得到的有实际意义的数字,在其数值中只有最后一位是不确定的,前面所有位数的数字都是准确的。这一规定明确地确定了有效数字应保留的位数,不应该随意增加或减少有效数字的位数。如

    坩埚重 18.573 4 g   六位有效数字

    滴定消耗体积 24.41 mL   四位有效数字

    坩埚的重量在数值上是 18.573 4 g,显然使用的测量仪器是万分之一的分析天平,不是台秤;滴定消耗体积在数值上是 24.41 mL,则表明使用的是常量滴定管。故上述坩埚重应是(18.573 4±0.000 1) g,滴定消耗体积应是(24.41±0.02) mL,最后一位欠准确。

    有效数字应保留的位数,取决于所用分析方法与分析仪器的准确度。用感量为万分之一的分析天平称量,可保留小数点后四位,因为分析天平的读数精度为 0.1 mg,即在小数点后第四位上有±0.1 mg 的绝对误差,前面的所有位数都是准确的。如 0.132 5 g,有效数字为 4 位;10.202 5 g,有效数字为 6 位。若是在台上称量,读数精度为 0.01 g,上面两个数据只能记为 0.13 g 和 10.20 g,有效数字分别为 2 位和 4 位。

    又如,25 mL 溶液,用移液管取,应记录为 25.00 mL,有四位有效数字;用 100 mL 量筒取,应记录为 25 mL,只有两位有效数字。

    有效数字的位数越多,测定的相对误差就越小。例如,递减法称得某物重为 0.518 0 g,它表示该物实际重量是(0.518 0±0.000 2) g,其相对误差为

$$\pm\frac{0.000\ 2}{0.518\ 0}\times100\%=\pm0.04\%$$

    如果少取一位有效数字,则表示该物实际重量是(0.518±0.002) g,其相对误差为

$$\pm\frac{0.002}{0.518}\times100\%=\pm0.4\%$$

    提高仪器的测量精度,增大有效数字(如增大称量质量或滴定体积),可增加有效数字的位数。

    如果把结果记为 0.518 g,显然是错误的。因为它表明试样实际质量在(0.518±0.001) g 之间,即绝对误差为±0.001 g,而相对误差则为±0.2%。可见,数据的位数不仅能表示数据的大小,而且重要的是反映了测定的准确程度。现将定量分析中常遇到的一些数据举例如下:

    试样的质量   0.143 0 g   四位有效数字(用分析天平称量)

    溶液的体积   22.06 mL   四位有效数字(用滴定管测量)

                         25.00 mL   四位有效数字(用吸量管量取)

	25 mL	两位有效数字(用量筒量取)
溶液的浓度	0.100 0 mol/L	四位有效数字
	0.2 mol/L	一位有效数字
含量/%	98.97	四位有效数字
相对标准偏差/%	0.20	两位有效数字
pH	4.30	两位有效数字
离解常数 K	1.8×10^{-5}	两位有效数字

数字"0"在数据中具有双重意义。当用来表示与测量精度有关的数字时,是有效数字;当用它只起定位作用与测量精度无关时,则不是有效数字。在上列数据中,数据之间的"0"和小数上末尾的"0"都是有效数字;"0"在具体数值前面时,不是有效数字,只起定位作用。对于含有对数的有效数字位数的确定,其位数仅取决于小数部分数据的位数,整数部分只说明这个数的方次。如 pH=4.30 有两位有效数字,整数 4 只表明相应真数的方次。另外,对于计算公式中含有的自然数,如测定次数 $n=7$,化学反应计量系数 2、3 等都不是测量所得,可视为无穷多位有效数字。

此外,在计算中常遇到分数、倍数的关系,应视为多位有效数字。例如,从 250 mL 容量瓶中移取 25 mL 溶液,即取容量瓶中总数的 1/10,不能将 25/250 视为两位或三位有效数字,应按计算中其他数据的有效数字位数对待。

关于有效数字,以下几点值得注意:

(1)pH、pC、pK 等对数值,其有效数字的位数仅取决于小数部分数字的位数,因整数部分只说明该数的方次。例如,pH=12.68、pK=5.04,其有效数字均为两位。

(2)6 500 等这样的数据,应采用科学计数法,明确表示有几位有效数字。例如,6.5×10^{3},有两位有效数字;6.500×10^{3},有四位有效数字。

(3)首位数≥8,在乘除等运算中,其有效数字的位数可多计一位。如 97,可视为三位有效数字。

(4)常数 π、e 的数值及系数如 3、1/2 等的有效数字位数,可认为无限制。

2.2.2　有效数字的修约规则

在处理数据过程中,常会遇到各测量值的数字位数不同的情况,在运算时按一定的规则舍弃多余的尾数,不但可以节省计算时间,而且还可以避免结果准确度的误判。按规则舍弃多余的尾数,称为数字修约。现多采用"四舍六入五成双"修约规则:当确定了有效数字的保留位数后,多余尾数的首数等于或小于 4 时,舍弃;等于或大于 6 时,进位;当多余尾数的首数等于 5 时,若 5 的后面有不为 0 的数,进位;当 5 后没有数或后面的数字皆为 0 时,则舍五成双,使修约后的数据最后一位数成为双数。

例如,将下列数据修约为四位有效数字:

35.244 1→35.24   19.006 37→19.01
26.075 0→26.08   46.085 0→46.08
13.745 000 2→13.75   52.195→52.20

数字修约的几点说明:

(1)只允许对原测量值一次修约至所需位数,不能分次修约。如 7.548 9 修约到两位有效数字应是 7.5,不能修约成 7.549→7.55→7.6。

(2)在大量数据运算时,为防止误差迅速累积,对参加运算的所有数据可先多保留一位有效数字,运算后,再将结果修约成符合要求的位数。

(3)修约相对平均偏差、相对标准偏差等时,一般取一位或两位有效数字即可,多余的尾数只要不全为 0,都要进位,降低结果的精密度。例如,某结果的相对标准偏差为 0.203%,若取一位有效数字,应修约成 0.3%。

2.2.3 运算规则

在计算分析结果时,通常是将若干个测量数据,按确定的计算公式,进行加减乘除等运算,每个测量值的误差都要传递到分析结果中去,从而影响结果的准确度。运算过程并不能改变实际测量结果的准确度,这就要求根据误差的传递规律,按照一定的规则进行有效数字的运算,这样才能正确表达分析结果。

常用的基本运算规则如下:

(1)加减运算。

当几个数据相加或相减时,它们的和或差的有效数字的保留,应以绝对误差最大的那个数,即以小数点后位数最少的那个数为依据。例如,0.012 1、25.64 及 1.057 82 三数相加,因 25.64 中的 4 已是可疑数字,绝对误差最大,则三者之和为

$$0.012+25.64+1.058=26.71$$

(2)乘除运算。

几个数据相乘除时,积或商的有效数字的保留,应以其中相对误差最大的那个数,即有效数字位数最少的那个数据为依据。例如,0.012 1、25.64、1.057 8 三数相乘,其中以 0.012 1 数值的相对误差最大。

$$\frac{\pm 0.000\ 1}{0.012\ 1} \times 100\% = \pm 0.8\%$$

$$\frac{\pm 0.01}{25.64} \times 100\% = \pm 0.04\%$$

$$\frac{\pm 0.000\ 1}{1.057\ 8} \times 100\% = \pm 0.009\%$$

数据修约后为 0.012 1、25.6、1.06，积为 0.328。

为了提高计算结果的可靠性，可以暂时多保留一位数字，得到最后结果，再弃去多余的数字。

又如求 9.56、2.514 9 和 4.507 82 三数之积，第一个数首数是 9，可视为四位有效数字，其相对误差最大，应以此数据为依据，结果保留四位有效数字，而不是三位。

$$9.56 \times 2.514\ 9 \times 4.507\ 8 = 108.4$$

(3)对数运算。

所取对数位数应与真数有效数字位数相等。

例如，pH＝12.68，即[H^+]＝2.1×10^{-13} mol/L。

(4)乘方、开方运算。

结果的有效数字位数不变。

例如，$\sqrt{50.8} = 7.13$。

(5)若数据的第一位数字大于 8，可多算一位有效数字，例如 9.25 mL，只有三位，在计算时可按四位有效数字处理(接近 10.00)。

(6)有关化学平衡的计算(如计算平衡时某离子的浓度)，保留两位或三位有效数字。

(7)通常对于组分含量在 10％以上时，一般要求分析结果有四位有效数字；含量 1％～10％时，三位有效数字；低于 1％时，一般要求一或两位有效数字。

(8)以误差表示分析结果的准确度时，一般保留一位有效数字，最多取两位。

用计算器连续运算得出的结果，应一次修约成所需位数。

2.3　有限量分析数据的统计处理

在定量分析中，通常把多次平行测定的数据的平均值作为结果加以报告。但实际上这是不确切的，还应运用数理统计的方法，对有限次测量的数据及分析结果的可靠性作出判断,并给予正确、科学的评价,再做出关于分析结果的报告。分析报告一般应包括:分析方法、主要仪器设备及试剂、测量数据或图表、分析结果及其准确度和精密度。本节介绍统计处理分析数据的相关知识。

2.3.1 偶然误差的分布规律

偶然误差的分布可用正态分布曲线(图 2-2)来表示,其数学表达式为高斯方程:

$$y = f(x) = \frac{1}{\sigma \sqrt{2\pi}} \cdot e^{-\frac{(x-\mu)^2}{2\sigma^2}} \tag{2-1}$$

式中,y 为概率密度(概率除以测量值 x),它是变量 x 的函数;μ 为总体平均值,在没有系统误差的情况下,即为真实值;σ 为总体标准偏差,是曲线上拐点(凹曲线与凸曲线的转变点)的 x 值的偏差。从正态分布曲线不难看出以下几点。

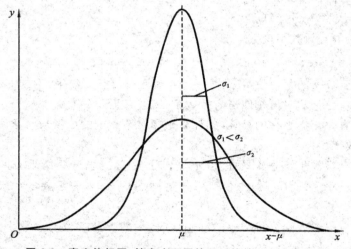

图 2-2 真实值相同,精密度不同的两组值的正态分布曲线

(1)正负误差出现的概率相等。当 x 趋向于 $+\infty$ 或 $-\infty$ 时,曲线以 x 轴为渐近线,说明小误差出现的概率大,大误差出现的概率小,在没有系统误差的情况下,真实值附近出现的概率最大,出现很大误差的概率接近于零。

(2)测定值在一定范围内出现的概率为曲线在该范围的积分值,即曲线在该范围下和横轴所围面积。范围越大,概率越大。测定值在 $-\infty \rightarrow +\infty$

范围内的总概率为 100％或 1。

（3）曲线的位置和形状分别由 μ 和 σ 决定。σ 一定，μ 改变，将引起曲线的水平移动。μ 一定，σ 改变，将使曲线的胖瘦和高矮发生变化。σ 越大，曲线越矮胖，测量值越分散，测量的精密度越低。反之，曲线越高瘦，测量值越集中，测量的精密度越高。

在实际工作中，为了应用方便，常引入变量 u，并令

$$u = \frac{x - \mu}{\sigma} \tag{2-2}$$

由此可见，u 为以标准偏差 σ 为单位的 $x - \mu$（偏差）值。高斯方程形式变为

$$y = f(u) = \frac{1}{\sqrt{2\pi}} \cdot e^{-\frac{1}{2}u^2} \text{（单位为 } \sigma^{-1}\text{）} \tag{2-3}$$

若用 u 为横坐标（单位为 σ），仍以概率密度 y 为纵坐标，但其单位为 σ^{-1}，作图，所得正态分布曲线有固定性状，如图 2-3 所示，因而称之为标准正态分布曲线。曲线下所围总面积仍为 100％或 1（单位为 $\sigma \cdot \sigma^{-1} = 1$）。根据有关计算，可得标准正态分布概率值表，如表 2-1 所示。

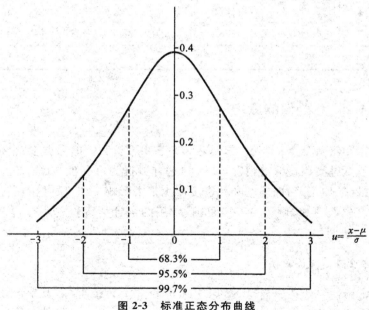

图 2-3　标准正态分布曲线

例如，当无系统误差，偶然误差 $x - \mu = \pm\sigma$，即 $u = \pm 1$ 时，查表得 $|u| = 1.0$ 时的相应面积为 0.341 3，即表示偶然误差在 $\pm\sigma$ 区间出现的概率为

0.341 3×2＝68.3％。同理,偶然误差在±2σ区间出现的概率为 0.477 3×2＝95.5％;偶然误差在±3σ区间出现的概率为 0.498 7×2＝99.7％,即表示测量值的偶然误差的绝对值超过±3σ的概率为 0.3％。因此,在实际工作中如果多次平行测定的个别数据的绝对误差(或绝对偏差)绝对值大于3 s 时,该测量值即可舍弃。

表 2-1　标准正态分布概率值表

$|u|$	面积	$|u|$	面积	$|u|$	面积
0.0	0.00	1.0	0.341 3	2.0	0.477 3
0.1	0.039 8	1.1	0.364 3	2.1	0.482 1
0.2	0.079 3	1.2	0.384 7	2.2	0.486 1
0.3	0.117 9	1.3	0.403 2	2.3	0.489 3
0.4	0.155 4	1.4	0.419 2	2.4	0.491 8
0.5	0.191 5	1.5	0.433 2	2.5	0.493 8
0.6	0.225 8	1.6	0.445 2	2.6	0.495 3
0.7	0.258 0	1.7	0.455 2	2.7	0.496 5
0.8	0.288 1	1.8	0.464 1	2.8	0.497 4
0.9	0.315 9	1.9	0.471 2	3.0	0.498 7

2.3.2　可疑值的取舍

在实际定量分析工作中,常会遇到在一组平行测定的数据中,个别数据比其他数据过高或过低的情况,通常称这种数据为可疑值或逸出值。它对测定结果(平均值)的准确度和精密度产生很大影响。如可疑值确实因为实验中的过失所造成,则可舍弃。目前,常用的统计学检验方法有 Q 检验法和 G 检验法两种方法。

2.3.2.1　Q 检验法

Q 检验法又称舍弃商法,适用于平行测定次数较少(n 为 3～10)的情况。其具体步骤如下。

(1)所有测量值由小至大排列,在序列的开头(x_1)或末尾(x_n)找出可疑值。

(2)计算可疑值与邻近值之差及全组测量值的极差(最大值与最小值之

差）。

（3）计算上述两个差值之比的绝对值 $Q_{计}$，即

$$Q_{计} = \frac{|X_{疑} - X_{邻}|}{X_{最大} - X_{最小}} \tag{2-4}$$

（4）在表 2-2 中查得 $Q_{表}$，如果 $Q_{计} < Q_{表}$，则保留可疑值，否则应舍弃。

表 2-2　不同置信度下的 Q 值表

n	3	4	5	6	7	8	9	10
$Q_{90\%}$	0.94	0.76	0.64	0.56	0.51	0.47	0.44	0.41
$Q_{95\%}$	0.97	0.84	0.73	0.64	0.59	0.54	0.51	0.49
$Q_{99\%}$	0.99	0.93	0.82	0.74	0.68	0.63	0.63	0.57

2.3.2.2　G 检验法

G 检验法是目前应用较多、准确度较高的检验方法。其具体步骤如下。

（1）计算包括可疑值在内的平均值和标准偏差。

（2）按式（2-5）计算 G 值。

$$G_{计} = \frac{|X_{疑} - \overline{X}|}{S} \tag{2-5}$$

（3）在表 2-3 中查得 $G_{表}$，如果 $G_{计} < G_{表}$，则保留可疑值，否则应舍弃。

表 2-3　置信度 95％时的 G 临界值表

n	3	4	5	6	7	8	9	10
G	1.15	1.48	1.71	1.89	2.02	2.13	2.21	2.29

例 2-1　标定某溶液的浓度四次，得到 0.101 9、0.101 4、0.101 2 和 0.101 6 四个数据，请用 Q 检验法和 G 检验法分别确定 0.101 9 是否应舍弃（置信度 95％）？

解：（1）Q 检验法。

$$Q_{计} = \frac{|0.101\ 9 - 0.101\ 6|}{0.101\ 9 - 0.101\ 2} = 0.43$$

在表 2-2 中查得：$n = 4$，置信度 95％时，$Q_{表} = 0.84$。由于 $Q_{计} < Q_{表}$，所以应保留可疑值 0.101 9。

（2）G 检验法。

$$\overline{x} = \frac{0.101\ 9 + 0.101\ 4 + 0.101\ 2 + 0.101\ 6}{4} = 0.101\ 5$$

$$S=\sqrt{\frac{0.004^2+(-0.000\ 1)^2+(-0.000\ 3)^2+0.000\ 1^2}{4-1}}=0.000\ 3$$

$$G_{计}=\frac{|0.101\ 9-0.101\ 5|}{0.000\ 3}=1.33$$

在表 2-3 中查得:$n=4$,置信度 95％时,$G_表=1.48$。由于 $G_{计}<G_表$,所以应保留数据 0.101 9。此法与 Q 检验法的判断一致。

2.3.3　置信区间与 t 分布

从统计学角度讲,平行测定 n 次所得各数据均称为样本,有限次测定的数据的平均值称为样本平均值,用 $\bar{x}$ 表示。有限次测定的标准偏差用 S 表示,平均值 $\bar{x}$ 的相应标准偏差用 $\overline{S}$ 表示,S 与 $\overline{S}$ 的关系为

$$\overline{S}=\frac{S}{\sqrt{n}} \tag{2-6}$$

$n\to\infty$ 时,所测数据的平均值称为总体平均值。在无系统误差的情况下,总体平均值即为真实值,用 μ 表示。若总体标准偏差用 σ 表示,无限次(非无穷多次)测定的样本平均值 $\bar{x}$ 的标准偏差用 $\bar{\sigma}$ 表示,则有关系式:

$$\bar{\sigma}=\frac{\sigma}{\sqrt{n}} \tag{2-7}$$

在准确度要求较高的分析测定中,提出报告时,需指明总体平均值 μ (真实值)的取值区间(置信区间)及总体平均值处于该范围的概率,即置信概率或置信度,符号为 P。

置信区间与置信度的关系:置信度越大,置信区间越宽;反之,置信度越小,置信区间越窄。但置信度过大或过小均无实际意义。如 100％的置信度下的置信区间无穷大;而 50％置信度下的置信区间虽然很窄,但其可靠性又太低。所以既要使置信区间较窄,使对真实值的估计较精确,又要置信度较高,使真实值处于置信区间的把握较大。但这一切必须在无系统误差的前提下进行。分析化学中,常在无系统误差的前提下取 95％置信度。

2.3.3.1　置信度下总体平均值的置信区间

根据公式

$$u=\frac{x-\mu}{\sigma}$$

并考虑到 u 的符号,则有如下关系:

$$\mu=\bar{x}\pm u\bar{\sigma}=\bar{x}\pm u\frac{\sigma}{\sqrt{n}} \tag{2-8}$$

该式表明真实值处于以样本平均值为中心的一定范围内,我们将它称为总体平均值的取值范围。

2.3.3.2　置信度下样本平均值的置信区间

在实际分析工作中,通常是对样品进行有限次平行测定。而有限次测定的偶然误差分布规律与正态分布规律不可能完全一致。英国化学家古塞特用统计方法,推导出有限次测定的分布规律,即 t 分布。在 t 分布中用参数 t 代替标准正态分布中的参数 u,用有限次测量的样本标准偏差 S 代替总体标准偏差 σ。该 t 值不仅与置信度 P 有关,还与自由度 $f(f=n-1)$ 有关,故可写成 $t_{(P,f)}$。已知置信度和自由度,可通过表 2-4 查出相应 t 值,分布曲线见图 2-4。

表 2-4　t 分布表

自由度 $f(f=n-1)$	置信度(P)		
	90%	95%	99%
1	6.31	12.71	63.66
2	2.92	4.30	9.92
3	2.35	3.18	5.84
4	2.13	2.78	4.60
5	2.01	2.57	4.03
6	1.94	2.45	3.71
7	1.90	2.36	3.50
8	1.86	2.31	3.36
9	1.83	2.26	3.25
10	1.81	2.23	3.17
20	1.72	2.09	2.84
30	1.70	2.04	2.75
∞	1.64	1.96	2.58

在一定置信度时,用有限次测量的样本平均值 $\bar{x}$ 所估计出的真实值 μ 的取值范围,称为平均值的置信区间,可按下式计算:

$$\mu = \bar{x} \pm t_{(P,f)}\,\overline{S} = \bar{x} \pm t_{(P,f)}\frac{S}{\sqrt{n}}$$

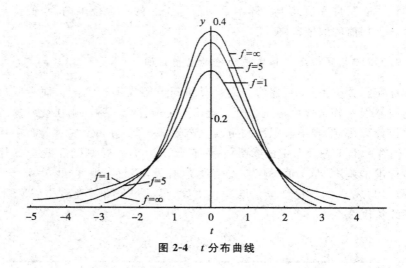

图 2-4 t 分布曲线

例 2-2 用 8-羟基喹啉法测定 Al 含量,9 次平行测定的 $S=0.042\%$,$\bar{x}=10.79$,估计在 95% 和 99% 的置信度时平均值的置信区间。

解:查表 2-4 得到:

(1)95% 置信度时,平均值的置信区间为 10.76%~10.82%。

(2)99% 的置信度时,平均值的置信区间为 10.74%~10.84%。

计算表明:总体平均值(真实值)在 10.76%~10.82% 的概率为 95%;在 10.74%~10.84% 概率为 99%。即真实值在上述两个区间,分别有 95% 和 99% 的把握。由此可看出:增加置信度可扩大置信区间。此外,在相同置信度下,增加测定次数,可缩小置信区间。

2.3.4 显著性检验

在定量分析中,常遇到这样一些情况:用两种不同分析方法对同一试样进行分析的结果有差异;对标准试样进行分析所得平均值与标准值有差异;不同的分析人员或不同的实验室对同一试样的分析结果有差异。这些差异都是由定量分析中的系统误差或偶然误差引起的。因此,必须对分析结果的准确度或精密度是否存在显著性差异做出判断。在定量分析中分别检验两组分析结果是否存在显著的偶然误差和系统误差的最常用方法是 F 检验法和 t 检验法。

2.3.4.1 F 检验法

F 检验法是通过比较两组数据的方差(标准偏差的平方)来比较它们是

否存在显著性差异,即两组分析结果的偶然误差是否显著不同。具体步骤如下。

(1)按下式计算两组样本的方差 S_1^2 和 S_2^2 的比值 $F_计$。

$$F_计 = \frac{S_1^2}{S_2^2}(S_1 > S_2) \tag{2-9}$$

(2)由表 2-5 查出 $F_表$。该表是在 95% 置信度时,不同自由度下的部分 F 值,该值与置信度及 S_1 和 S_2 的相应自由度 f_1、f_2 有关。使用表 2-5 时应注意 f_1 为大方差数据的自由度,f_2 为小方差数据的自由度。

表 2-5　95% 置信度时的部分 F 值

f_2	f_1									
	2	3	4	5	6	7	8	9	10	∞
2	19.00	19.16	19.25	19.30	19.33	19.35	19.37	19.38	19.39	19.50
3	9.55	9.28	9.12	9.01	8.94	8.89	8.85	8.81	8.78	8.53
4	6.94	6.59	6.39	6.26	6.16	6.09	6.04	6.00	55.96	5.63
5	5.79	5.41	5.19	5.05	4.93	4.88	4.82	4.77	4.74	4.36
6	5.14	4.76	4.53	4.39	4.28	4.21	4.15	4.10	4.06	3.67
7	4.74	4.35	4.12	3.97	3.87	3.79	3.73	3.68	3.64	3.23
8	4.46	4.07	3.84	3.69	3.58	3.50	3.44	3.39	3.35	2.93
9	4.26	3.86	3.63	3.48	3.37	3.29	3.23	3.18	3.15	2.71
10	4.10	3.71	3.48	3.33	3.22	3.14	3.07	3.02	2.98	2.54
∞	3.00	2.60	2.37	2.21	2.10	2.01	1.94	1.88	1.83	1.00

(3)判断:若 $F_计 < F_表$,则表明两组数据的精密度无显著性差异,反之,则有显著性差异。

例 2-3　用两种方法测定某样品中 $Zn(II)$ 的含量。用方法一共测 6 次,$S_1 = 0.055$;用方法二共测 4 次,$S_2 = 0.022$。试问这两种方法的精密度有无显著性差异?

解:$F_计 = \dfrac{S_1^2}{S_2^2} = \dfrac{0.055^2}{0.022^2} = 6.3$

$f_1 = 6 - 1 = 5$,$f_2 = 4 - 1 = 3$,查表 2-5 得到 $F_表 = 9.01$。

由于 $F_计 < F_表$,所以,S_1 和 S_2 无显著性差异,即两种方法的精密度无显著性差异或彼此精密度相当。

2.3.4.2 t 检验法

t 检验法是通过比较两个平均值或平均值与标准值,判断某种分析方法或操作过程中是否存在显著性系统误差。

平均值与标准值的比较,具体步骤如下。

(1)计算出对试样平行测定数次的平均值 $\bar{x}$ 和标准偏差后,按式(2-10)计算 $t_{计}$。

$$t_{计} = \frac{|\bar{x} - \mu|}{\sigma}\sqrt{n} \tag{2-10}$$

(2)查表 2-4 得到 $t_{表}$。

(3)判断:若 $t_{计} \geqslant t_{表}$,则平均值 $\bar{x}$ 与标准值 μ 之间存在显著性差异,表明该方法或操作过程有系统误差;若 $t_{计} < t_{表}$,则平均值 $\bar{x}$ 与标准值 μ 之间无显著性差异,虽然平均值 $\bar{x}$ 与标准值 μ 之间有差异,但这种差异可能是偶然因素造成的。

例 2-4 某药厂生产维生素丸,要求含铁量为 4.800%,现从一批产品中抽样进行 5 次测定,测得含量分别为 4.744%、4.790%、4.790%、4.798%和 4.822%,请问这批产品是否合格?

解:先由 5 次测定数据算得 $\bar{x}=4.789\%$ 和标准偏差 $S=0.028\%$;已知 $\mu=4.800\%$,由式(2-10)得到

$$t_{计} = \frac{|4.789 - 4.800|}{0.028} \times \sqrt{5} = 0.87$$

查表 2-4,95%置信度,$f=5-1=4$ 时,$t_{表}$ 为 2.78。

由于 $t_{计} < t_{表}$,所以含铁量的平均值与标准值无显著性差异,产品合格。

两组数据的平均值的比较分为两种类型:①对同一试样由不同分析人员或同一分析人员采用不同分析方法所得不同结果的平均值进行比较;②对两个试样中同一成分,用相同方法测得的两组数据的平均值进行比较。

方法是先对两组数据进行 F 检验,当 F 检验确认两组数据的精密度无显著性差异时,再进行 t 检验,以判断两组数据的平均值是否存在显著性差异。如果有显著性差异,则这种差异不是偶然因素起的,而是由固定原因引起的系统性差异。

这种情况下的 t 检验应按式(2-11)计算 $t_{计}$。

$$t_{计} = \frac{|\bar{x}_1 - \bar{x}_2|}{S_m} \cdot \sqrt{\frac{n_1 \cdot n_2}{n_1 + n_2}} \tag{2-11}$$

式中,$\bar{x}_1$、$\bar{x}_2$ 分别为第 1、2 组数据的平均值;n_1、n_2 分别为第 1、2 组数据的测定次数;S_m 为合并标准偏差或组合标准偏差。若已知 S_1 和 S_2 之间无显

著性差异（F 检验无差异），可由下式计算出上式中的 S_m。

$$S_m = \sqrt{\frac{S_1^2(n_1-1)+S_2^2(n_2-1)}{(n_1-1)+(n_2-1)}}$$

例 2-5 用两种方法分析某试样中 Na_2CO_3 的含量，所得分析结果为

方法一：$n_1=5$，$\bar{x}_1=23.35\%$，$S_1=0.061\%$；

方法二：$n_2=4$，$\bar{x}_2=23.40\%$，$S_2=0.038\%$。

试问两种方法之间是否存在显著性差异（置信度 95%）？

解：(1)F 检验。

$$F_{计} = \frac{S_1^2}{S_2^2} = \frac{(0.061\%)^2}{(0.038\%)^2} = 2.58$$

查表 2-5，$P=95\%$，$f_1=5-1=4$，$f_2=4-1=3$ 时，$F_{表}=9.12$，所以 $F_{计}<F_{表}$，两种方法的精密度无显著性差异。可求合并标准偏差 S_m，进行 t 检验。

(2)t 检验。

$$S_m = \sqrt{\frac{4\times(0.061\%)^2+3\times(0.038\%)^2}{4+3}} = 0.05\%$$

$$t_{计} = \frac{|23.35\%-23.40\%|}{0.05\%} \times \sqrt{\frac{5\times4}{5+4}} = 1.49$$

$f=5+4-2=7$，由表 2-4 查得 $t_{表}=2.36$。因为 $t_{计}<t_{表}$，所以上述两种分析方法无显著性差异。

使用统计检验的几点注意事项：

(1)显著性检验之前，应先对样本数据进行离群值的取舍检验，以消除应舍弃的数据可能对后续显著性检验带来的干扰。

(2)两组数据的显著性检验顺序是先由 F 检验确认两组数据的精密度无显著性差别后，才能进行 t 检验。

(3)单侧与双侧检验，检验两个分析结果是否存在着显著性差异时，用双侧检验。若检验某分析结果是否明显高于（或低于）某值，则用单侧检验。

(4)置信水平 P 的选择，t 与 F 的临界值随 P 的不同而不同，因此 P 的选择必须适当。

第3章 定性分析法导论

定性分析(qualitative analysis)的任务是鉴定物质中所含有的组分。对于无机定性分析来说,这些组分通常为元素或离子;对于有机定性分析则包括元素和官能团。无机及有机定性分析可采用化学分析法和仪器分析法。化学分析法的依据是物质间的化学反应。反应在溶液中进行的称为湿法;在固体之间进行的称为干法,例如焰色反应和熔珠试验法等,它们在定性分析中作为辅助的试验方法。

3.1 定性分析法的基础知识

3.1.1 反应进行的条件

定性分析中的化学反应包括两大类,一类用于分离或掩蔽,另一类用于鉴定。鉴定反应大都是在水溶液中进行的离子反应,要求反应灵敏和迅速,而且具有明显的外观特征,如沉淀的溶解和生成,溶液颜色的改变,气体或特殊气味的产生等。

欲使分离和鉴定反应按照预定方向进行,必须注意以下反应条件。

(1)反应物的浓度。溶液中的离子,只有当其浓度足够大时鉴定反应才能显著进行,并产生明显的现象。以沉淀反应为例,不仅要求参加反应的离子浓度的乘积大于该温度下的溶度积,使沉淀反应发生,而且还要使沉淀析出的量足够多,以便于观察。

(2)溶液的温度。溶液的温度对某些沉淀的溶解度及反应进行的速率都有较大影响。例如,在 100 ℃时,$PbCl_2$ 沉淀的溶解度是室温(20 ℃)时的 3 倍多,所以当以沉淀形式分离它时,应注意降低试液的温度。又如,向 AsO_4^{3-} 的稀盐酸溶液中通 H_2S 气体时,加热(并加 NH_4I)会加快 As_2S_3 沉淀的生成。

(3)溶剂的影响。一般的化学反应都是在水溶液中进行的,如果生成物在水中的溶解度较大或不够稳定,可加入某种有机试剂予以改善。例如,以生成醋酸铀酰锌钠沉淀的形式鉴定 Na^+ 时,需加入乙醇促进沉淀生成。

有机物分析要求选择适当的有机溶剂,该溶剂应尽可能地同时溶解试样、试剂及其反应产物,并且要求所选溶剂不干扰鉴定反应和不影响判断鉴定结果。

(4)干扰物质的影响。某一鉴定反应能否准确地鉴定某离子,除上述诸因素外,还应考虑干扰物质的影响。例如,以 NH_4SCN 法鉴定 Fe^{3+} 时,F^- 不应存在,因为它与 Fe^{3+} 生成稳定的 FeF_6^{3-} 络离子,从而使鉴定反应失效。

3.1.2　鉴定方法的灵敏度和选择性

3.1.2.1　鉴定方法的灵敏度

不同的鉴定方法检出同一种离子的灵敏度是不一样的。在定性分析中,灵敏良通常以最低浓度(最小检测浓度)和检出限表示。

(1)最低浓度。

一定条件下,使某鉴定方法能得出肯定结果的该离子的最低浓度,以 ρ_B 或 $1:G$ 表示。G 是含有 1 g 被鉴定离子的溶剂的质量;ρ_B 则以 $\mu g \cdot mL^{-1}$ 为单位,因此两者的关系是 $\rho_B G = 10^6$。

鉴定方法的灵敏度是用逐步降低被测离子浓度的方法得到的试验值。例如,以 $Na_3Co(NO_2)_6$ 为试剂鉴定 K^+ 时,在中性或弱酸性溶液中得到黄色沉淀,表示有 K^+ 存在。为了测定该反应的灵敏度,将已知浓度的 K^+ 试液逐级稀释,每次稀释后均平行取出数份含 K^+ 试液(每份 1 滴,约 0.05 mL)进行鉴定试验,直到 K^+ 的浓度稀至 $1:12\,500$(1 g K^+ 溶在 12 500 mL 水中)时,平行进行的试验中能得到肯定结果的概率仅占一半。再稀释下去,得到肯定结果的概率小于半数,即鉴定反应已不可靠。

(2)检出限。

在一定条件下,某方法所能检出的某种离子的最小质量称为检出限。通常以 μg(微克)为单位,记为 m。

某方法能否检出某一离子,除与该离子的浓度有关外,还与该离子的绝对质量有关。在上述鉴定 K^+ 的反应中,每次取出试液一滴约为 0.05 mL,其中所含 K^+ 的绝对质量 m(即检出限)为

$$1 \text{ g} : 12\,500 \text{ mL} = m : 0.05 \text{ mL}$$

$$m = \frac{1 \text{ g} \times 0.05 \text{ mL}}{12\ 500 \text{ mL}} = 4 \times 10^{-6} \text{g} = 4\ \mu\text{g}$$

检出限越低,最低浓度越小,则此鉴定方法越灵敏。

通常表示某鉴定方法的灵敏度时,要同时指出其最低浓度(相对量)和检出限(绝对量),而不用指明试液的体积。在定性分析中,最低浓度为 1 mg/mL(1∶1 000),即检出限为 50 μg 的方法已难于满足鉴定的要求。

3.1.2.2 鉴定反应的选择性

定性分析对反应的要求是不仅要灵敏,而且希望鉴定某种离子时不受其他共存离子的干扰。具备这一条件的反应称为特效反应,该试剂则称为特效试剂。例如,试样中含有 NH_4^+ 时,加入 NaOH 溶液并加热,便会有 NH_3 气放出。此气体有特殊气味,可通过使湿润的红色石蕊试纸变蓝等方法加以鉴定。一般认为这是鉴定 NH_4 的特效反应,NaOH 则为鉴定 NH_4^+ 的特效试剂。

定性分析中用限界比率(即鉴定反应仍然有效时,待鉴定离子与最高量的某种共存离子的质量比)来表示鉴定反应的特效性。显然该比值越小,鉴定反应的选择性越高。鉴定反应的特效性是相对的,事实上,一种试剂往往能同若干种离子起作用。能与为数不多的离子发生反应的试剂称为选择性试剂,相应的反应叫作选择反应。发生某一选择反应的离子数目越少,则反应的选择性越高。对于选择性高的反应,则易于创造条件使其成为特效反应。

3.1.3 有机分子结构对鉴定反应的影响

分子结构会影响有机物官能团的反应活性,即同一种官能团,在不同结构的有机分子中,会显示出不同的反应活性。例如,溴的四氯化碳溶液能与烯烃发生加成反应,使溴的颜色褪去,这是检验烯烃常用的定性反应。但是当双键上具有电负性取代基时,双键的活性明显减弱,溴的加成反应就难于进行。因此进行有机分析时,应考虑到有机化合物的结构特点。

3.1.4 空白试验和对照试验

鉴定反应的"灵敏"与"特效",是使某一种待检离子可被准确检出的必要条件,但下述两方面因素会影响鉴定反应的可靠性。第一,溶剂、辅助试剂或器皿等均可能引入某些离子,它们被当作待检离子而被鉴定出来,此种情况称为过检;第二,试剂失效或反应条件控制不当,因而使鉴定反应的现象不明显或得出否定结论,此种情况称为漏检。

第一种情况,可通过空白试验予以避免。即在鉴定反应的同时,另取一份蒸馏水代替试液,以相同方法进行操作,看是否仍可检出。例如,在试样的 HCl 溶液中用 NH_4SCN 法鉴定 Fe^{3+} 时,得到了浅红色溶液,表示有微量铁存在。为弄清这微量 Fe^{3+} 是否为原试样所有,可另取配制试液的蒸馏水,加入同量的 HCl 和 NH_4SCN 溶液,如仍得到同样的浅红色,说明试样中并不含 Fe^{3+};如所得红色更浅或无色,则说明试样中确实含有微量 Fe^{3+} 存在。

第二种情况,即当鉴定反应不够明显或现象异常,特别是在怀疑所得到的否定结果是否准确时,往往需要作对照试验。即以已知离子的溶液代替试液,用同法进行鉴定。如果也得出否定结果,则说明试剂已失效,或是反应条件控制得不够正确等。

空白试验和对照试验可以避免定性分析中的过检和漏检现象,对于正确判断分析结果、及时纠正错误有重要意义。

3.1.5　系统分析和分别分析

所谓系统分析,是指按一定的顺序和步骤向试液中加入某种试剂(主要是沉淀剂),将性质相近的离子逐组沉淀并分离开来,然后继续进行组内分离,直至彼此不再干扰鉴定反应为止。这些用于分组的试剂称为组试剂。

与上述情况不同,在多种离子共存时,不经过分组分离,利用特效反应及某些选择性高的反应直接鉴定某一离子,称为分别分析。它具有准确、快速、灵敏帮矾动的特点,不受鉴定顺序的限制。

3.2　无机定性分析

3.2.1　试样的外表观察和准备

观察试样的外表,对于固体试样,要看其组成是否均匀,颜色如何,用湿润的 pH 试纸检查其酸碱性;对液体试样要注意其颜色并检查其酸碱性,这些都可为以后的分析提供一些有价值的信息。

用于分析的试样要求其组成均匀,易于溶解或熔融。如果试样是固体物质,则需要充分研细。对于组成均匀、易为一般溶剂所溶解的试样,可以免去研细的手续。

试样准备好后要分作四份:第一份进行初步试验,第二份作阳离子分析,第三份作阴离子分析,第四份保留备用。

3.2.2　初步试验

初步试验的种类很多,常用的有以下几项。

(1)焰色试验。有些元素可以使无色火焰呈现出具有特征的颜色,但这种性质仅对于单一化合物的鉴定有帮助。

(2)灼烧试验。在一端封闭的玻璃管中装入少许试样,起初缓缓加热,然后灼热,观察玻璃管中的变化,包括是否放出气体或蒸气,是否有升华现象,颜色有无改变等。

(3)溶剂的作用。研究各种溶剂对试样的作用,不仅可以选择溶解试样的最适合溶剂,还可以提供关于试样组成的某些信息。定性分析中常用的溶剂有水、盐酸、硝酸和王水等。使用每种溶剂时都是先稀后浓,先冷后热,先单一酸再混合酸,先非氧化性酸再氧化性酸。

3.2.3　阳离子分析

试样的溶解可能出现下述三种情况。

(1)溶于水的试样。这种情况最为简单,可直接取 $20\sim30$ mg 试样溶于 1 mL 水中,按阳离子分析方案进行分析。

(2)不溶于水但溶于酸的试样。硫酸因有较多的沉淀作用,不适于作溶剂。在盐酸和硝酸都可用的情况下,如果需要考虑挥发损失,则一般选用硝酸,王水只有在两种酸都不溶的情况下才使用。在使用每种酸时都力求不要过量太多,而且尽量使用稀酸,以免给后面的分析带来麻烦。

(3)不溶于水也不溶于酸的试样。不溶于水也不溶于酸的物质,在定性分析中称为酸不溶物,包括卤化银、难溶硫酸盐、某些氧化物和硅酸盐等,对它们可以进行分别处理。

阳离子的分析可按系统分析法或分别分析法进行。最好先用组试剂进行检查,这样有可能把某组离子全部排除,从而节省了时间和精力。

常见阳离子如 Ag^+、Al^{3+}、$As(III, V)$、Ba^{2+}、Bi^{3+}、Ca^{2+}、Co^{2+}、Cr^{3+}、Cu^{2+}、Fe^{2+}、Fe^{3+}、Hg^{2+}、Hg_2^{2+}、K^+、Mg^{2+}、Mn^{2+}、Na^+、Zn^{2+}。

常见阳离子的鉴定方法如表 3-1 所示。

表 3-1　阳离子的鉴定方法

阳离子	鉴定方法	备注
Ag^+	Ag^+ 与盐酸生成白色凝乳状 AgCl 沉淀。AgCl 沉淀能溶于氨水,以稀释 HNO_3 酸化,沉淀又可重新析出	$Ag^+ + Cl^- \\!=\\!=\\!= AgCl \downarrow$ $AgCl + 2NH_3 \\!=\\!=\\!= [Ag(NH_3)_2]^+ + Cl^-$ $[Ag(NH_3)_2]^+ + Cl^- + 2H^+ \\!=\\!=\\!= AgCl \downarrow + 2NH_4^+$
Al^{3+}	以乙酸及乙酸盐缓冲溶液控制 pH 为 $4 \sim 5$,Al^{3+} 与铝试剂金黄色素三羧酸铵生成红色螯合物	Pb^{2+}、Hg_2^{2+}、Cu^{2+}、Bi^{3+}、Cr^{3+}、Ca^{2+} 可与试剂生成深浅不同的红色沉淀,Fe^{3+} 与试剂生成深紫色螯合物。它们可通过加 Na_2CO_3-Na_2O_2(或 $NaOH$-H_2O_2)处理而消除干扰,Na_2O_2 加入量要适当(pH≈12)
	Al^{3+} 与茜素磺酸钠在氨性溶液中生成红色螯合物沉淀或使溶液变红,产物对稀乙酸稳定	Fe^{3+}、Cr^{3+}、CO^{2+}、Ni^{2+}、Mn^{2+} 等的干扰可通过加 Na_2CO_3-Na_2O_2 消除
As(Ⅲ) As(Ⅴ)	利用砷化合物与碘的氧化还原反应来鉴定 AsO_4^{3-} 或 AsO_3^{3-} 在浓盐酸存在下,加入 KI 溶液,出现 I_2 的棕色,表示有 AsO_4^{3-} 存在	$AsO_4^{3-} + 2I^- + 2H^+ \\!=\\!=\\!= AsO_3^{3-} + I_2 + H_2O$ 若试液在过量的 $NaHCO_3$ 存在下,加入碘溶液,碘溶液的棕色消失,表示有 AsO_3^{3-} 的存在
	As(Ⅲ)的化合物在碱性溶液中用 Al 或 Zn 还原将生成 AsH_3 气体,该气体遇湿润的 $AgNO_3$ 试纸将生成黑色的金属 Ag 或黄色的 $Ag_3As \cdot 3AgNO_3$ As(Ⅴ)的化合物可先在酸性溶液中以 Na_2SO_3 还原成 As(Ⅱ),再调节溶液为碱性,再还原生成 AsH_3 并以 $AgNO_3$ 试纸检验	$AsO_3^{3-} + 3Zn + 3OH^- \\!=\\!=\\!= AsH_3 \uparrow + 3ZnO_2^{2-}$ $AsO_3^{3-} + 2Al + 3H_2O \\!=\\!=\\!= AsH_3 \uparrow + 2AlO_3^{3-} + 3H^+$ $AsH_3 + 6Ag^+ + 3H_2O \\!=\\!=\\!= 6Ag \downarrow (黑) + AsO_3^{2-} + 9H^+$ $AsH_3 + 6AgNO_3 \\!=\\!=\\!= Ag_3As \cdot 3AgNO_3 \downarrow (黄) + 3HNO_3$ $AsO_4^{3-} + SO_3^{2-} \\!=\\!=\\!= AsO_3^{3-} + SO_4^{2-}$

阳离子	鉴定方法	备注
Ba^{2+}	Ba^+ 在中性或微酸性时与玫瑰红酸钠试剂生成红棕色沉淀	$Ba^{2+}+Na_2C_6O_6\\Longrightarrow BaC_6O_6（红）\downarrow+2Na^+$ 此沉淀不溶于稀盐酸。Sr^{2+} 亦可生成红棕色沉淀,但其沉淀溶于稀盐酸;Fe^{3+} 的干扰可加 NH_4F 掩蔽;二价重金属离子的干扰可通过将试液调成氨性并加 Zn 粉置换消除
	乙酸及乙酸盐缓冲溶液控制 pH 为 $4\sim5$,Ba^{2+} 与 K_2CrO_4 生成黄色沉淀	$Ba^{2+}+CrO_4^{2-}\\Longrightarrow BaCrO_4\downarrow$ 沉淀可溶于稀盐酸和稀 HNO_3,不溶于 HAc。Pb^{2+}、Bi^{3+}、Hg_2^{2+}、Ag^+ 等的干扰可通过将试液调成氨性并加 Zn 粉置换消除
Bi^{3+}	缓慢将 KI 溶液加入 Bi^{3+} 的稀酸溶液,生成棕色的 BiI_3 沉淀; BiI_3 沉淀可溶于过量的 KI 溶液中形成黄色或棕色的配合物	$Bi^{3+}+3I^-\\Longrightarrow BiI_3\downarrow（棕）$ $BiI_3+I^-\\Longrightarrow[BiI_4]^-$ Cu^{2+}、Fe^{3+}、$As(V)$、$Sb(V)$ 的干扰可通过加入还原剂 $SnCl_2$ 将它们还原,$Sb(Ⅲ)$ 的干扰可加入 NH_4F 掩蔽
	Bi^{3+} 在酸性溶液中与硫脲作用可生成黄色的配合物	$Bi^{3+}+nCS(NH_2)_2\\Longrightarrow[Bi(CS(NH_2)_2)_n]$ $Sb(Ⅲ)$ 的干扰可加入 NH_4F 掩蔽,Fe^{3+} 的干扰可加入还原剂 $SnCl_2$ 将其还原。其他离子在一般情况下不干扰鉴定
Ca^{2+}	Ca^{2+} 与草酸铵生成白色晶形沉淀,该沉淀溶于强酸,不溶于乙酸	$Ca^{2+}+C_2O_4^{2-}\\Longrightarrow CaC_2O_4\downarrow$ Ag^+、Cu^{2+} 等的干扰可通过在氨性试液中加 Zn 粉而还原除去;Ba^{2+}、Sr^{2+} 的干扰可通过加饱和 $(NH_4)_2SO_4$ 生成沉淀去除;Al^{3+}、Fe^{3+} 等可与过量的 $C_2O_4^{2-}$ 生成配离子而不干扰鉴定。Ca 的焰色反应(砖红色)可进一步证实
	Ca^{2+} 与乙二醛双缩(2-羟基苯胺)在碱性溶液中生成红色沉淀,沉淀不被 Na_2CO_3 分解,易溶于氯仿,显红色	Cd^{2+} 与试剂的产物在氯仿中显蓝色;Ba^{2+}、Sr^{2+} 亦可生成橙、红色沉淀,但加入 Na_2CO_3 处理后颜色变浅;Co^{2+}、Ni^{2+} 等与试剂生成的有色沉淀不溶于氯仿

续表

阳离子	鉴定方法	备注
Cd^{2+}	Cd^{2+} 可与氨水生成配离子,将配离子溶液滴加至过量的 Na_2S 溶液中可生成黄色的 CdS 沉淀	Ag^+ 的干扰可在加氨水前以盐酸除去 Ni^{2+}、CO^{2+}、Zn^{2+}、Cu^{2+} 等的干扰可通过在氨溶液中加 KCN 掩蔽 $Cd^{2+}+4NH_3 \Longrightarrow [Cd(NH_3)_4]^{2+}$ $[Cd(NH_3)_4]^{2+}+S^{2-} \Longrightarrow CdS\downarrow(黄)+4NH_3$
Co^{2+}	将 NH_4SCN 加入含有足量酒精或丙酮的钴盐酸性溶液中,将生成深蓝色 $[Co(SCN)_4]^{2-}$ 配离子	$Co^{2+}+4SCN^- \Longrightarrow [Co(SCN)_4]^{2-}$ Fe^{3+} 的干扰可加 NaF 掩蔽,亦可加 $SnCl_2$ 还原为 Fe^{2+} Cu^{2+} 的干扰可加 $SnCl_2$ 还原为 Cu^+ 而消除
Cr^{3+}	在强碱性溶液中将 Cr^{3+} 转化为 $[Cr(OH)_4]^-$,再以 H_2O_2 将其氧化为黄色的 CrO_4^{2-},酸化,CrO_4^{2-} 转化为 CrO_7^{2-},于溶液中加入戊醇或乙醚,再加 H_2O_2,在戊醇(或乙醚)层中将生成蓝色的 CrO_5。CrO_5 溶于水而生成蓝色过铬酸 H_2CrO_6,反应需在较低的温度下进行	$Cr^{3+}+4OH^- \Longrightarrow Cr(OH)_4^-$ $2Cr(OH)_4^-+3H_2O_2+2OH^- \Longrightarrow 2CrO_4^{2-}(黄)+8H_2O$ $2CrO_4^{2-}+2H^+ \Longrightarrow Cr_2O_7^{2-}+H_2O$ $Cr_2O_7^{2-}+4H_2O_2+2H^+ \Longrightarrow 2CrO(O_2)_2+5H_2O$ $CrO(O_2)_2+H_2O \Longrightarrow H_2CrO_6$ H_2CrO_6 在水溶液中不稳定,易分解,因此鉴定时要在过铬酸生成前先加戊醇或乙醚 $4H_2CrO_6+12H^+ \Longrightarrow 4Cr^{3+}+10H_2O+7O_2$ 其他离子无干扰
Cu^{2+}	浓度较大的 Cu^{2+} 在溶液中呈现淡蓝色或蓝绿色。加入过量的氨水,将生成深蓝色的配离子。将配离子溶液以浓盐酸酸化,配离子的深蓝色将消失。此时加入 KI 溶液,溶液将变成黄色或棕色;亦可将试液 2 滴加 HAc-NaAc 缓冲溶液 2 滴,再加 $K_4[Fe(CN)_6]$ 溶液 2 滴,若生成红棕色沉淀,表示有 Cu^{2+};沉淀溶于氨水,形成深蓝色溶液,可确证 Cu^{2+} 的存在	$Cu^{2+}+4NH_3 \Longrightarrow [Cu(NH_3)_4]^{2+}(深蓝)$ $[Cu(NH_3)_4]^{2+}+4H^+ \Longrightarrow Cu^{2+}+4NH_4^+$ $2Cu^{2+}+5I^- \Longrightarrow Cu_2I_2\downarrow(白)+I_3^-(黄至棕)$ $2Cu^{2+}+[Fe(CN)_6]^{4-} \Longrightarrow Cu_2[Fe(CN)_6]\downarrow(红棕)$ $Cu_2[Fe(CN)_6]+8NH_3 \Longrightarrow 2[Cu(NH_3)_4]^{2+}(深蓝)+[Fe(CN)_6]^{4-}$

续表

阳离子	鉴定方法	备注
Fe^{2+}	在盐酸酸性溶液中，Fe^{2+} 与 $K_3[Fe(CN)_6]$ 试剂作用生成深蓝色沉淀	$Fe^{2+} + K^+ + [Fe(CN)_6]^{3-} \rightleftharpoons KFe[-Fe(CN)_6]\downarrow$（深蓝）
	Fe^{2+} 与邻菲罗啉（Phen，$\rho=1$ g/L）在弱酸性溶液中生成稳定的红色络合物	$Fe^{2+} + 3Phen \rightleftharpoons [Fe(Phen)_3]^{2+}$
Fe^{3+}	Fe^{3+} 在盐酸酸性溶液中与 NH_4SCN 或 $KSCN$ 溶液作用生成血红色的配合物	$Fe^{3+} + nSCN^- \rightleftharpoons [Fe(SCN)_n]^{3-n}$（$n=1\sim6$）
	Fe^{3+} 在中性或微酸性溶液中与 $K_4Fe(CN)_6$ 作用生成蓝色沉淀	$Fe^{3+} + K^+ + Fe(CN)_6^{4-} \rightleftharpoons KFe[Fe(CN)_6]\downarrow$ F^-、PO_4^{3-} 等大量存在时会降低灵敏度，可用 $SnCl_2$ 将 Fe^{3+} 还原为 Fe^{2+} 并按邻菲罗啉法鉴定
Hg_2^{2+}	Hg_2^{2+} 与盐酸生成 Hg_2Cl_2 白色沉淀，加入 5 滴氨水（6 mol/L）后生成黑色沉淀，表示有 Hg_2^{2+} 黑色沉淀加王水 1 滴，加热促使其溶解，加水 5 滴，再加 $SnCl_2$ 数滴，若有白色沉淀，并逐渐变灰、变黑，确证 Hg_2^{2+} 的存在	$Hg_2^{2+} + 2Cl^- \rightleftharpoons Hg_2Cl_2$（白） $Hg_2Cl_2 + 2NH_3 \rightleftharpoons HgNH_2Cl\downarrow$（白）$+ Hg\downarrow$（黑）$+ NH_4^+ + Cl^-$ $3Hg + 2NO_3^- + 12Cl^- + 8H^+ \rightleftharpoons 3HgCl_4^{2-} + 2NO\uparrow + 4H_2O$ $2HgNH_2Cl + 2NO_3^- + 6Cl^- + 4H^+ \rightleftharpoons 2HgCl_4^{2-}\downarrow + N_2\uparrow + 2NO\uparrow + 4H_2O$ $2HgCl_4^{2-} + SnCl_2 + 2Cl^- \rightleftharpoons Hg_2Cl_2\downarrow$（白）$+ SnCl_6^{2-} + 4Cl^-$ $Hg_2Cl_2 + SnCl_2 + 2Cl^- \rightleftharpoons 2Hg\downarrow$（黑）$+ SnCl_6^{2-}$
Hg^{2+}	于新磨光亮的铜片或铜丝上滴一滴 Hg^{2+} 的微酸性溶液，$2\sim3$ min 后将形成汞齐斑点。以水冲洗去溶液，并以滤纸擦拭，该斑点白色光亮并不消失	$Cu + Hg^{2+} \rightleftharpoons Cu^{2+} + Hg$ $Cu + Hg \rightleftharpoons Cu\text{-}Hg$

续表

阳离子	鉴定方法	备注
K^+	中性或微酸性溶液中 K^+ 与 $Na_3[Co(NO_2)_6]$ 生成黄色晶形沉淀,该反应在 Ag^+ 存在下更灵敏	$2K^+ + Na^+ + [Co(NO_2)_6]^{3-} \longrightarrow K_2Na[Co(NO_2)_6]$ $2K^+ + Ag^+ + [Co(NO_2)_6]^{3-} \longrightarrow K_2Ag[Co(NO_2)_6]$ 试液中应不含卤化物,Ag^+ 以 $AgNO_3$ 提供 NH_4^+ 可造成干扰,但铵盐生成的沉淀在加热煮沸后发生分解,再加试剂,沉淀不复存在,而 K^+ 的沉淀加热后复加试剂仍可生成沉淀 Bi^{3+}、$Sn(Ⅱ)$、$Sb(Ⅲ)$ 等在弱酸性条件下水解的离子有干扰,但可通过灼烧法转变为难溶氧化物除去
	中性或稀酸性和弱碱性溶液中,K^+ 与四苯硼化钠生成白色沉淀	$K^+ + [B(C_6H_5)_4]^- \longrightarrow K[B(C_6H_5)_4]\downarrow$ NH_4^+ 的干扰可通过先加 NaOH 使溶液呈强碱性,然后和甲醛共热使其转变成 $(CH_2)_6N_4$ 除去;Ag^+ 的干扰可加 KCN 掩蔽或先以盐酸沉淀;其他重金属离子一般可加 EDTA 掩蔽
Mg^{2+}	在试液中加入对硝基偶氮间苯二酚(镁试剂Ⅰ)或对硝基偶氮萘酚(镁试剂Ⅱ)的碱性溶液,立即生成天蓝色沉淀	试剂在碱性溶液中呈红到红紫色,被 $Mg(OH)_2$ 吸附后生成蓝色产物 加入过量的 KCN 可以大大降低能与 CN^- 生成配离子的金属离子的干扰;Fe^{3+}、Cr^{3+}、Al^{3+}、Sn^{2+} 的干扰可通过加入 $NaNO_2$ 共热,生成沉淀过滤而除去;Mn^{2+} 的干扰可用 $(NH_4)_2S$ 除去;少量 Ca^{2+} 的存在不影响 Mg^{2+} 的检出;Ba^{2+}、Sr^{2+} 不干扰鉴定
Mn^{2+}	采用强氧化剂如 $(NH_4)_2S_2O_8$、$NaBiO_3$、PbO_2 等在强酸性溶液中可将 Mn^{2+} 氧化为 MnO_4^-,试液呈现出紫红色	$2Mn^{2+} + 5NaBiO_3 + 14H^+ \longrightarrow 2MnO_4^- + 5Bi^{3+} + 5Na^+ + 7H_2O$ $2Mn^{2+} + 5PbO_2 + 4H^+ \longrightarrow 2MnO_4^- + 5Pb^{2+} + 2H_2O$ $2Mn^{2+} + 5S_2O_8^{2-} + 8H_2O \longrightarrow 2MnO_4^- + 10SO_4^{2-} + 16H^+$

阳离子	鉴定方法	备注
Na^+	中性或乙酸盐溶液中 Na^+ 与乙酸铀酰锌 $Zn(UO_2)_3(Ac)_8$ 生成柠檬黄色晶形沉淀	$Na^+ + Zn^{2+} + 3UO_2^{2-} + 9Ac^- + 9H_2O ==$ $NaAc \cdot Zn(Ac)_2 \cdot 3UO_2(Ac)_2 \cdot 9H_2O$ 试剂应过量并以玻棒摩擦管壁促进沉淀生成; PO_4^{3-}、AsO_4^{3-} 及 Ag^+、Hg_2^{2+}、$Sb(Ⅲ)$ 等的干扰可按如下方法消除:于试液中加饱和 $Ba(OH)_2$ 至明显碱性,过滤去除沉淀,再加 $(NH_4)_2CO_3$ 除去 Ba^{2+},将试液蒸干灼烧除去铵盐再进行 Na^+ 的鉴定
NH_4^+	利用 NH_4^+ 与碱作用生成 NH_3 检验,NH_3 气可使湿润的 pH 试纸显碱性,亦可使滴有奈斯勒试剂的滤纸斑点变成红棕色	$NH_4^+ + OH^- == NH_3 \uparrow + H_2O$ 加热可促进 NH_3 气的挥发,生成的 NH_3 气的检验可在由两块表面皿组成的气室中进行 奈斯勒试剂为 K_2HgI_4 的 KOH 溶液
	NH_4^+ 溶液与氯铂酸溶液作用生成黄色晶形的氯铂酸铵沉淀,该沉淀与 NaOH 共热时可分解放出 NH_3 气	$2NH_4^+ + [PtCl_6]^{2-} == (NH_4)_2[PtCl_6] \downarrow$ $(NH_4)_2[PtCl_6] + 2OH^- == [PtCl_6]^{2-} + 2NH_3 \uparrow + 2H_2O$
Zn^{2+}	在 $(NH_4)_2[Hg(SCN)_4]$ 及稀的 Co^{2+}($\rho = 0.2$ g/L)溶液中,保持溶液为中性或微酸性,不断摩擦器壁,可迅速(不超过 2 min)获得天蓝色沉淀	$Zn^{2+} + [Hg(SCN)_4]^{2-} == Zn[Hg(SCN)_4] \downarrow$ (白) $Co^{2+} + [-Hg(SCN)_4]^{2-} == Co[Hg(SCN)_4] \downarrow$(蓝) Cu^{2+}、Cd^{2+}、大量 Co^{2+} 均可与试剂生成沉淀,可通过先加 NaOH 生成氢氧化物沉淀消除干扰,吸取含 ZnO_2^{2-} 的离心液,以盐酸酸化为 Zn^{2+} 再鉴定;Fe^{3+} 的干扰可加 NH_4F 掩蔽

3.2.4 阴离子分析

按照本章的顺序,阴离子分析放在阳离子分析之后进行,因此有可能利用阳离子分析中已得出的结论,对各种阴离子存在的可能性作一些推断。例如,从已经鉴定出的阳离子和试样的溶解性出发,可以初步判断某些阴离子是否存在。

尽管组成阴离子的元素为数不多,但阴离子的数目却很多,有时组成元素相同,但却以多种形式存在。例如,由 S 和 O 可以构成 SO_3^{2-}、SO_4^{2-}、$S_2O_3^{2-}$ 和 $S_2O_8^{2-}$ 等常见的阴离子;由 N 和 O 可以构成 NO_3^- 和 NO_2^- 等。

3.2.4.1　阴离子的预先推测及初步试验

许多阴离子具有与酸作用放出气体、生成沉淀、氧化还原、形成配合物等分析特性。利用阴离子的这些分析特性,可对阴离子的存在进行预测或初步试验。阳离子的分析结果往往也有助于推断某些阴离子的存在与否。

(1)阴离子存在的预先推测(见表 3-2)。

表 3-2　阴离子存在的预先推测

预测依据		预测结论
阳离子分析结果	检出 As、Cr、Mn	必不含有 AsO_3^{3-}、AsO_4^{3-}、MnO_4^-、CrO_4^{2-}
	试样全溶于水或酸	能与所检出阳离子形成难溶于水或酸的化合物的阴离子必不存在,如全溶于酸的样品中检出 Ag^+、Ba^{2+},则 SO_4^{2-}、Br^-、Cl^-、I^- 不存在
溶解性能	固体试样完全不溶于水	必不含有 Ac^-、ClO_3^-、ClO_4^-、NO_2^-、NO_3^- 等($AgAc$、$AgNO_2$ 易溶于热水)
溶液颜色	溶液无色	必不含有色阴离子:CrO_4^{2-}、$Cr_2O_7^{2-}$、$[Fe(CN)_6]^{3-}$、$[Fe(CN)_6]^{4-}$、MnO_4^-
溶液酸碱性	溶液呈酸性	不可能含有(至少不可能大量含有)低沸点易挥发性、易分解性的阴离子:CN^-、CO_3^{2-}、NO_2^-、S^{2-}、SO_3^{2-}、$S_2O_3^{2-}$

(2)阴离子的挥发性试验。在试样上加稀 H_2SO_4 或稀 HCl 溶液,必要时加热,如有气体产生,则可能含有 CO_3^{2-}、SO_3^{2-}、$S_2O_3^{2-}$、NO_2^- 或 S^{2-} 等离子。由它们生成的气体各具有如下特征。

① CO_2 由 CO_3^{2-} 生成,无色无臭,使 $Ba(OH)_2$ 或 $Ca(OH)_2$ 溶液变浑。

② SO_2 由 SO_3^{2-} 或 $S_2O_3^{2-}$ (同时析出 S↓)生成,无色,有燃烧硫磺的刺激臭,具有还原性,可使 $K_2Cr_2O_7$ 溶液变绿($Cr_2O_7^{2-}$ 还原为 Cr^{3+})。

③ NO_2 由 NO_2^- 生成,红棕色气体,有氧化性,能将 I^+ 氧化为 I_2。

④ H_2S 由 S^{2-} 生成,无色,有腐臭,可使醋酸铅试纸变黑。

(3)阴离子的不相容性。绝大多数的阴离子具有不同程度的氧化性或还原性,在酸性或碱性溶液中彼此之间不能共存而发生氧化还原反应。

(4)氧化还原性试验。在酸性溶液中,多数阳离子可以共存,而有些阴离子却不能共存,具体情况如表 3-3 所示。它们彼此之间可能发生氧化还原反应,以至存在形式改变。当溶液呈碱性时,阴离子的氧化还原活性较低。

表 3-3　酸性溶液中不能共存的阴离子

阴离子	与左栏阴离子不能共存的阴离子
NO_2^-	S^{2-},$S_2O_3^{2-}$,SO_3^{2-},I^-
I^-	NO_2^-
SO_3^{2-}	NO_2^-,S^{2-}
$S_2O_3^{2-}$	NO_2^-,S^{2-}
S^{2-}	NO_2^-,SO_3^{2-},$S_2O_3^{2-}$

(5)分组试验。根据阴离子与某些试剂的反应将其分成三个组,如表 3-4 所示。组试剂只起查明该组是否存在的作用。

表 3-4　阴离子的分组

组别	组试剂	组的特性	组中包括的阴离子
I	$BaCl_2$ (中性或弱碱性)	钡盐难溶于水	SO_4^{2-},SO_3^{2-},$S_2O_3^{2-}$(浓度大),SiO_3^{2-},CO_3^{2-},PO_4^{3-}
II	$AgNO_3$ (HNO_3 存在下)	银盐难溶于水和稀 HNO_3	Cl^-,Br^-,I^-,S^{2-}($S_2O_3^{2-}$,浓度小)
III	—	钡盐和银盐溶于水	NO_3^-,NO_2^-,Ac^-

注:当试液中有第一组阳离子存在时,应改用 $Ba(NO_3)_2$。

由表 3-4 可以看出,本章研究的 13 种阴离子中,属于第一组的都是二价或三价的含氧酸根离子,属于第二组的都是简单阴离子,而属于第三组的都是一价含氧酸根离子。

按照分组的条件在试液中加入组试剂,如有沉淀生成则表明该组离子存在;如无沉淀则该组离子可全部排除。

需要注意的是第一组的 $S_2O_3^{2-}$,它与 Ba^{2+} 产生的 BaS_2O_3,沉淀溶解度较大,只有当 $S_2O_3^{2-}$ 的质量浓度大于 4.5 mg/mL 时才能析出。由于 BaS_2O_3 容易形成过饱和溶液,当加入 $BaCl_2$ 后,应以玻璃棒摩擦离心管壁,如此时沉淀仍不产生,可得出 $S_2O_3^{2-}$ 含量不大或不存在的初步结论,然后再以分别鉴定证实。$S_2O_3^{2-}$ 浓度较大时,它与 Ag^+ 生成 $Ag(S_2O_3)_2^{3-}$ 络离子而不生成沉淀;当 $S_2O_3^{2-}$ 浓度较小时,则可能在第二组中检出 $[Ag_2S_2O_3 \downarrow$ (白) $\xrightarrow{\text{黄,棕}} Ag_2S \downarrow$ (黑)]。

第三组没有组试剂,这一组是否存在不能通过分组试验得出结论。

3.2.4.2 阴离子的鉴定

常见的阴离子 SO_4^{2-}、SO_3^{2-}、$S_2O_3^{2-}$、S^{2-}、SiO_3^{2-}、CO_3^{2-}、PO_4^{3-}、Cl^-、Br^-、I^-、NO_3^-、NO_2^- 和 Ac^- 的鉴定方法见表 3-5。

表 3-5　常见阴离子的鉴定方法

阴离子	鉴定方法	备注
SO_4^{2-}	SO_4^{2-} 与 $BaCl_2$ 生成白色不溶于酸的 $BaSO_4$ 沉淀	$SO_3^{2-} + Ba^{2+} =\!=\!= BaSO_4 \downarrow$ 注意与两种沉淀区别:$S_2O_3^{2-}$ 在酸性溶液中缓慢析出白色乳状 S;SiO_3^{2-} 大量存在时与酸生成白色冻状 H_2SiO_3 胶体
	试液用盐酸酸化,加 $KMnO_4$ 及 $BaCl_2$ 溶液,生成紫红色沉淀;加热,滴加 H_2O_2 溶液数滴,紫红色褪去,沉淀仍为粉红色,表示 SO_4^{2-} 存在	$SO_4^{2-} + Ba^{2+} =\!=\!= BaSO_4 \downarrow$ $BaSO_4 + KMnO_4 =\!=\!= BaSO_4 \cdot KMnO_4 \downarrow$
SO_3^{2-}	于去除 S^{2-} 的中性试液中加品红 1 滴,若红色很快褪去,表示 SO_3^{2-} 存在	预先加 $CdCO_3$ 除去 S^{2-} $S^{2-} + CdCO_3 =\!=\!= CdS \downarrow + CO_3^{2-}$ 品红(红色) + $SO_3^{2-} =\!=\!=$ 品红(无色)
	SO_3^{2-} 的中性试液与 $Na_2[Fe(CN)_5NO]$ 生成淡红色配合物,滴加饱和 $ZnSO_4$ 溶液,颜色将加深,再滴加 $K_4[Fe(CN)_6]$ 溶液,生成红色沉淀,表示 SO_3^{2-} 存在	$2Zn^{2+} + [Fe(CN)_6]^{4-} =\!=\!= Zn_2[Fe(CN)_6] \downarrow$ (白) SO_3^{2-} 和 $Na_2[Fe(CN)_5NO]$ 可使该白色沉淀变红

阴离子	鉴定方法	备注
S^{2-}	在碱性或氨性介质中，S^{2-} 与 $Na_2[Fe(CN)_5NO]$ 生成紫色配合物	$S^{2-}+4Na^++[Fe(CN)_5NO]^{2-}\Longrightarrow Na_4[Fe(CN)_5NOS]$ SO_3^{2-} 与试剂生成淡红色配合物并不干扰检出
SiO_3^{2-}	SiO_3^{2-} 与 $(NH_4)_2MoO_4$ 在微酸性溶液中（HNO_3 酸化）生成可溶性的硅钼酸铵，溶液变为黄色。加热至有气泡逸出，加联苯胺乙酸溶液及 $NaAc$ 溶液，出现蓝色表示 SiO_3^{2-} 存在	$SiO_3^{2-}+12MoO_4^{2-}+4NH_4^++22H^+\Longrightarrow(NH_4)_4[Si(Mo_3O_{10})_4]$（黄）$+11H_2O$ $(NH_4)_4[Si(Mo_3O_{10})_4]+HAc+$ 联苯胺 $\rightarrow$ 联苯胺蓝 $+$ 钼蓝 PO_4^{3-}、AsO_4^{3-} 亦可生成相应的磷钼酸铵和砷钼酸铵，但不溶于 HNO_3
	将试液以 HNO_3 酸化至微酸性，加热去除溶液中的 CO_2，冷却，以稀 $NH_3\cdot H_2O$ 调成碱性，再加饱和 NH_4Cl 溶液并加热，生成白色胶状沉淀	$SiO_3^{2-}+2NH_4^+\Longrightarrow H_2SiO_3\downarrow+2NH_3\uparrow$ $SiO_3^{2-}+2H_2O\Longrightarrow H_2SiO_3\downarrow+2OH^-$
CO_3^{2-}	将 CO_3^{2-} 与酸作用生成的 CO_2 气体通入石灰水或 $Ba(OH)_2$ 溶液中，变浑浊表示 CO_3^{2-} 存在	$CO_3^{2-}+2H^+\Longrightarrow CO_2\uparrow+H_2O$ $CO_2+Ba(OH)_2\Longrightarrow BaCO_3\uparrow+H_2O$ SO_3^{2-}、$S_2O_3^{2-}$ 与酸生成的 SO_2 干扰，可通过先加 $H_2O_2(\omega=3\%)$ 氧化除去
PO_4^{3-}	于定量滤纸上滴加 1 滴酸性试液，稍干后，再加 1 滴 $(NH_4)_2MoO_4$ 与酒石酸的混合试剂，烘烤加热，出现黄色斑点，再加联苯胺试剂 1 滴，以 NH_3 熏，斑点显示蓝色表示 PO_4^{3-} 存在	$PO_4^{3-}+12MoO_4^{2-}+3NH_4^++24H^+\Longrightarrow 12H_2O+(NH_4)_3[P(Mo_3O_{10})_4]\downarrow$（黄） 酒石酸的加入可消除 AsO_4^{3-} 及 SiO_3^{2-} 的干扰

阴离子	鉴定方法	备注
Cl^-	于 HNO_3 酸化的试液中加 $AgNO_3$,生成白色沉淀,沉淀可溶于 $NH_3 \cdot H_2O$,酸化时,沉淀又析出,表示 Cl^- 存在	$Cl^- + Ag^+ \!=\!=\! AgCl \downarrow (白)$ $AgCl + 2NH_3 \!=\!=\! [Ag(NH_3)_2]^+ + Cl^-$ $Ag(NH_3)_2^+ + Cl^- + 2H^+ \!=\!=\! AgCl \downarrow + 2NH_4^+$
Br^-	于试液中加 CCl_4,滴加 Cl_2 水,振荡,CCl_4 层出现 Br_2 的红棕色或 $BrCl$ 的黄色,表示有 Br^-	$2Br^- + Cl_2 \!=\!=\! Br_2 + 2Cl^-$(在 CCl_4 中显红棕色) $Br_2 + Cl_2 \!=\!=\! 2BrCl$(在 CCl_4 中显黄色)
I^-	于试液中加 CCl_4,慢慢滴加 Cl_2 水,振荡,CCl_4 层显紫色,继续滴加 Cl_2 水,紫色消失,表示 I^- 存在	$2I^- + Cl_2 \!=\!=\! 2Cl^- + I_2$(在 CCl_4 中显紫色) $I_2 + 5Cl_2 + 6H_2O \!=\!=\! 10HCl + 2HIO_3$(无色)
NO_3^-	于 H_2SO_4 酸化的试液中加二苯胺的浓 H_2SO_4 溶液,溶液变深蓝色,表示 NO_3^- 存在	$NO_3^- + 二苯胺 + H^+ \rightarrow 醌式二苯联苯胺(深蓝)$ NO_2^- 的干扰可通过事先加入尿素消除: $2NO_2^- + CO(NH_2)_2 + 2H^+ \!=\!=\! CO_2 \uparrow + 2N_2 \uparrow + 3H_2O$
	NO_3^- 在乙酸性中先用金属 Zn 还原成 NO_2^-,再加对氨基苯磺酸和 α-萘胺,立即出现红色,表示 NO_3^- 存在	应事先消除 NO_2^- 的干扰
NO_2^-	将试液以乙酸酸化,加对氨基苯磺酸和 α-萘胺,立即出现红色,表示 NO_2^- 存在	NO_2^- 的特效反应。若 NO_2^- 的浓度过大,红色将很快褪去 $NO_2^- + HAc + 对氨基苯磺酸 + \alpha$-萘胺 $\rightarrow 红色偶氮染料 + Ac^-$
Ac^-	于试液中加浓 H_2SO_4 及 C_2H_5OH,加热,生成具有特殊水果香味的乙酸乙酯	$CH_3COO^- + H^+ \!=\!=\! CH_3COOH$ $CH_3COOH + C_2H_5OH \!=\!=\! CH_3COOC_2H_5 + H_2O$

3.2.4.3 两组阴离子混合溶液的分析

(1)S^{2-}、$S_2O_3^{2-}$ 和 SO_3^{2-} 混合溶液的分析(见图 3-1)。

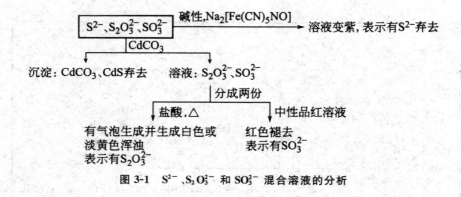

图 3-1　S^{2-}、$S_2O_3^{2-}$ 和 SO_3^{2-} 混合溶液的分析

(2)Cl^-、Br^-、I^- 混合溶液的分析(见图 3-2)。

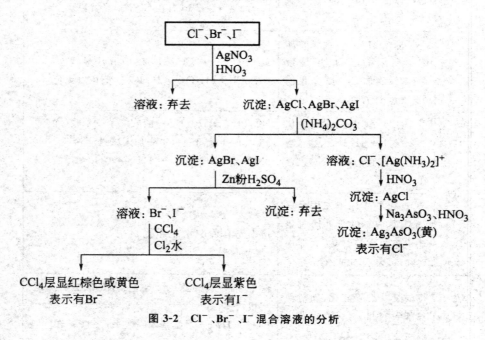

图 3-2　Cl^-、Br^-、I^- 混合溶液的分析

3.2.5　分析结果的判断

对分析结果做出总的结论时,要把观察、试验、分析得来的信息综合进行考虑,不允许这些信息相互矛盾或发生不合理的情况。由于采用湿法进行定性分析,鉴定的独立组分是离子,在判断原试样的组成时就有很大的局限性。例如,仅仅根据分析结果是 K^+、Na^+、Cl^- 和 NO_3^- 这一事实,无从得知原试样是 $KCl+NaNO_3$ 还是 KNO_3+NaCl,在这种情况下,只报告上述

四种离子就够了。有时分析结果中只有阳离子而没有阴离子,那么原试样可能是金属氢氧化物或氧化物。相反当只有阴离子而没有阳离子时,则说明原试样是酸或酸性氧化物。

3.3　有机物元素定性分析

有机物元素定性分析即鉴定有机试样中含有哪些元素,根据试样中含有的元素,再推断其可能含有的官能团,从而选择相应的定性鉴定方法。因有机物都含有碳元素,绝大多数有机物还含有氢元素,因此一般不鉴定这两种元素。氧元素的鉴定至今还没有简便和满意的方法,但可借助相应官能团定性检出。通常有机物元素定性分析主要指氮、硫和卤素的鉴定,有时也包括磷、硼和砷等非金属或某些金属元素。

由于有机物的各原子大多以共价键结合,很难在水中解离成相应离子,因此必须将有机试样分解,使待测元素转变成无机离子,再用无机定性分析的方法分别鉴定。分解试样常用的方法有钠熔法和氧瓶燃烧法,其中钠熔法应用更多。

3.3.1　钠熔法的基本原理

有机物与金属钠在一起加热熔融,借助钠在高温下高效的还原作用,使有机物中的氮、硫和卤素等元素转变为氰化钠、硫化钠、卤化钠和硫氰化钠等无机化合物。

$$\text{有机物} \atop (\text{含 C、H、N、S、X 等}) \xrightarrow[\text{熔融}]{\text{Na}} \left\{ {\text{NaCN, Na}_2\text{S} \atop \text{NaX, NaSCN 等}} \right.$$

将钠熔后得到的无机化合物溶解于水,制成待鉴定试液,然后再用各元素相应无机离子的分别鉴定。若试样中只存在氮和硫两种元素,钠熔时必须使用稍过量的金属钠,否则容易生成硫氰化钠。

低沸点或容易挥发的有机物,常在与金属钠反应之前就挥发了,故不适于用钠熔法分解。

3.3.2　元素的鉴定

3.3.2.1　氮的鉴定

(1)普鲁士蓝法。在碱性(pH=13)条件下,试液中的氰离子与硫酸亚铁反应,生成黄绿色的亚铁氰化钠(黄血盐)。

$$6NaCN+FeSO_4\longrightarrow Na_4Fe(CN)_6+Na_2SO_4$$

酸化溶液后,使亚铁氰化钠与高铁离子反应,形成亚铁氰化铁(普鲁士蓝),并呈蓝色或者有蓝色沉淀生成。据此鉴定试样中氮元素的存在。

$$3Na_4Fe(CN)_6+2Fe_2(SO_4)_3\xrightarrow{H^+}6Na_2SO_4+Fe_4[Fe(CN)_6]_3$$

(2)醋酸铜-联苯胺法。含有氰根的碱性溶液经醋酸酸化后,与醋酸铜-联苯胺试剂反应,因与亚铜离子形成$[Cu_2(CN)_4]^{2-}$而导致氰根的浓度减小,促使平衡向右移动,因此出现联苯胺蓝的蓝色环或蓝色沉淀,表示试样中原有氮元素存在。反应式如下:

$$2Cu(Ac)_2+4NaCN+2H_2N-\!\!\!\!\bigcirc\!\!\!-\!\!\!\bigcirc\!\!\!-NH_2\Longrightarrow$$

$$\left[H_2N-\!\!\!\bigcirc\!\!\!-\!\!\!\bigcirc\!\!\!-NH_2\cdot HN=\!\!\!\bigcirc\!\!\!=\!\!\!\bigcirc\!\!\!=NH\right]\cdot 2HAc+Na_2Cu_2(CN)_4$$

$$+2NaAc$$

3.3.2.2 硫的鉴定

硫化铅法在酸性条件下向试液中加入铅离子,若产生黑色沉淀(硫化铅)表示有硫离子存在。

3.3.2.3 硫和氮同时鉴定

用硫氰化铁法可以同时鉴定待测溶液中的氮和硫。硫氰酸根与高价铁离子反应,生成红色的硫氰化铁。

熔融试样时若用钠量少,氮与硫常以 SCN^- 形式存在。因此在分别鉴定氮和硫时若得到负结果,则必须再进行氮和硫的同时鉴定试验。

3.3.2.4 卤素的鉴定

(1)氯、溴和碘离子的鉴定。氯、溴和碘离子可与银离子生成不溶于水的沉淀(酸性溶液中):AgCl 白色,AgBr 淡黄色,AgI 深黄色。

氟化银易溶于水,不产生沉淀,因此不能用此法检出。

(2)溴、碘和氯离子的分别鉴定。检验了溴离子和碘离子后,在溶液中加入少量二氧化铅,加热使溴离子和碘离子完全氧化成游离态的溴和碘而除去。若溶液中有氯离子时,再用硝酸银法检验。

(3)氟离子的鉴定。将锆盐加进茜素溶液中生成红紫色的锆-茜素络合物,在酸性条件下若有氟离子存在,则会生成更稳定的六氟化锆络阴离子,使溶液的红紫色转变为原来茜素的黄色。反应如下:

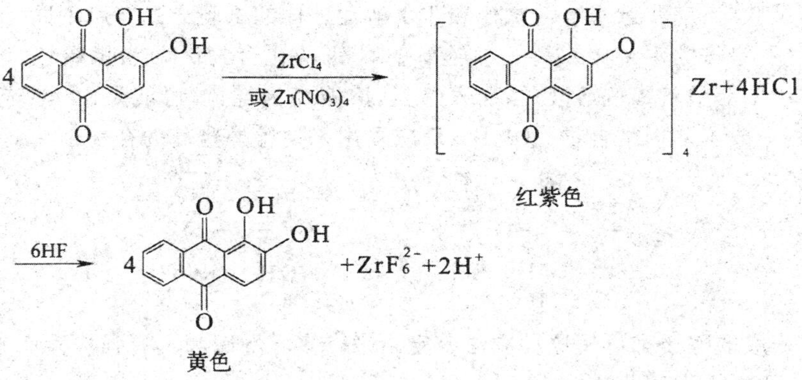

红紫色

黄色

3.4　有机官能团的鉴定

有机物元素定性分析和无机物定性分析在基本原理和方法上有一定的共同之处。例如,用熔融、燃烧或氧化等方法将有机物转变为无机物,然后用无机定性分析的方法进行分析和鉴定。对很多有机官能团的定量分析也是通过计算消耗无机试剂的用量来进行的,比如用无机酸来滴定有机碱,或用无机碱滴定有机酸等。但由于有机物和无机物在分子结构和理化性质上有本质的差别,因此,对有机物的化学分析更需注意溶(熔)剂的选择,设法提高反应速率,避免副反应,并考虑分子结构对官能团反应活性的影响。

在元素分析的基础上,可以通过官能团鉴定确定试样分子中含有哪些官能团。

3.4.1　羟基的鉴定

含有羟基官能团的化合物有醇和酚,由于它们的结构不同性质也有些差异,醇一般表现为中性,而酚则表现为弱酸性。低级一元醇有特殊的气味,多元醇为无色的黏稠液体或晶体,而大多数简单酚在室温为固体。烯醇则大多数为液体,有强烈气味,一般与其酮式结构共存。

3.4.1.1　醇类的鉴定

(1)硝酸铈铵。试验含有 10 个碳以下的各种醇类化合物与硝酸铈溶液作用,产生琥珀色或红色反应。

$$(NH_4)_2Ce(NO_3)_6 + ROH \longrightarrow (NH_4)_2Ce(NO_3)_5RO + HNO_3$$

试验时,应注意水溶性试样和非水溶性试样的试验方式有所不同。

(2)钒-8-羟基喹啉试验。8-羟基喹啉-钒的化合物(Ⅰ)为黑绿色,溶于苯或甲苯等呈灰绿色溶液;当加入醇后,溶液变为红色,可能是由于溶剂化作用,形成了溶剂络合物(Ⅱ)。该反应可用来检验醇羟基的存在:

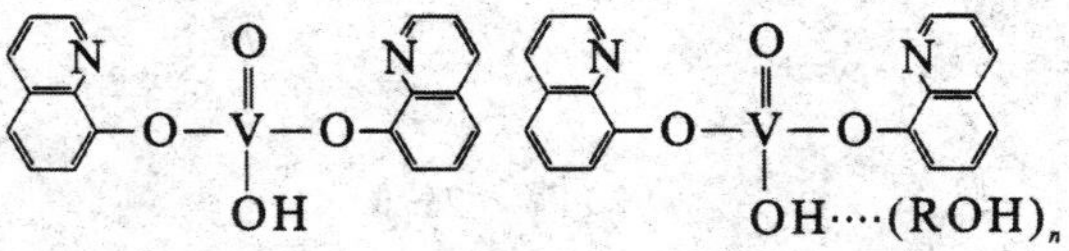

一般的醇类都可用这种方法鉴定出来。多元醇因为具有强极性而不溶于苯,所以不能用此法鉴定。

3.4.1.2 酚类的鉴定

(1)溴水试验。酚类能使溴水褪色,并生成三溴代酚沉淀析出。将溴水逐滴加入试样的水溶液中,溴水会不断褪色或析出沉淀均表示有酚存在。

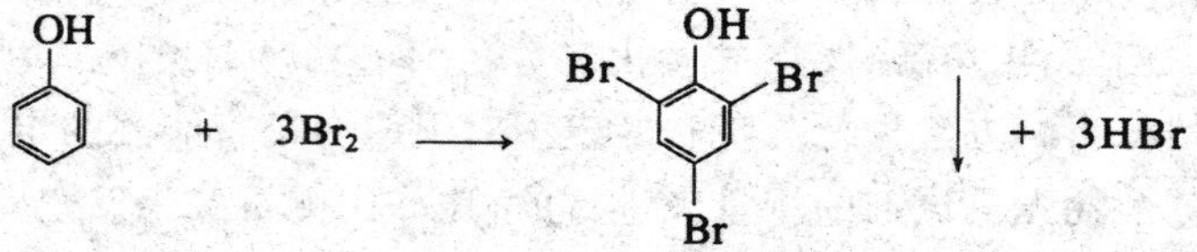

(白色沉淀)

一切含有易被溴取代的氢原子的化合物,以及一切易被溴水氧化的化合物如芳胺和硫醇等都发生该反应。

(2)三氯化铁试验。大多数酚类、分子中具有烯醇式结构或通过分子内的互变异构作用能产生烯醇式结构的化合物,遇三氯化铁后均能生成有色络合物(红、盖、紫或绿),呈现的颜色与溶剂、试剂浓度,反应时间及酸度有关,结构不同的酚显示的颜色不同(见表3-6)。此有色物质一般不太稳定,会很快褪去。如在三氯化铁试剂中,加入少量三乙醇胺,可使络合物的稳定性提高。

表3-6 酚和三氯化铁产生的颜色

化合物	生成的颜色	化合物	生成的颜色
苯酚	紫	间苯二酚	紫
邻甲苯酚	蓝	对苯二酚	暗绿色结晶
间甲苯酚	蓝	1,2,3-苯三酚	淡棕红色
对甲苯酚	蓝	1,3,5-苯三酚	紫色沉淀
邻苯二酚	绿	α-萘酚	紫色沉淀

3.4.2　醚类的鉴定

Zeisel 试验。醚类的化学活性较低,能借含氧官能团的特性检出。具有低级烷氧基的醚类能被氢碘酸分解而生成易挥发的碘代烷,碘代烷蒸气遇硝酸汞溶液可生成橙色和朱红色的碘化汞,从而表示醚的存在:

$$ROR' + HI \xrightarrow{\triangle} R'I + ROH(或 RI + R'OH)$$

$$2RI + Hg(NO_3)_2 \longrightarrow HgI_2 + 2RONO_2$$

该方法只适用于 4 个碳原子以下的烷氧基。丁基以上的烷氧基与氢碘酸反应,不容易生成碘代烷;即使生成了碘代烷,也因为沸点较高而难以挥发,因此不能用此方法鉴定较高级的烷氧基。

3.4.3　羰基的鉴定

含有羰基的化合物可分为醛和酮两大类,它们的羰基能与某些试剂进行缩合或加成反应,因此可通过上述反应产物的生成来鉴定羰基。

(1)2,4-二硝基苯肼试验。在酸性条件下,醛和酮分子中的羰基能与 2,4-二硝基苯肼发生缩合反应,生成黄色、橙色或橙红色的 2,4-二硝基苯腙沉淀。

2,4-二硝基苯腙是有固定熔点的结晶,易从溶液中析出,沉淀的颜色取决于醛或酮的共轭程度。

(2)碘仿试验。甲基酮或具有 CH_3CHOH— 结构的化合物,均能与次碘酸钠作用生成碘仿:

$$H_3C \overset{\overset{\textstyle H}{|}}{C} = O \; + 3I_2 + 4OH^- \longrightarrow HCOO^- + CHI_3 + 3I^- + 3H_2O$$

加水后若有黄色碘仿晶体析出,则表明含有甲基酮。碘仿熔点为 120 ℃,亦可在显微镜下观察其结晶的形状(六角形)。

乙醛是唯一能发生碘仿反应的醛,因此用此反应能鉴定乙醛的存在。

3.4.4　胺类的鉴定

胺类化合物有脂肪族胺和芳香族胺之分,并且各组胺类中又有伯、仲或叔胺之别。一种含氮的化合物,其水溶液对指示剂呈碱性,或者在盐酸中的溶解度比在水中的大许多,那就可能是胺,然后再鉴别是伯、仲或叔胺。有些取代芳胺,如多硝基和多卤代苯胺,即使它们是伯胺,也往往对指示剂不呈碱性反应,并且也不溶于盐酸,但也有方法鉴定其氨基的存在。

(1)2,4-二硝基氯苯试法。2,4-二硝基氯苯与伯、仲或叔胺反应,生成亮黄色缩合物。

$$O_2N-\!\!\!\bigcirc\!\!\!-Cl \ \underset{NO_2}{} + \ H-\overset{R'}{\underset{}{N}}-R \ \longrightarrow \ O_2N-\!\!\!\bigcirc\!\!\!-N\!\!<^{R'}_{R} \ \underset{NO_2}{} \ +HCl$$

试样的乙醚溶液与2,4-二硝基氯苯的乙醚溶液混合,蒸干乙醚溶液后有黄色残渣或环出现即表明有胺存在。

如果胺的水溶液和2,4-二硝基氯苯的饱和乙醇溶液混合后,出现明显的黄色,只说明有伯胺存在,仲或叔胺没有这样的特性。

(2)苯磺酰氯试法。苯磺酰氯反应可用来区别伯、仲或叔胺。

$$Ar-SO_2Cl+H_2NR+2OH^- \longrightarrow Ar-SO_2NR^-+Cl^-+2H_2O$$
$$Ar-SO_2Cl+HNR_2+OH^- \longrightarrow Ar-SO_2NR_2+Cl^-+H_2O$$
$$Ar-SO_2Cl+R_3N+OH^- \longrightarrow 不反应$$

伯胺所生成的磺酰胺固体加氢氧化钠后能溶解形成透明溶液,而仲胺形成的磺酰胺不溶解,叔胺则不反应,没有明显现象。

3.4.5 硝基的鉴定

(1)氢氧化亚铁试验。利用硝基化合物中硝基的氧化性,使其与氢氧化亚铁(浅绿色)反应,生成棕色的氢氧化铁可检验硝基的存在。该试验适用于脂肪族和芳香族硝基化合物的检验。

$$C_6H_5NO_2+4H_2O+6Fe(OH)_2 \Longrightarrow C_6H_5NH_2+6Fe(OH)_3\downarrow$$
$$\quad\quad (浅绿色)\quad\quad\quad\quad\quad\quad (红棕色)$$

(2)锌-醋酸试验。用锌粉和醋酸作还原剂,可以使硝基化合物转变为羟胺类化合物。用锡和盐酸作还原剂,可以使硝基化合物变为胺。这两个方法也适用于检验亚硝基、氧化偶氮基及偶氮基化合物。

3.4.6 不饱和化合物的鉴定

绝大多数含C—C、C≡C的化合物能与溴发生加成反应,可以观察到

Br_2-CCl_4 溶液的棕红色褪去。

一般容易与溴起取代反应的化合物,如酚类或烯醇等也能使溴褪色,但取代反应与加成反应的不同之处在于前者伴有溴化氢生成。溴化氢不溶于四氯化碳溶剂,从试管中逸出,若向试管口吹一口气,便有白色烟雾出现。

如果构成双键的碳原子上连有—$COOH$、—C_6H_5,或—Br 等吸电子基,加成反应则进行缓慢,甚至不发生。例如,$C_6H_5CH = CH_2$ 与溴反应很快,而 $C_6H_5CH = CHC_6H_5$ 与溴作用很慢,$(C_6H_5)_2CH = CH(C_6H_5)$ 与溴甚至不起反应,但可用高锰酸钾法鉴定。

含有不饱和键的化合物能与高锰酸钾溶液反应,使后者的紫色褪去而形成棕色二氧化锰沉淀。

3.4.7　卤素化合物的鉴定

(1)硝酸银试验。卤代烃或其衍生物与硝酸银作用生成卤化银沉淀。

由于卤原子的种类和化合物的分子结构不同,各种不同卤代烃与硝酸银的反应速率有很大的区别。

非水溶性的卤化物,在室温析出沉淀的可能是 $RCOCl$、$RCHClOR$ 和 R_3CCl 或 $RCH = CHCH_2X$、$RCHBrCH_2Br$ 和 RI;在室温不反应或反应极慢,加热煮沸则生成沉淀的可能是 RCH_2Cl、R_2CHCl、R_2CHBr 或硝基酰氯。

(2)碘化钠(或碘化钾)试验。许多有机氯化物和溴化物可以与碘化钠-丙酮溶液反应,生成的氯化钠或溴化钠因不溶于丙酮而析出沉淀。

$$RCl + NaI \xrightarrow{\text{丙酮}} RI + NaCl \downarrow$$

$$RBr + NaI \xrightarrow{\text{丙酮}} RI + NaBr \downarrow$$

在 25 ℃时,RCH_2Br 在 3 min 内即有 $NaBr$ 沉淀生成。

在 50 ℃时,RCH_2Cl 才有 $NaCl$ 沉淀生成。

在 50 ℃时,R_2CHBr 和 R_3CBr 有反应,而 R_3CCl 则需要 $1\sim2$ d 才有 $NaCl$ 沉淀生成。

3.5　糖类的定性分析

常见的糖类,有单糖(葡萄糖和果糖等)、双糖(蔗糖和麦芽糖)和多糖

（淀粉与纤维素等）。单糖和双糖都是能溶于水的白色固体，有甜味，在乙醚中不溶解。大多数双糖和多糖都能经酸水解或酶水解生成单糖。所有的单糖和大部分双糖（乳糖和麦芽糖等）因分子中含有醛基或酮基，具有还原性，被称为还原糖。双糖中的蔗糖和所有的多糖分子中因无游离的羰基，而不具有还原性。但蔗糖在一定条件下水解后生成 1 分子葡萄糖和 1 分子果糖的混合物，称为转化糖，具有还原性。

3.5.1　糖类的鉴定

3.5.1.1　蒽酮试验

蒽酮的硫酸溶液应每隔几天就重新配制，并且溶液中必须含有 50% 的硫酸，方能使蒽酮保持溶液状态。单糖、双糖、多糖以及它们的醋酸酯、糊精、葡聚糖、树胶、糖甙和淀粉等对本试验均呈正反应。反应中糠醛产生暂时性的绿色，随即转变为棕色；聚乙烯醇类及蛋白质则通常产生红色。易脱水的有机物，由于硫酸的作用产生淡黄色或棕色，但取样量少时不致混淆。多元醇则无反应。

3.5.1.2　对甲苯胺醋酸盐试验

糖类经加热或用热磷酸处理后，产生糠醛或糠醛衍生物，产物与对甲苯胺醋酸盐反应产生红色。

（红色产物）

3.5.2　单糖与多糖的鉴定——巴弗试验

酸性溶液中,单糖和还原二糖的还原速率有明显差异。巴弗试剂(含5‰乙酸铜的1‰稀乙酸溶液)为弱酸性,能在 2 min 内氧化单糖生成砖红色的氧化亚铜,有橘黄色或橘红色沉淀生成,示有单糖存在。由于橘黄色的沉淀悬浮在蓝色的乙酸铜溶液中,故有时出现绿色。

$$CuAc_2 \xrightarrow{\text{单糖}} Gu_2O \downarrow$$

巴弗试剂不能氧化还原二糖,除非长时间的加热(10 min),使双糖水解成单糖后才发生反应,因此可用巴弗试剂来区别单糖与多糖。

3.5.3　酮糖的鉴定——Seliwanoff 试验

本试验原理是将酮糖用浓盐酸转化为羟甲基糠醛,再与间苯二酚(Seliwanoff 试剂)缩合,形成红色产物。

向溶于水的试样中加入等体积的浓盐酸与数滴 Seliwanoff 试剂(1‰间苯二酚溶于 20‰ HCl 溶液中),将所得混合物加热刚好至沸。若溶液在 2 min 内即有红色显现,还有暗黑色沉淀生成,说明酮糖存在。长时间放置或延长加热时间,醛糖也会发生颜色反应,但颜色稍淡且一般无沉淀生成。

本方法将酮糖转化成羟甲基糠醛的速率比醛糖快 15~20 倍,因此很容易在糖类化合物中检出酮糖。双糖分子中的酮糖也能被检出,是因为蔗糖在试验条件下有部分水解,产生游离的酮糖所致。

第4章 酸碱平衡与酸碱滴定法

酸碱滴定法是以酸碱反应为基础的滴定分析方法,是滴定分析中重要的方法之一,广泛用于测定各种酸、碱及能与酸、碱直接或间接发生质子转移的物质。

4.1 酸碱滴定法概述

酸碱滴定法是以质子传递反应为基础,利用酸标准溶液或碱标准溶液进行滴定的滴定分析方法。例如工业硫酸中硫酸的含量,就是利用酸碱滴定法来测定的。反应如下

$$H_2SO_4 + 2NaOH \!=\!\!=\!\! Na_2SO_4 + 2H_2O$$

上述反应的实质是

$$H^+ + OH^- \!=\!\!=\!\! H_2O$$

酸碱反应的特点是反应速率快、反应过程简单、副反应少。滴定过程中,溶液中氢离子浓度呈规律性变化,有多种酸碱指示剂可供选用,而且酸碱滴定法所用仪器简单、操作方便,只要有基准物质作标准,就可以测得准确结果。因此,酸碱滴定法是滴定分析中重要的方法之一,应用广泛。一般的酸、碱以及能与酸碱直接或间接发生质子传递反应的物质,几乎都可以利用酸碱滴定法进行测定。

在酸碱滴定过程中,除了了解滴定过程中溶液 pH 的变化规律以外,还要了解与滴定过程相关的知识点,比如酸碱缓冲溶液的作用,酸碱指示剂的性质、变色原理及变色范围,怎样能正确地选择指示剂判断滴定终点,酸碱标准溶液如何配制等。

4.1.1 酸的浓度和酸度

酸的浓度又叫酸的分析浓度,它是指某种酸的物质的量浓度,即酸的总浓度,包括溶液中未解离酸的浓度和已解离酸的浓度。

　　酸度是指溶液中氢离子的浓度,由于[H⁺](表示 H⁺ 的平衡浓度)一般都比较小,通常用 pH 表示,即

$$pH = -\lg[H^+]$$

　　在水溶液中,强酸和强碱可完全解离为相应的阳离子和阴离子。因此,由强酸或强碱溶液的浓度 c 可得[H⁺]或[OH⁻]。

　　对于弱酸和弱碱,其浓度 c 是指溶液中已解离酸和未解离酸两部分溶液之和。例如,HAc 溶液的浓度为 c,在溶液中解离达到平衡时:

$$HAc \rightleftharpoons H^+ + Ac^-$$

平衡浓度:

$$[HAc]、[H^+]、[Ac^-]$$

溶液浓度(分析浓度):c

$$c = [HAc] + [H^+] = [HAc] + [Ac^-]$$

　　HAc 溶液的酸度则为 HAc 解离平衡时的[H⁺]。

　　同样,碱的浓度和碱度在概念上也是不同的。碱度通常用 pOH 表示。对于水溶液(25 ℃),则

$$pH + pOH = 7.0$$

4.1.2　水溶液中氢离子浓度的计算

4.1.2.1　强酸、强碱溶液

一元强酸,如 HCl　$pH = -\lg[H^+] = -\lg c_a$

一元强碱,如 NaOH　$pOH = -\lg[OH^-] = -\lg c_b$

4.1.2.2　弱酸弱碱

一元弱酸,如 HAc,$c_a/K_a \geqslant 500$ 时

$$[H^+] = \sqrt{K_a c_a}$$

一元弱碱,如 NH₃,$c_b/K_b \geqslant 500$ 时

$$[OH^-] = \sqrt{K_b c_b}$$

二元弱酸,如 H₂C₂O₄,$c_a/K_{a_1} \geqslant 500$ 时

$$[H^+] = \sqrt{K_{a_1} c_a}$$

　　多元弱酸(碱)在水溶液中分步逐级解离,一般以第一级为主,H⁺ 浓度或 OH⁻ 浓度可按一元弱酸(碱)来计算。

4.1.2.3　水解性盐溶液

强碱弱酸盐,如 NaAc　$[OH^-]=\sqrt{\dfrac{K_w}{K_a}c_s}$

强酸弱碱盐,如 NH_4Cl　$[H^+]=\sqrt{\dfrac{K_w}{K_b}c_s}$

弱酸弱碱盐,如 NH_4Ac　$[H^+]=\sqrt{K_w\dfrac{K_a}{K_b}}$

二元弱酸强碱盐,如 Na_2CO_3　$[OH^-]=\sqrt{\dfrac{K_w}{K_{a_2}}c_s}$

酸式盐,如 $NaHCO_3$　$[H^+]=\sqrt{K_{a_1}K_{a_2}}$

4.2　水溶液中弱酸(碱)各型体的分布

4.2.1　酸碱的分布系数

在酸碱水溶液的平衡体系中,一种溶质往往以多种型体存在于溶液中。其分析浓度是溶液中该溶质各种平衡浓度的总和,用符号 c 表示,单位为 mol/L。平衡浓度是在平衡状态时溶液中溶质各型体的浓度,用"[]"表示。例如,0.1 mol/L 的 NaCl 和 HAc 溶液,它们各自的总浓度 c_{NaCl} 和 c_{HAc} 均为 0.1 mol/L,且在平衡状态下,$[Cl^-]=[Na^+]=0.1$ mol/L;而 HAc 是弱酸,因部分离解,在溶液中有两种型体存在,平衡浓度分别为 [HAc] 和 [Ac^-],二者之和为分析浓度,即

$$c_{HAc}=[HAc]+[Ac^-]$$

分布系数是指溶液中某型体的平衡浓度占分析浓度的分数,以 δ_i 表示,其计算式为

$$\delta_i=\frac{[i]}{c} \tag{4-1}$$

式中,i 表示某种型体。分布系数的大小能定量说明溶液中各型体的分布情况,由分布系数可求得溶液中各种型体的平衡浓度。

对于一元弱酸 HA,当在水溶液中达到离解平衡后,存在型体 HA 和 A^-;设其分析浓度为 c(mol/L),则 HA 分布系数表达式为

$$\delta_{HA}=\frac{[HA]}{c}=\frac{[HA]}{[HA]+[A^-]}=\frac{1}{1+\dfrac{K_a}{[H^+]}}=\frac{[H^+]}{[H^+]+K_a} \tag{4-2}$$

同理,可得 A^- 分布系数表达式:

$$\delta_{A^-} = \frac{K_a}{[H^+] + K_a} \tag{4-3}$$

显然, $\delta_{HA} + \delta_{A^-} = 1$。

根据式(4-2)或式(4-3)可知,对于指定的酸(碱)而言,分布系数是溶液中 $[H^+]$ 的函数。

例 4-1 计算 pH=5.00 时,0.1 mol/L HAc 溶液中各型体的分布系数和平衡浓度。

解:已知 $K_a = 1.8 \times 10^{-5}$, $[H^+] = 1.0 \times 10^{-5}$ mol/L,则

$$\delta_{HAc} = \frac{[H^+]}{[H^+] + K_a} = \frac{1.0 \times 10^{-5}}{1.0 \times 10^{-5} + 1.8 \times 10^{-5}} = 0.36$$

$$\delta_{Ac^-} = 1 - \delta_{HAc} = 0.64$$

$$[HAc] = \delta_{HAc} \times c_{HAc} = 0.36 \times 0.10 = 0.036$$

$$[Ac^-] = \delta_{Ac^-} \times c_{Ac^-} = 0.64 \times 0.10 = 0.064$$

对于二元弱酸,如草酸,在水溶液中以 $H_2C_2O_4$、$H_2C_2O_4^-$、$C_2O_4^{2-}$ 三种型体存在。设其分析浓度为 c,有

$$c = [H_2C_2O_4] + [HC_2O_4^-] + [C_2O_4^{2-}]$$

$$\delta_{H_2C_2O_4} = \frac{[H^+]^2}{[H^+]^2 + [H^+]K_{a_1} + K_{a_1}K_{a_2}} \tag{4-4}$$

同理,有

$$\delta_{HC_2O_4^-} = \frac{[H^+]K_{a_1}}{[H^+]^2 + [H^+]K_{a_1} + K_{a_1}K_{a_2}} \tag{4-5}$$

$$\delta_{C_2O_4^{2-}} = \frac{K_{a_1}K_{a_2}}{[H^+]^2 + [H^+]K_{a_1} + K_{a_1}K_{a_2}} \tag{4-6}$$

$$\delta_{H_2C_2O_4} + \delta_{H_2C_2O_4^-} + \delta_{C_2O_4^{2-}} = 1$$

对于三元酸,如磷酸,在水溶液中可存在四种型体:H_3PO_4、$H_2PO_4^-$、HPO_4^{2-} 和 PO_4^{3-};同样可推导出各型体的分布系数计算式:

$$\delta_{H_3PO_4} = \frac{[H^+]^3}{[H^+]^3 + [H^+]^2K_{a_1} + [H^+]K_{a_1}K_{a_2} + K_{a_1}K_{a_2}K_{a_3}} \tag{4-7}$$

$$\delta_{H_2PO_4^-} = \frac{[H^+]^2K_{a_1}}{[H^+]^3 + [H^+]^2K_{a_1} + [H^+]K_{a_1}K_{a_2} + K_{a_1}K_{a_2}K_{a_3}} \tag{4-8}$$

$$\delta_{HPO_4^{2-}} = \frac{[H^+]K_{a_1}K_{a_2}}{[H^+]^3 + [H^+]^2K_{a_1} + [H^+]K_{a_1}K_{a_2} + K_{a_1}K_{a_2}K_{a_3}} \tag{4-9}$$

$$\delta_{PO_4^{3-}} = \frac{K_{a_1}K_{a_2}K_{a_3}}{[H^+]^3 + [H^+]^2K_{a_1} + [H^+]K_{a_1}K_{a_2} + K_{a_1}K_{a_2}K_{a_3}} \tag{4-10}$$

4.2.2 酸度对弱酸(碱)各型体分布的影响

在弱酸(碱)溶液的平衡体系中,某型体的分布系数取决于酸或碱的性质、溶液的酸度等,而与其总浓度无关。当酸度增大或减小时,各型体浓度的分布将随溶液的酸度而变化。

4.2.2.1 一元弱酸溶液

以 HAc 为例,其 δ_i-pH 曲线见图 4-1(a)。

由图 4-1(a)可知,随着溶液 pH 增大,δ_{HAc}(δ_0)逐渐减小,而 δ_{Ac^-}(δ_1)则逐渐增大。在两条曲线的交点处,即 $\delta_{HAc}=\delta_{Ac^-}=0.50$ 时,溶液的 $pH=pK_a=4.74$,显然此时有[HAc]=[Ac⁻]。当 $pH<pK_a$ 时,溶液中 HAc 占优势;当 $pH>pK_a$ 时,Ac⁻ 为主要存在型体。在 $pH\approx(pK_a-2)$ 时,δ_{HAc} 趋近于 1,δ_{Ac^-} 接近于零;而当 $pH\approx(pK_a+2)$ 时,δ_{Ac^-} 趋近于 1。因此,可以通过控制溶液的酸度得到所需要的型体。

以上讨论结果原则上亦适用于其他一元弱酸(碱)。

4.2.2.2 多元酸溶液

二元酸以草酸为例,其 δ_i-pH 曲线见图 4-1(b)。

由图 4-1(b)可知,草酸在 pH=2.5~3.3 有三种型体共存。当 $pH<pK_{a_1}$ 时,溶液中 $H_2C_2O_4$ 是主要型体;$pH>pK_{a_2}$ 时,$C_2O_4^{2-}$ 型体占优势;而当 $pK_{a_1}<pH<pK_{a_2}$ 时,$HC_2O_4^-$ 的浓度明显高于其他两者。pK_{a_1} 与 pK_{a_2} 的值越接近,以 $HC_2O_4^-$ 型体为主的 pH 范围就越窄,$\delta_{HC_2O_4^-}$ 的最大值亦将明显小于 1。

对于三元酸,如磷酸,其 δ_i-pH 曲线见图 4-1(c)。

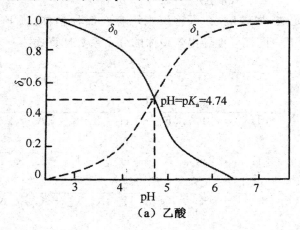

(a) 乙酸

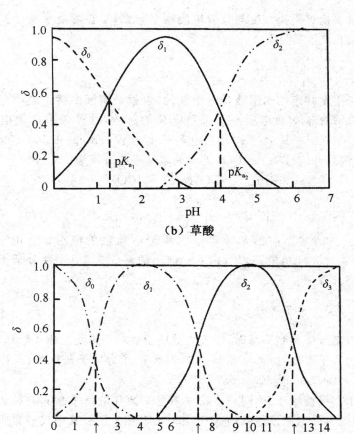

（b）草酸

（c）磷酸

图 4-1　酸的 δ_i-pH 曲线图

4.2.3　水溶液中酸碱平衡的处理方法

4.2.3.1　质量平衡

在平衡状态下某一物质的分析浓度等于该组分各种型体的平衡浓度之和，这种关系称为质量平衡（mass balance）或物料平衡（material balance）。它的数学表达式称作质量平衡方程（material balance equation，MBE）。例如，c mol/L Na_2CO_3 溶液的质量平衡方程为

$$[H_2CO_3]+[HCO_3^-]+[CO_3^{2-}]=c$$
$$[Na^+]=2c$$

质量平衡将平衡浓度与分析浓度联系起来,是在溶液平衡计算中经常用到的关系式。

4.2.3.2 电荷平衡

处于平衡状态的水溶液是电中性的,也就是溶液中荷正电质点所带正电荷的总数等于荷负电质点所带负电荷的总数,这种关系称为电荷平衡(charge balance),其表达式称为电荷平衡方程(charge balance equation-CBE)。例如,c mol/L Na$_2$CO$_3$ 溶液的电荷平衡方程为

$$[Na^+]+[H^+]=[OH^-]+[HCO_3^-]+2[CO_3^{2-}]$$

或

$$2c+[H^+]=[OH^-]+[HCO_3^-]+2[CO_3^{2-}]$$

离子平衡浓度前的系数等于它所带电荷数的绝对值。由于 1 mol CO$_3^{2-}$ 带有 2 mol 负电荷,故[CO$_3^{2-}$]前面的系数为 2。中性分子不包括在电荷平衡方程中。

4.2.3.3 质子平衡

当酸碱反应达到平衡时,酸失去的质子数与碱得到的质子数相等,这种关系称为质子平衡(proton balance),其表达式为质子条件式,又称质子平衡式(proton balance equation,PBE)。

由于在平衡状态下,同一体系中质量平衡和电荷平衡的关系必然同时成立,因此可先列出该体系的 MBE 和 CBE,然后消去其中代表非质子转移反应所得产物的各项,从而得出 PBE。例如,根据 c mol/L Na$_2$CO$_3$ 溶液的 MBE 和 CBE,可以得到下式:

$$2[H_2CO_3]+2[HCO_3^-]+2[CO_3^{2-}]+[H^+]=[OH^-]+[HCO_3^-]+2[CO_3^{2-}]$$

整理,可得质子条件式:

$$2[H_2CO_3]+[HCO_3^-]+[H^+]=[OH^-]$$

在计算各类酸碱溶液中氢离子的浓度时,上述三种平衡方程都是处理溶液中酸碱平衡的依据。在实际应用中为简单起见,常以 H$^+$ 表示 H$_3$O$^+$。

4.3 酸碱溶液中 pH 的计算

4.3.1 一元酸、碱溶液的 pH 计算

一元酸(HA)溶液的质子条件式是

$$[H^+] = [A^-] + [OH^-] \tag{4-11}$$

设酸浓度为 c_a；若 HA 为强酸，则 $[A^-]$ 的分布系数 $\delta_{A^-} = 1$，$[A^-] = c_a$。而 $[OH^-] = \dfrac{K_w}{[H^+]}$，代入质子条件式有

$$[H^+] = c_a + \frac{K_w}{[H^+]} \tag{4-12}$$

该式的精确解答需解一元二次方程，得

$$[H^+] = \frac{c_a + \sqrt{c_a^2 + 4K_w}}{2} \tag{4-13}$$

通常分析化学计算溶液 pH 时的允许相对误差为 5%。即当 $c_a \geqslant 20$ $[OH^-]$ 时，式(4-11)中的 $[OH^-]$ 项可忽略，则有

$$[H^+] = [A^-] = c_a$$

若 HA 为弱酸，根据式(4-3)得

$$A^- = c_a \delta_{A^-} = \frac{c_a K_a}{[H^+] + K_a}$$

因此，根据质子条件式

$$[H^+] = \frac{c_a K_a}{[H^+] + K_a} + \frac{K_w}{[H^+]} \tag{4-14}$$

或

$$[H^+]^3 + K_a [H^+]^2 - (c_a K_a + K_w)[H^+] - K_a K_w = 0$$

式(4-14)是计算一元弱酸溶液 $[H^+]$ 的准确式。

当 $c_a K_a \geqslant 20 K_w$ 时，水的离解影响很小，式(4-14)中含 K_w 项可略去，则

$$[H^+] = \frac{c_a K_a}{[H^+] + K_a}$$

$$[H^+]^2 = K_a(c_a - [H^+])$$

$$[H^+] = \frac{-K_a + \sqrt{K_a^2 + 4K_a c_a}}{2} \tag{4-15}$$

式(4-15)是计算一元弱酸溶液 $[H^+]$ 的近似式。

当 $c_a K_a \geqslant 20 K_w$ 且 $c_a / K_a \geqslant 500$ 时，弱酸的离解对总浓度的影响也可略去，$c_a - [H^+] \approx c_a$，得到最简式：

$$[H^+] = \sqrt{c_a K_a} \tag{4-16}$$

显然，采取与处理弱酸溶液相似的方法，将式(4-16)中的 c_a、$[H^+]$ 和 K_a，分别换成 c_b、$[OH^-]$ 和 K_b，就可用于计算弱碱溶液中的 $[OH^-]$。

4.3.2　多元酸、碱溶液的 pH 计算

以二元酸 H_2A 为例，其溶液的质子条件式为

$$[H^+]=[HA^-]+2[A^{2-}]+[OH^-]$$

设 H_2A 的浓度为 c_a mol/L,应用计算二元酸溶液中 $[HA^-]$、$[A^{2-}]$ 分布系数的式(4-5)和式(4-6),可得到计算 $[H^+]$ 的准确式为

$$[H^+]=\frac{c_a K_{a_1}[H^+]}{[H^+]^2+K_{a_1}[H^+]+K_{a_1}K_{a_2}}+\frac{2c_a K_{a_1}K_{a_2}}{[H^+]^2+K_{a_1}[H^+]+K_{a_1}K_{a_2}}+\frac{K_w}{[H^+]}$$

$$(4\text{-}17)$$

和一元弱酸处理的方法相似,当 $c_a K_a \geqslant 20K_w$ 时,忽略水的离解,含 K_w 的项可略去;通常,二元酸的二级离解也可忽略,故式(4-17)可简化成以下近似式

$$[H^+]=\frac{c_a K_{a_1}}{[H^+]+K_{a_1}}$$

则

$$[H^+]=\sqrt{(c_a-[H^+])K_{a_1}} \qquad (4\text{-}18)$$

当 $c_a/K_a \geqslant 500$ 时,还可同时忽略酸的离解对总浓度的影响,即 $c_a-[H^+] \approx c_a$,得到以下计算二元酸溶液中 $[H^+]$ 的最简式

$$[H^+]=\sqrt{c_a K_{a_1}} \qquad (4\text{-}19)$$

多元碱溶液的 pH 可参照多元酸的处理方法。

4.3.3　两性物质溶液的 pH 计算

以 NaHA 为例,该溶液的质子条件式为

$$[H^+]+[H_2A]=[A^{2-}]+[OH^-]$$

设其浓度为 c_a mol/L,而 K_{a_1}、K_{a_2} 分别为 H_2A 的一级和二级离解常数,若以计算分布系数的公式代入,得计算 $[H^+]$ 的准确式为

$$[H^+]+\frac{c_a[H^+]^2}{[H^+]^2+K_{a_1}[H^+]+K_{a_1}K_{a_2}}=\frac{c_a K_{a_1}K_{a_2}}{[H^+]^2+K_{a_1}[H^+]+K_{a_1}K_{a_2}}+\frac{K_w}{[H^+]}$$

由于通常两性物质给出质子和接受质子的能力都比较弱,故可认为 $[HA^-] \approx c_a$,将该溶液的质子条件式简化为

$$[H^+]+\frac{c_a[H^+]}{K_{a_1}}=\frac{c_a K_{a_2}}{[H^+]}+\frac{K_w}{[H^+]}$$

则

$$[H^+]=\sqrt{\frac{K_{a_2}c_a+K_w}{1+\dfrac{c_a}{K_{a_1}}}} \qquad (4\text{-}20)$$

当 $c_a K_a \geqslant 20K_w$,K_w 项也可略去,式(4-20)可简化为以下近似式

$$[H^+] = \sqrt{\dfrac{K_{a_2} c_a}{1 + \dfrac{c_a}{K_{a_1}}}} \tag{4-21}$$

若 $c_a/K_{a_1} \geqslant 20$，则分母中的 1 可略去，得以下最简式为

$$[H^+] = \sqrt{K_{a_1} K_{a_2}} \tag{4-22}$$

4.3.4　缓冲溶液的 pH 计算

现讨论弱酸 HA（浓度为 c_a mol/L）与共轭碱 A^-（浓度为 c_b mol/L）组成的缓冲溶液的 pH 计算。

质子条件式：　　$[H^+] = [OH^-] + ([A^-] - c_b)$

由质子条件式整理得

$$[A^-] = c_b + [H^+] - [OH^-]$$

由质量平衡式得

$$c_a + c_b = [HA] + [A^-]$$

合并二式得

$$[HA] = c_a - [H^+] + [OH^-]$$

由弱酸离解常数得

$$[H^+] = K_a \frac{[HA]}{[A^-]} = K_a \frac{c_a - [H^+] + [OH^-]}{c_b + [H^+] - [OH^-]} \tag{4-23}$$

此式是计算缓冲溶液 H^+ 的精确式。

当溶液呈酸性（pH$<$6）时，$[H^+] \gg [OH^-]$，上式简化为近似式：

$$[H^+] = \frac{c_a - [H^+]}{c_b + [H^+]} K_a \tag{4-24}$$

当 $c_a \geqslant 20[H^+]$，$c_b \geqslant 20[H^+]$ 时，得

$$[H^+] = \frac{c_a}{c_b} K_a \tag{4-25}$$

或　　　　　　　　　　　　$$pH = pK_a + \lg \frac{c_b}{c_a} \tag{4-26}$$

常用的 pH 缓冲溶液见表 4-1。

表 4-1　常用 pH 缓冲溶液组成

缓冲溶液	酸	碱	pK_a
氨基乙酸-HCl	NH_3CH_2COOH	$NH_2CH_2COO^-$	2.35
HAc-NaAc	HAc	Ac^-	4.76

续表

缓冲溶液	酸	碱	pK_a
NaH_2PO_4-Na_2HPO_4	$H_2PO_4^-$	HPO_4^{2-}	7.21
Tris-HCl	$^+NH_3C(CH_2OH)_2$	$NH_2C(CH_2OH)_3$	8.21
NH_3-NH_4Cl	NH_4^+	NH_3	9.25
$NaHCO_3$-Na_2CO_3	HCO_3^-	CO_3^{2-}	10.32
Na_2HPO_4-NaOH	HPO_4^{2-}	PO_4^{3-}	12.32

注：Tris——三(羟甲基)氨基甲烷。

4.4 酸碱缓冲溶液

在分析化学实验中，有时为了保证某一试验顺利地完成，往往需要控制试验条件(如溶液 pH)稳定。缓冲溶液就是分析工作者常用以维持溶液酸度不发生变化的一种辅助溶液。

4.4.1 酸碱缓冲溶液及其组成

酸碱缓冲溶液是一种对溶液的酸度起稳定作用的溶液。缓冲溶液一般由浓度较大的弱酸及其共轭碱组成。如 HAc-NaAc、$NH_3 \cdot H_2O$-NH_4Cl 等。另一类是标准缓冲溶液，它由规定浓度的某些逐级离解常数相差较小的单一两性物质或由不同型体的两性物质所组成。例如，25 ℃时 0.05 mol/L 邻苯二甲酸氢钾的 pH＝4.01。

4.4.2 缓冲作用的原理及 pH 的计算

4.4.2.1 缓冲作用的原理

以 HAc-NaAc 溶液为例，在溶液中 NaAc 完全离解成 Na^+ 和 Ac^-，HAc 则部分离解为 H^+ 和 Ac^-。

$$NaAc \Longrightarrow Na^+ + Ac^-$$
$$HAc \Longrightarrow H^+ + Ac^-$$

此时溶液中存在着共轭酸碱对 HAc 和 Ac^-。当向此溶液中加入少量强酸(如 HCl)时，加入的 H^+ 与溶液中的碱 Ac^- 反应生成难离解的共轭酸

HAc,使平衡向左移动,溶液中[H$^+$]增加较少,即 pH 变化很小。当向此溶液中加入少量强碱(如 NaOH)时,加入的 OH$^-$ 与溶液中的 H$^+$ 反应生成 H$_2$O,促使 HAc 继续电离出质子,以补充消耗掉的 H$^+$,使平衡向右移动,[H$^+$]降低较少,pH 变化仍很小。

4.4.2.2　缓冲溶液 pH 的计算

以弱酸 HA 及其共轭碱 A$^-$ 组成的缓冲溶液为例,设弱酸及其共轭碱的浓度分别为 c_{HA} 及 c_{A^-},则

$$HA \rightleftharpoons H^+ + A^-$$
$$NaA \rightleftharpoons Na^+ + A^-$$
$$K_a = \frac{[H^+][A^-]}{[HA]}$$
$$[H^+] = K_a \times \frac{[HA]}{[A^-]}$$

因 HA 及 A$^-$ 同时以较高的浓度存在于溶液中,互相抑制对方与水进行的质子转移反应,加之同离子效应的存在,使得 HA 的离解度更小,[HA]$\approx c_{HA}$;又因 NaA 是强电解质,[A$^-$]$\approx c_{A^-}$。因此

$$[H^+] = K_a \times \frac{c_{HA}}{c_{A^-}}$$

$$pH = pK_a + \lg \frac{c_{A^-}}{c_{HA}} \tag{4-27}$$

式中,K_a 为弱酸的离解常数;c_{HA} 为弱酸的分析浓度,mol/L;c_{A^-} 为共轭碱的分析浓度,mol/L。

对于由弱酸及其共轭碱所组成的缓冲溶液,其 K_b 值则由 $K_b = \dfrac{K_w}{K_a}$ 求得。

例 4-2　分别计算向 50 mL 的 0.10 mol/L HAc-0.10 mol/L NaAc 缓冲溶液中加入 0.050 mL 1.0 mol/L HCl、0.050 mL 1.0 mol/L NaOH 或加水稀释 10 倍后的溶液 pH。$K_{HAc} = 1.8 \times 10^{-5}$。

解:原缓冲溶液的 pH 为

$$[H^+] = K_a \times \frac{[HAc]}{[Ac^-]} = 1.8 \times 10^{-5} \times \frac{0.10}{0.10} = 1.8 \times 10^{-5} \text{ mol/L}$$

当向上述缓冲溶液中加入 0.050 mL 1.0 mol/L HCl 时,即向缓冲溶液加入[H$^+$] $= \dfrac{0.050}{50} \times 1.0 = 1.0 \times 10^{-3}$ mol/L,H$^+$ 和 Ac$^-$ 生成 HAc,因此,溶液中增加[HAc] $= 1.0 \times 10^{-3}$ mol/L,减少了 1.0×10^{-3} mol/L,故

$$[Ac^-]=0.10-1.0\times10^{-3}=0.099 \text{ mol/L}$$

$$[HAc]=0.10+0.001=0.101 \text{ mol/L}$$

$$[H^+]=K_a\times\frac{[HAc]}{[Ac^-]}=1.8\times10^{-5}\times\frac{0.101}{0.099}=1.84\times10^{-5} \text{ mol/L}$$

$$pH=4.73$$

当向上述缓冲溶液中加入 0.050 mL 1.0 mol/L NaOH 时，$[Ac^-]$ 增加了 1.0×10^{-3} mol/L，$[HAc]$减少了 1.0×10^{-3} mol/L，则

$$pH=4.75$$

如果将上述缓冲溶液稀释 10 倍，则 $[HAc]=[Ac^-]=0.010$ mol/L，代入计算式中，pH 不变。

$$[H^+]=1.8\times10^{-5}\times\frac{0.010}{0.010}=1.8\times10^{-5} \text{ mol/L}$$

$$pH=4.74$$

4.4.3 缓冲容量和缓冲范围

4.4.3.1 缓冲容量

缓冲容量的大小，首先与组成缓冲溶液的浓度有关。比如 0.1 mol/L HAc-0.1 mol/L NaAc 缓冲溶液，pH＝4.74，使 pH 改变 1 个单位，即 pH＝3.74，需要加入酸量为 x mol/L，则

$$pH=pK_a-\lg\frac{c(HAc)}{c(Ac^-)}$$

$$3.74=4.74-\lg\frac{0.1+x}{0.1-x}$$

$$x=0.08 \text{ mol/L}$$

如果 0.01 mol/L HAc-0.01 mol/L NaAc 缓冲溶液 pH 由 4.74 变为 3.74，需要加入酸量为 y mol/L，则

$$3.74=4.74-\lg\frac{0.01+y}{0.01-y}$$

$$y=0.008 \text{ mol/L}$$

可见，组成缓冲溶液的浓度增大 10 倍，改变 1 个 pH 单位，需加的酸量也增大 10 倍，即缓冲容量也增大 10 倍。

其次，缓冲容量大小还与组成缓冲溶液的两组分浓度比值有关。比如 0.18 mol/L HAc-0.02 mol/L NaAc 缓冲溶液，pH 为 3.79，pH 由 3.79 变为 2.79 时，需加入的酸量为 x mol/L，则

$$2.79 = 3.79 - \lg \frac{0.18 + x}{0.02 - x}$$

$$x = 0.001\ 8\ mol/L$$

综上计算,0.1 mol/L HAc-0.1 mol/L NaAc 缓冲溶液 pH 改变 1 个单位$[c(HAc) + c(Ac^-) = 0.2\ mol/L, c(HAc) : c(Ac^-) = 1 : 1]$,需加酸 0.08 mol/L。而 0.18 mol/L HAc-0.02 mol/L NaAc 缓冲溶液$[c(HAc) + c(Ac^-) = 0.2\ mol/L, c(HAc) : c(Ac^-) = 9 : 1]$pH 改变 1 个单位,需加酸 0.001 8 mol/L,可见后者缓冲容量降低。因此,缓冲溶液两组分浓度比值为 1 : 1 时,缓冲容量最大,此时溶液 $pH = pK_a$,$pOH = pK_b$。当两组分浓度比值为 9 : 1(或 1 : 9)时,缓冲容量变小,当浓度比值超过 10 : 1 和 1 : 10 时,缓冲溶液的缓冲能力更小。

4.4.3.2　缓冲范围

缓冲溶液两组分浓度比在 1 : 10 和 10 : 1 之间,即为缓冲溶液有效的缓冲范围。该范围为

弱酸及其共轭碱缓冲体系(1/10~10/1)　$pH = pK_a \pm 1$

弱碱及其共轭酸缓冲体系(1/10~10/1)　$pOH = pK_b \pm 1$

例如,HAc-NaAc 缓冲体系,$pK_a = 4.74$,其缓冲范围是 $pH = 4.74 \pm 1$ 即 3.74~5.74。$NH_3 \cdot H_2O$-NH_4Cl 缓冲体系($pK_b = 4.74$),其缓冲范围为 $pH = 9.26 \pm 1$。

4.4.4　缓冲溶液的选择和配制

4.4.4.1　缓冲溶液的选择原则

选择缓冲溶液时,原则是:缓冲溶液对分析反应没有干扰,有足够的缓冲容量及其 pH 应在所要求稳定的酸度范围之内。表 4-2 列出了常用的酸碱缓冲溶液。

表 4-2　常用的酸碱缓冲溶液

缓冲溶液的组成		共轭酸碱对	pK_a	pH 范围
酸的组成	碱的组成			
盐酸	氨基乙酸	$^+NH_3CH_2COOH$/$^+NH_3CH_2COO^-$	2.35	1.0~3.7
甲酸	氢氧化钠	$HCOOH$/$HCOO^-$	3.77	2.8~4.6

缓冲溶液的组成		共轭酸碱对	pK_a	pH 范围
酸的组成	碱的组成			
乙酸	乙酸钠	HAc/Ac^-	4.74	3.7~5.7
盐酸	六亚甲基四胺	$(CH_2)_3N_4H^+/(CH_2)_6N_4$	5.13	4.2~6.2
磷酸二氢钠	磷酸氢二钠	$H_2PO_4^-/HPO_4^{2-}$	7.21	5.9~8.0
盐酸	三乙醇胺	$^+NH(CH_2CH_2OH)_3/N(CH_2CH_2OH)_3$	7.26	6.7~8.7
氯化铵	氨水	NH_4^+/NH_3	9.26	8.3~10.2
碳酸氢钠	碳酸钠	HCO_3^-/CO_3^{2-}	10.32	9.2~11.0
磷酸氢二钠	氢氧化钠	HPO_4^{2-}/PO_4^{3-}	12.32	11.0~13.0

4.4.4.2 缓冲溶液的配制

(1)普通缓冲溶液。简单缓冲体系的配制方法可利用有关公式计算得到。

例 4-3 欲配制 pH=5.00、$c(HAc)=0.20$ mol/L 的缓冲溶液 1 L,需 $c(HAc)=1.0$ mol/L 的 HAc 及 $c(NaAc)=1.0$ mol/L 的 NaAc 溶液各多少毫升?

解:已知 pH=5.00,$c(HAc)=0.20$ mol/L,由式(4-27)得

$$c(Ac^-)=\frac{K_a c(HAc)}{[H^+]}=\frac{1.8\times10^{-5}\times0.20}{1.0\times10^{-5}}=0.36 \text{ mol/L}$$

需浓度 1.0 mol/L 的 HAc 和 NaAc 体积分别为

$$V(HAc)=\frac{0.20\times1\,000}{1.0}=200 \text{ mL}$$

$$V(NaAc)=\frac{0.36\times1\,000}{1.0}=360 \text{ mL}$$

将 200 mL 浓度为 1.0 mol/L 的 HAc 溶液和 360 mL 浓度为 1.0 mol/L 的 NaAc 溶液混合后,用水稀释至 1 000 mL,即得 pH=5.00 的 HAc-NaAc 缓冲溶液。

(2)标准缓冲溶液。标准缓冲溶液的 pH 是在一定温度下实验测得的 H^+ 活度的负对数。几种常用的标准缓冲溶液列于表 4-3 中。

表 4-3 几种常用的标准缓冲溶液

标准缓冲溶液	pH(25 ℃)
饱和酒石酸氢钾(0.034 mol/L)	3.56

续表

标准缓冲溶液	pH(25 ℃)
邻苯二甲酸氢钾(0.05 mol/L)	4.01
0.025 mol/L KH_2PO_4-0.025 mol/L Na_2HPO_4	6.86
0.01 mol/L 硼砂	9.18

4.5　酸碱指示剂

利用酸碱滴定法测定物质含量的反应,大部分没有外观上的变化,因此必须借助指示剂颜色的变化来确定终点是否到达。

4.5.1　变色原理

改变溶液的 pH,酸碱指示剂失去或得到质子,结构发生变化,引起颜色改变。

例如,酚酞(phenolphthalein,PP)是一种有机弱酸,它在水溶液中有如下反应及相应的颜色变化。

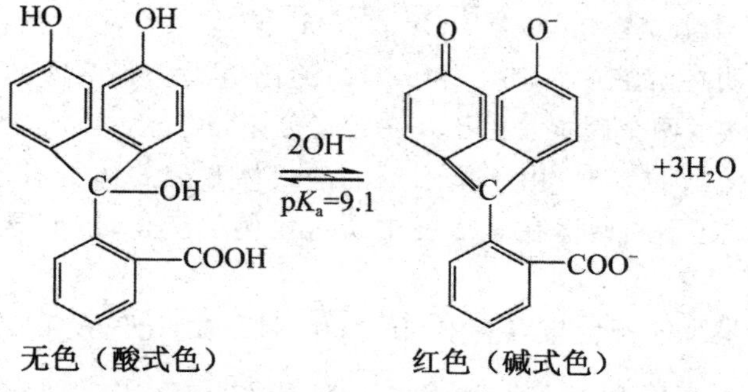

无色（酸式色）　　　　红色（碱式色）

在酸性溶液中,酚酞主要以酸式型体存在,溶液无色;在碱性溶液中,酚酞主要以碱式型体存在,溶液显红色。类似酚酞,在酸式或碱式中仅有一种型体具有颜色的指示剂,称为单色指示剂。

甲基橙(methyl orange,Mo)是一种有机弱碱,它在水溶液中的离解作用和颜色变化为

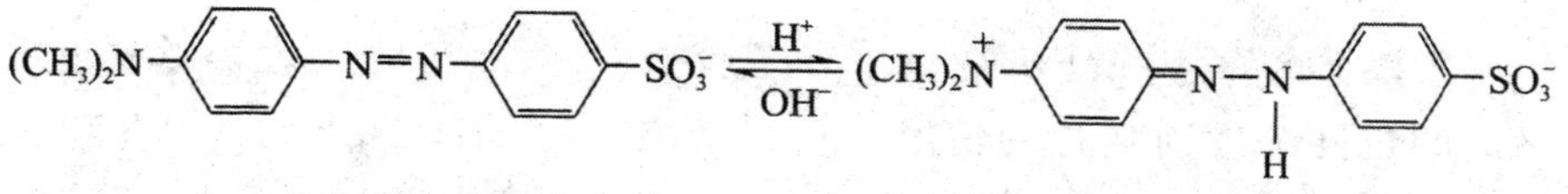

黄色（碱式色）　　　　　　　　　红色（酸式色）

在碱性溶液中,甲基橙主要以碱式型体存在,溶液呈黄色。当溶液酸度增强时,平衡向右移动,甲基橙主要以酸式型体存在,溶液由黄色向红色转变;反之,由红色向黄色转变。类似甲基橙,在酸式和碱式型体中均有颜色的指示剂称为双色指示剂。

应该注意的是,指示剂以酸式或碱式型体存在,并不表明此时溶液一定呈酸性或呈碱性。

4.5.2 变色范围

现以弱酸型指示剂(以 HIn 表示,以 In^- 代表指示剂的碱式)为例说明指示剂的变色与溶液中 pH 之间的关系。HIn 在溶液中有如下离解平衡:

$$HIn \rightleftharpoons H^+ + In^-$$

酸式型体　碱式型体

平衡时,则得

$$K_{HIn} = \frac{[H^+][In^-]}{[HIn]}$$

K_{HIn} 为指示剂的离解平衡常数,称为指示剂常数。在一定温度下,K_{HIn} 为一个常数。上式可改写为

$$\frac{[In^-]}{[HIn]} = \frac{K_{HIn}}{[H^+]}$$

上式表明在溶液中,$[In^-]$ 和 $[HIn]$ 的比值决定于溶液的指示剂常数 K_{HIn} 和溶液酸度两个因素。由于在一定温度下,K_{HIn} 为一个常数,因此该比值只决定于溶液的 pH。由于指示剂的酸式体和碱式体具有不同的颜色,pH 的变化引起不同型体在总浓度中所占比例的变化,因而导致溶液颜色的改变。

指示剂呈现的颜色与溶液中 $[In^-]$ 和 $[HIn]$ 的比值及 pH 三者之间的关系为

$$\frac{[In^-]}{[HIn]} \leqslant \frac{1}{10} \qquad pH \leqslant pK_{HIn} - 1 \qquad\qquad 酸式色$$

$$\frac{1}{10} < \frac{[In^-]}{[HIn]} < 10 \quad pK_{HIn} - 1 < pH < pK_{HIn} + 1 \quad 颜色逐渐变化的混合色$$

$$\frac{[In^-]}{[HIn]} \geqslant 10 \qquad pH \geqslant pK_{HIn} + 1 \qquad\qquad 碱式色$$

由以上可知,当 pH 小于 $pK_{HIn} - 1$ 或大于 $pK_{HIn} + 1$ 时,都观察不出溶液的颜色随酸度而变化的情况。只有当溶液的 pH 由 $pK_{HIn} - 1$ 变化到 $pK_{HIn} + 1$(或由 $pK_{HIn} + 1$ 变化到 $pK_{HIn} - 1$)时,溶液的颜色才由酸式色变为

碱式色,这时人们的视觉才能明显看出指示剂颜色的变化。因此,这一颜色变化的 pH 范围,即 pH=pK_{HIn}±1,称为指示剂的理论变色范围。其中,当 [In-]/[HIn]=1,即溶液的 pH=pK_{HIn}时,称为指示剂的理论变色点。

指示剂的 pK_{HIn} 不同,变色范围也不同。当[In-]=[HIn]时,pH=pK_{HIn},此时的 pH 为指示剂的理论变色点。表 4-4 列出了常用的几种指示剂,供使用时参考。

表 4-4　常用酸碱指示剂

指示剂	变色范围（pH）	颜色变化	pK_{HIn}	浓度/(g/L)	用量/(滴/10 mL 试液)
百里酚蓝	1.2～2.8	红色～黄色	1.7	1 g/L 的 20%乙醇溶液	1～2
甲基黄	2.9～4.0	红色～黄色	3.3	1 g/L 的 90%乙醇溶液	1
甲基橙	3.1～4.4	红色～黄色	3.4	0.5 g/L 的水溶液	1
溴酚蓝	3.0～4.6	黄色～紫色	4.1	1 g/L 的 20%乙醇溶液或钠盐水溶液	1
溴甲酚绿	4.0～5.6	黄色～蓝色	4.9	1 g/L 的 20%乙醇溶液或钠盐水溶液	1～3
甲基红	4.4～6.2	红色～黄色	5.0	1 g/L 的 60%乙醇溶液或钠盐水溶液	1
溴百里酚蓝	6.2～7.6	黄色～蓝色	7.3	1 g/L 的 20%乙醇溶液或钠盐水溶液	1
中性红	6.8～8.0	红色～黄橙色	7.4	1 g/L 的 60%乙醇溶液	1
苯酚红	6.8～8.4	黄色～红色	8.0	1 g/L 的 60%乙醇溶液或钠盐水溶液	1
酚酞	8.0～10.0	无色～红色	9.1	5 g/L 的 90%乙醇溶液	1～3
百里酚蓝	8.0～9.6	黄色～蓝色	8.9	1 g/L 的 20%乙醇溶液	1～4
百里酚酞	9.4～10.6	无色～蓝色	10.0	1 g/L 的 90%乙醇溶液	1～2

4.5.3　影响指示剂变色范围的因素

4.5.3.1　温度

温度的改变会引起指示剂离解常数的变化,因而指示剂的变化范围也随之变动。温度升高,对酸性指示剂,变色范围向酸性方向移动;对碱性指示剂,变色范围向碱性方向移动。例如 18 ℃时甲基橙的变色范围为 3.1~4.4,而 100 ℃时则为 2.5~3.7。

4.5.3.2 溶剂

指示剂在不同的溶剂中其 pK_{HIn} 是不相同的。例如甲基橙在水溶液中 pK_{HIn} =3.4,在甲醇中 pK_{HIn} =3.8。因此,指示剂在不同的溶剂中具有不同的变色范围。

4.5.3.3 指示剂的用量

指示剂用量的多少直接影响滴定终点的准确到达,即影响滴定结果的准确度。

对于单色指示剂,即只有碱式(或酸式)有色,而相应的酸式(或碱式)无色的指示剂,看到的只是 In^-(或 HIn)的颜色。对于酚酞来讲就是碱式,即

$$[In^-] = \frac{K_{HIn}}{[H^+]} \cdot [HIn]$$

如果[H^+]维持不变,当指示剂[HIn]增大时,[In^-]也相应增大,使[In^-]颜色提前出现。因此,使用单色指示剂时必须严格控制指示剂的用量,使其在终点时的浓度与对照溶液中的浓度相等。

对于双色指示剂,即碱式和酸式都有颜色的指示剂,看到的是[In^-]-[HIn]混合色,只有碱式和酸式浓度之比相差 10 倍时,才能看到碱式色,如果加入指示剂量过大,到达终点时,有部分指示剂变为 In^-,大部分还以 HIn 形式存在,所以 $\frac{[In^-]}{[HIn]}$ 比值仍未达到 10 倍以上,因此终点不明显,且终点向后推迟。

因此在不影响指示剂变色灵敏度的条件下,一般以少量为佳。

4.5.3.4 离子强度

由于中性电解质的存在增大了溶液的离子强度,指示剂的离解常数发生改变,从而影响其变色范围。此外,电解质的存在还影响指示剂对光的吸收,使其颜色的强度发生变化,因此滴定中不宜有大量中性盐存在。

4.5.3.5 滴定程序

由于深色较浅色更易被人辨别,因此,在滴定顺序选择上应考虑指示剂

颜色变化的趋势,尽量做到由浅色向深色方向滴定。例如酚酞由酸式色变为碱式色,即由无色变为红色时,颜色变化明显,易于辨别;甲基橙或甲基红由黄变红比由红变黄易于辨别。因此,用强酸滴定强碱时应选甲基橙或甲基红作指示剂;用强碱滴定强酸时则选用酚酞作指示剂。

4.5.4　混合指示剂

单一指示剂变色范围一般都较宽,其中有些指示剂,例如甲基橙,变色过程中有过渡色,不易辨别。然而在酸碱滴定中有时需要将滴定终点限制在很窄的 pH 范围内,这时可采用混合指示剂。混合指示剂具有变色范围窄、变色明显等优点。

混合指示剂有两种:一种是由两种或两种以上指示剂混合而成,利用颜色的互补作用,使变色更加敏锐;另一种是由一种指示剂和一种不随 H^+ 浓度变化而改变颜色的染料混合而成。

例如甲基橙和靛蓝二磺酸钠组成的混合指示剂,甲基橙酸式色为红色,碱式色为黄色,而靛蓝二磺酸钠是一种染料,本身为蓝色不变,混合后,颜色变化为

溶液的酸度	甲基橙	甲基橙＋靛蓝二磺酸钠
pH≥4.4	黄色	黄绿色
pH＝4.1	橙色	浅灰色
pH≤3.1	红色	紫色

可见,单一的甲基橙由黄色(或红色)变到红色(或黄色)时,中间有一过渡的橙色,难于辨别,而混合指示剂由绿色(或紫色)变到紫色(或绿色),变色非常敏锐,容易辨别。

又如溴甲酚绿和甲基红两种指示剂所组成的混合指示剂,颜色变化如下。

溶液的酸度	溴甲酚绿	甲基红	溴甲酚绿＋甲基红
pH＜4.0	黄色	红色	橙色(酒红)
pH＝5.1	绿色	橙色	灰色
pH＞6.2	蓝色	黄色	绿色

pH＝5.1 时,由于绿色和橙色相互叠合,溶液呈灰色,颜色变化十分明显,使变色范围缩小至滴定终点。表 4-5 列出了常用混合指示剂及其配制方法。

表 4-5　常用混合指示剂及其配制方法

指示剂溶液的组成(体积比)	变色点 pH	颜色		备注
		酸式色	碱式色	
1 份 0.1%甲基黄乙醇溶液 1 份 0.1%亚甲基蓝乙醇溶液	3.25	蓝紫色	绿色	pH=3.2,蓝紫色 pH=3.4,绿色
1 份 0.1%甲基橙水溶液 1 份 0.25%靛蓝二磺酸钠水溶液	4.1	紫色	黄绿色	
1 份 0.1%溴甲酚绿钠盐水溶液 1 份 0.2%甲基橙水溶液	4.3	橙色	蓝绿色	pH=3.5,黄色 pH=4.05,绿色 pH=4.3,浅绿色
3 份 0.1%溴甲酚绿乙醇溶液 1 份 0.2%甲基红乙醇溶液	5.1	酒红色	绿色	
1 份 0.1%溴甲酚绿钠盐水溶液 1 份 0.1%氯酚红钠盐水溶液	6.1	黄绿色	蓝绿色	pH=5.4,蓝绿色 pH=5.8,蓝色 pH=6.0,蓝色带紫色 pH=6.2,蓝紫色
1 份 0.1%中性红乙醇溶液 1 份 0.1%亚甲基蓝乙醇溶液	7.0	蓝紫色	绿色	pH=7.0,紫蓝色
1 份 0.1%甲酚红钠盐水溶液 3 份 0.1%百里酚蓝钠盐水溶液	8.3	黄色	紫色	pH=8.2,玫瑰红色 pH=8.4,紫色
1 份 0.1%百里酚蓝 50%乙醇溶液 3 份 0.1%酚酞 50%乙醇溶液	9.0	黄色	紫色	从黄色到绿色,再到紫色
2 份 0.1%酚酞乙醇溶液 1 份 0.1%百里酚酞乙醇溶液	9.9	无色	紫色	pH=9.6,玫瑰红色 pH=10,紫色
2 份 0.1%百里酚酞乙醇溶液 1 份 0.1%茜素黄 R 乙醇溶液	10.2	黄色	紫色	

4.6　酸碱标准溶液的配制和标定

酸碱滴定法中常用的酸标准滴定溶液有 HCl 和 H_2SO_4。H_2SO_4 标准滴定溶液稳定性较好,但它的第二级解离常数较小,因而滴定突跃相应也小一些;在需要较浓的溶液和分析过程中需要加热时使用 H_2SO_4 溶液。HNO_3 具有氧化性,本身稳定性也较差,所以应用很少。

碱标准滴定溶液多用 NaOH,有时也用 KOH。

酸、碱标准滴定溶液的浓度一般配成 0.1 mol/L,有时也需要 1 mol/L、0.5 mol/L 和 0.01 mol/L。

4.6.1　NaOH 标准溶液的配制和标定

4.6.1.1　配制方法

碱标准溶液一般用 NaOH 配制,NaOH 易吸湿,也易吸收空气中的 CO_2 生成 Na_2CO_3,因此用间接法配制。为了配制不含 CO_3^{2-} 的碱标准溶液,可采用浓碱法,先用 NaOH 配成饱和溶液,在此溶液中 Na_2CO_3 溶解度很小,待 Na_2CO_3 沉淀后,取上清液稀释成所需浓度,再加以标定。

固体 NaOH 具有很强的吸湿性,也容易吸收空气中的 CO_2,因此常含有 Na_2CO_3。此外,还含有少量的杂质如硅酸盐、氯化物等。

由于 NaOH 中 Na_2CO_3 的存在,影响酸碱滴定的准确度。

制备不含 Na_2CO_3 的 NaOH 溶液可以采用下列任一方法。

(1)将 NaOH 制成(1+1)饱和溶液(约 50%),此溶液 $c(NaOH)$ 约为 20 mol/L。在这种浓碱溶液中,Na_2CO_3 几乎不溶解而沉降下来。吸取上层澄清液,用无 CO_2 的蒸馏水按表 4-6 稀释至所需要的浓度。

表 4-6　NaOH 溶液配制

配制浓度/(mol/L)	量取饱和浓液体积/mL	蒸馏水量/mL
1	52	1 000
0.5	26	1 000
0.1	5	1 000

(2)预先配制一种较浓的 NaOH 溶液(如 1 mol/L),加入 $Ba(OH)_2$ 或 $BaCl_2$ 使 Na_2CO_3 生成 $BaCO_3$ 沉淀。取出上面澄清溶液,用无 CO_2 蒸馏水稀释。

如果分析测定要求不是很高,极少量 Na_2CO_3 的存在对测定影响不大时,可以用比较简便的方法配制。称取比需要量稍多的 NaOH,用少量水迅速清洗 2～3 次除去固体表面形成的碳酸盐,然后溶解在无 CO_2 蒸馏水中。

4.6.1.2 标定

(1)用基准物质邻苯二甲酸氢钾标定。

标定 NaOH 标准滴定溶液浓度常用的基准物质是邻苯二甲酸氢钾（$KHC_8H_4O_4$，简写为 KHP）、草酸等。中国药典采用邻苯二甲酸氢钾（$K_{a_2}=3.1\times10^{-6}$），它易获得纯品，不吸湿，摩尔质量大（$M=204.2$ g/mol），化学计量点 pH＝9.1，标定前邻苯二甲酸氢钾应于 105～110 ℃干燥恒重后备用，标定中指示剂为酚酞，终点时溶液由无色到浅红色。

其标定反应如下：

该标定反应可选用酚酞作指示剂。

标定过程：称取一定量的于 105～110 ℃烘至质量恒定的邻苯二甲酸氢钾，称准至 0.000 1 g，溶于规定体积的无 CO_2 的蒸馏水中，加 2 滴酚酞指示液（10 g/L），用配制好的 NaOH 溶液滴定至溶液呈浅红色，同时做空白试验。按下式计算 NaOH 溶液的浓度。

$$c(NaOH)=\frac{m(KHC_8H_4O_4)\times1\,000}{M(KHC_8H_4O_4)(V-V_0)}$$

式中，$m(KHC_8H_4O_4)$ 为 $KHC_8H_4O_4$ 的质量，g；$M(KHC_8H_4O_4)$ 为 $KHC_8H_4O_4$ 的摩尔质量，204.2 g/mol；V 为滴定消耗 NaOH 溶液的体积，mL；V_0 为空白试验消耗 NaOH 溶液的体积，mL。

(2)用基准物草酸标定。

草酸 $H_2C_2O_4\cdot2H_2O$ 也易提纯，稳定性也较好，其基准物也可用来标定 NaOH 溶液。

$$H_2C_2O_4+2NaOH\longrightarrow Na_2C_2O_4+2H_2O$$

草酸是弱酸，$K_{a_1}=5.9\times10^{-2}$，$K_{a_2}=6.4\times10^{-5}$，两个 K 值相差不够大，且其 cK 值均大于 10^{-8}，用 NaOH 滴定时，两个 H^+ 都被中和，只出现一个突跃。化学计量点 pH 为 8.4，可用酚酞作指示剂。

草酸溶液不稳定，能自行分解，见光也易分解。所以，在制成溶液后，应立即用 NaOH 溶液滴定。

$$c(NaOH)=\frac{m\times10^3}{(V-V_0)M\left(\frac{1}{2}H_2C_2O_4\right)}$$

式中，m 为草酸的质量，g；V 为氢氧化钠溶液的体积，mL；V_0 为空白试验氢氧化钠溶液的体积,mL;M 为草酸的摩尔质量,其值为 126.07 g/mol。

　　(3)与已知浓度的 HCl 标准溶液比较。

　　用一种标准溶液确定另一种溶液准确浓度的方法。此法无须称量基准物质,方便简单,但准确度没有标定法高。如某一 NaOH 溶液浓度的确定,其步骤为:量取 30.00~35.00 mL HCl 标准溶液,加 50 mL 无 CO_2 的蒸馏水及 2 滴酚酞指示液(10 g/L),用浓度相当的待确定浓度的 NaOH 溶液滴定,近终点时加热至 80 ℃,继续滴定至溶液呈浅红色。按下式计算 NaOH 溶液的浓度。

$$c(\text{NaOH}) = \frac{c(\text{HCl})V(\text{HCl})}{V(\text{NaOH})}$$

式中,$c(\text{HCl})$ 为 HCl 标准溶液的浓度,mol/L;$V(\text{HCl})$ 为 HCl 标准溶液的体积,mL;$V(\text{NaOH})$ 为氢氧化钠溶液的体积,mL。

　　与上述标定结果作一比较,要求两种方法测得浓度的相对平均偏差 ≤0.2%,若相差较大时,以标定所得数值为准。

　　配制好的 NaOH 标准溶液应盛装在附有碱石灰干燥管及有引出导管的试剂瓶中(见图 4-2)。

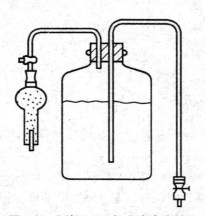

图 4-2　盛放 NaOH 标准溶液试剂瓶

4.6.2　HCl 标准溶液的配制和标定

4.6.2.1　配制方法

　　市售盐酸的密度为 $\rho = 1.19$ g/mL,HCl 的质量分数 $\omega(\text{HCl})$ 约为 0.37,其物质的量浓度约为 12 mol/L。配制时先用浓 HCl 配成所需近似浓度,然后用基准物质进行标定,以获得准确浓度。由于浓盐酸具有挥发性,配制时所取 HCl 的量适当多些。

HCl 标准溶液一般采用间接法配制,即先用浓 HCl 配制成近似浓度后再用基准物质标定。专用的基准物质是无水碳酸钠或硼砂。

4.6.2.2 标定

(1)用基准物质无水碳酸钠标定。

标定 HCl 标准滴定溶液浓度常用的基准物质是无水碳酸钠。无水碳酸钠(Na_2CO_3)易制得纯品,价格便宜,但吸湿性强,称取一定量的于 270~300 ℃烘至质量恒定的 Na_2CO_3,称准至 0.000 1 g,置干燥器中保存备用。

标定反应为

$$Na_2CO_3 + 2HCl \longrightarrow 2NaCl + H_2O + CO_2 \uparrow$$

化学计量点时 pH=3.9,标定中指示剂为溴甲酚绿-甲基红混合指示剂,终点时溶液由绿色到暗红色,近终点时要煮沸 2 min 赶除 CO_2,冷却后继续滴定至溶液再变为暗红色,以避免由于溶液中 CO_2 过饱和而造成假终点。同时做空白试验。按下式计算 HCl 溶液的浓度。

$$c(HCl) = \frac{m(Na_2CO_3) \times 1\,000}{M\left(\frac{1}{2}Na_2CO_3\right)(V - V_0)}$$

式中,$m(Na_2CO_3)$ 为 Na_2CO_3 的质量,g;$M\left(\frac{1}{2}Na_2CO_3\right)$ 为 Na_2CO_3 的摩尔质量,52.99 g/mol;V 为滴定消耗 HCl 溶液的体积,mL;V_0 为空白试验消耗 HCl 溶液的体积,mL。

硼砂不易吸潮,容易精制,但湿度低于 39% 时能风化失去部分结晶水,所以,作为标定用的硼砂应保存在有 NaCl 和蔗糖的饱和溶液并保持相对湿度为 60%~70% 的恒湿容器中。硼砂的摩尔质量较大,称量误差小,此点优于 Na_2CO_3。

(2)与已知浓度的 NaOH 标准滴定溶液进行比较。

以酚酞为指示剂,用 NaOH 标准滴定溶液滴定一定体积的 HCl 溶液至呈粉红色为终点。

不论用何种方法标定溶液的浓度,平行试验不得少于四次,测定结果的极差与平均值之比应小于 0.1%。

凡规定用两种方法标定 HCl 浓度时,要求两种方法测定的浓度值之差不得大于 0.2%,并以基准物质标定的结果为准。

4.7　多元弱酸(碱)的滴定

4.7.1　多元酸的滴定

多元酸在水溶液中是分步离解的,强碱滴定多元酸时,要考虑是否能分步滴定,滴定过程中形成几个滴定突跃,该如何选择指示剂确定终点。

4.7.1.1　滴定可行性判断和滴定突跃

判断多元酸能否分步滴定,滴定过程能产生几个滴定突跃,可根据以下原则进行判断:

(1)当 $c_a K_{a_n} \geqslant 10^{-8}$ 时,这一级离解的 H^+ 能被准确滴定。

(2)当相邻两级的 $K_{a_n}/K_{a_{n+1}} \geqslant 10^4$ 时,相邻两级离解的 H^+ 能分步滴定。

如果 $K_{a_1}/K_{a_2} \geqslant 10^4$,且 $c_{a_1} K_{a_1} \geqslant 10^{-8}$,$c_{a_2} K_{a_2} \geqslant 10^{-8}$ 时,则此二元酸能被分步滴定,即离解的两个 H^+ 都能被准确滴定,滴定过程中产生了两个滴定突跃。如果 $K_{a_1}/K_{a_2} \geqslant 10^4$,且 $c_{a_1} K_{a_1} \geqslant 10^{-8}$,$c_{a_2} K_{a_2} < 10^{-8}$,则此二元酸可被分步滴定,但只能滴定第一级离解的 H^+。滴定过程中产生一个滴定突跃。如果 $K_{a_1} K_{a_2} < 10^4$,且 $c_{a_1} K_{a_1} \geqslant 10^{-8}$,$c_{a_2} K_{a_2} > 10^{-8}$,则此二元酸不能分步滴定,二级离解的 H^+ 一起被滴定,只产生一个滴定突跃。

4.7.1.2　H_3PO_4 的滴定

H_3PO_4 在水溶液中存在三级离解,各级离解常数为

$$H_3PO_4 \rightleftharpoons H^+ + H_2PO_4^-, K_{a_1} = 7.5 \times 10^{-3}$$
$$H_2PO_4^- \rightleftharpoons H^+ + HPO_4^{2-}, K_{a_2} = 6.3 \times 10^{-8}$$
$$HPO_4^{2-} \rightleftharpoons H^+ + PO_4^{3-}, K_{a_3} = 4.4 \times 10^{-13}$$

如果用 0.100 0 mol/L NaOH 溶液滴定 0.100 0 mol/L H_3PO_4 溶液,由于 $c_{a_1} K_{a_1} > 10^{-8}$,$c_{a_2} K_{a_2} > 10^{-8}$,$c_{a_3} K_{a_3} < 10^{-8}$,因此第一、二级离解的 H^+ 能被准确滴定。第三级离解的 H^+ 不能被准确滴定。由于 $K_{a_1}/K_{a_2} > 10^4$,第一、二级离解的 H^+ 能分步滴定,相互之间不会产生干扰。用 NaOH 溶液滴定 H_3PO_4 溶液时,能产生两个滴定突跃。滴定曲线如图 4-3 所示。

用 NaOH 溶液滴定 H_3PO_4 溶液达到第一化学计量点时,产物是 $H_2PO_4^-$。$H_2PO_4^-$ 是两性物质,此时溶液的 $[H^+]$ 为

$$[H^+]=\sqrt{K_{a_1}K_{a_2}}=10^{-4.70}\ mol/L$$
$$pH=4.70$$

可选择甲基橙为指示剂,滴定终点时溶液颜色由红色变为黄色。

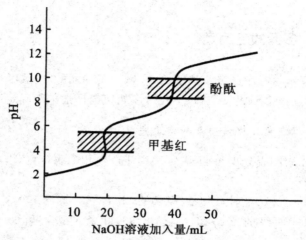

图 4-3　0.100 0 mol/L NaOH 溶液滴定 0.100 0 mol/L H₃PO₄ 溶液的滴定曲线

第二化学计量点时,产物是 HPO_4^{2-},浓度为 0.033 mol/L。HPO_4^{2-} 也是两性物质,溶液的 $[H^+]$ 为

$$[H^+]=\sqrt{K_{a_2}K_{a_3}}=10^{-9.66}\ mol/L$$
$$pH=9.66$$

应选用酚酞为指示剂,滴定终点颜色由无色变为粉红色。

4.7.2　多元碱的滴定

4.7.2.1　滴定可行性判断

多元碱的滴定与多元酸的滴定类似,可根据以下原则进行判断:

(1)当 $c_b K_{b_n} \geqslant 10^{-8}$ 时,这一级离解的 OH^- 能被准确滴定。

(2)当 $K_{b_n} K_{b_{n+1}} \geqslant 10^4$ 时,相邻两级离解的 OH^- 能分步滴定。

4.7.2.2　Na₂CO₃ 的滴定

Na_2CO_3 是二元碱,它在水溶液中存在两级离解,各级离解常数如下:

$$CO_3^{2-}+H^+ \Longrightarrow HCO_3^-,\ K_{b_1}=K_w/K_{a_2}=1.8\times10^{-4}$$
$$HCO_3^-+H^+ \Longrightarrow H_2CO_3,\ K_{b_2}=K_w/K_{a_1}=2.4\times10^{-8}$$

用 0.100 0 mol/L HCl 溶液滴定 0.100 0 mol/L Na_2CO_3 溶液时,由于 $c_{b_1}K_{b_1}>10^{-8}$,$c_{b_2}K_{b_2}\approx10^{-8}$,所以第一、二级离解的 OH^- 均能被准确滴定。由于 $K_{b_1}/K_{b_2}\approx10^4$,所以两级离解的 OH^- 能分步滴定。滴定过程中能产生两个滴定突跃。滴定曲线如图 4-4 所示。

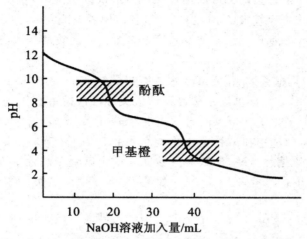

图 4-4　0.100 0 mol/L HCl 溶液滴定 0.100 0 mol/L Na_2CO_3 溶液的滴定曲线

第一化学计量点时,生成 HCO_3^-。HCO_3^- 为两性物质,溶液的 $[H^+]$ 为

$$[H^+]=\sqrt{K_{a_1}K_{a_2}}=10^{-8.32}\ mol/L$$
$$pH=8.32$$

可选用酚酞作指示剂。由于滴定突跃不太明显,可选用甲酚红和溴甲酚绿混合指示剂。

第二化学计量点时,溶液为 H_2CO_3 的饱和溶液。溶液的 $[H^+]$ 为

$$[H^+]=\sqrt{cK_{a_1}}=10^{-3.89}\ mol/L$$
$$pH=3.89$$

可选用甲基橙作指示剂。由于容易形成 CO_2 的过饱和溶液,使溶液的酸度稍有增大,滴定终点提前,滴定临近终点时,应剧烈振荡或煮沸,以除去 CO_2,待溶液冷却后再进行滴定。

4.8　酸碱滴定法的应用

酸碱滴定法在生产实际中应用极为广泛,能直接测定许多酸、碱,以及间接测定能与酸、碱发生定量反应的物质含量。现以不同滴定方式简述酸

碱滴定法的应用。

4.8.1 直接滴定

(1)各种强酸、强碱都可以用标准碱溶液或标准酸溶液直接进行滴定。化学计量点附近有较大的 pH 突跃。变色范围处于或大部分处于突跃范围内的酸碱指示剂都可以准确地指示滴定终点。如盐酸、硫酸、烧碱(NaOH)等的测定。

(2)无机弱酸或弱碱、能溶于水的有机弱酸或弱碱,只要它们的 $cK_a \geqslant 10^{-8}$ 或 $cK_b \geqslant 10^{-8}$,都可以用标准碱溶液或标准酸溶液直接进行滴定。滴定弱酸时,由于化学计量点时有共轭碱生成,使溶液呈碱性,pH 突跃处于碱性范围内,应选用在碱性范围内变色的指示剂;滴定弱碱时,在化学计量点时生成的是共轭酸,使溶液呈酸性,pH 突跃处于酸性范围内,故应选用在酸性范围内变色的指示剂。如醋酸、酒石酸、甲胺(NH_2CH_3)等的测定。

(3)多元酸或碱,只要它们的 K_{a_1}/K_{a_2}(或 K_{b_1}/K_{b_2})$\geqslant 10^5$,各级 $cK_{a(b)} \geqslant 10^{-8}$ 时,均可用标准碱溶液或标准酸溶液进行分步滴定。如纯碱(Na_2CO_3)、磷酸钠(Na_3PO_4)的测定。

例 4-4 已知某试样中可能含有 Na_3PO_4、Na_2HPO_4、NaH_2PO_4 或这些物质的混合物,同时还有惰性杂质。称取该试样 2.000 g,用水溶解,采用甲基橙为指示剂,以 0.500 0 mol/L HCl 标准溶液滴定,用去 32.00 mL;而用酚酞作指示剂时,同样质量试样的溶液,只需上述 HCl 溶液 12.00 mL 即滴定至终点。问试样由何种成分组成? 各成分的含量又是多少?

解:滴定过程可图解,如图 4-5 所示,只有图解上相邻的两种组分才可能同时存在于溶液中。

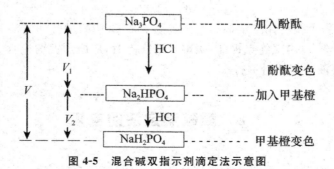

图 4-5 混合碱双指示剂滴定法示意图

本题中 $V_1 = 12.00 \text{ mL}$，$V_2 = 32.00 \text{ mL} - 12.00 \text{ mL} = 20.00 \text{ mL}$，$V_2 > V_1$，故试样中含有 Na_3PO_4 和 Na_2HPO_4。

$$Na_2HPO_4\% = \frac{0.500\ 0 \times (32.00 \times 10^{-3} - 12.00 \times 10^{-3}) \times 141.96}{2.000} \times 100\%$$

$$= 70.98\%$$

$$Na_3PO_4\% = 1 - 70.98\% = 29.02\%$$

4.8.2　返滴定

对于一些易挥发或难溶于水的物质，不能用直接法测定。这时可先加入一种过量的标准溶液，待反应完全后，再用另一种标准溶液回滴。如氨水、碳酸钙等的测定。

氨水是 NH_3 的水溶液，主要用作氮肥或化工原料。氨水易挥发，测定氨水中氨含量时，应将试样注入已称量好的盛有部分水的具塞轻体锥形瓶中，再进行称量。以甲基红-次甲基蓝作指示剂，用 HCl 标准滴定溶液滴定至溶液呈红色，此法误差较大，结果偏低。

如无合适具塞轻体锥形瓶，可以用已称量好的安瓿球吸入试样，封口后再称量。此时也可用返滴定法测定，即将过量 H_2SO_4 标准滴定溶液中和试样中的 NH_3，剩余的酸用碱标准滴定溶液回滴，这个过程虽然是强碱滴定强酸，但由于溶液中存在有 NH_4Cl，化学计量点 pH 为 5.3 左右，而不是 7，故应选用甲基红或甲基红-亚甲基蓝作指示剂。

4.8.3　置换滴定

有些物质本身没有酸碱性，或者其酸（或碱）性很弱，不能直接滴定。这时可利用某些化学反应使它们转化为相当量的酸或碱，然后再用标准碱溶液或标准酸溶液进行滴定。例如硼酸，其 $K_{a_1} = 7.3 \times 10^{-10}$，不能用标准碱溶液直接滴定。若将硼酸先与多元醇反应，生成离解常数较大的配位酸后，便可用标准碱溶液进行滴定了。

4.8.4　间接滴定

对于某些非酸、碱的有机物质，可以通过某些化学反应释放出相当量的酸或碱，间接地测定其含量。如肟化法、亚硫酸钠法测定醛、酮，都属此类滴定。

4.8.4.1 氮的测定

常见的铵盐有硫酸铵、氯化铵、硝酸铵和碳酸氢铵等。这些铵盐中 NH_4HCO_3 可以用酸标准滴定溶液直接滴定。其他铵盐是强酸弱碱盐,其对应的弱碱 NH_3 的解离常数 $K_b=1.8\times10^{-5}$ 还比较大,不能用酸直接滴定,可用蒸馏法或甲醛法进行测定。

(1)蒸馏法。

将铵盐试样置于蒸馏瓶中,加入过量浓碱溶液,加热将释放出来的 NH_3 用 H_3BO_3 溶液吸收。然后用酸标准溶液滴定硼酸吸收液。其反应为

$$NH_4^+ + OH^- \Longrightarrow NH_3\uparrow + H_2O$$
$$NH_3 + H_3BO_3 \Longrightarrow NH_4^+ + H_2BO_3^-$$
$$H^+ + H_2BO_3^- \Longrightarrow H_3BO_3$$

终点产物是 H_3BO_3 和 NH_4^+(混合弱酸),$pH\approx5$,可用甲基红作指示剂。

H_3BO_3 是极弱的酸,不影响滴定,因此,作为吸收剂只要保证过量即可,选用甲基红色-溴甲酚绿混合指示剂,终点为粉红色(绿—蓝灰—粉红色,终点控制到蓝灰色更好)。此方法的优点是只需要一种标准滴定溶液,而且不需要特殊的仪器。

除用硼酸吸收外,还可用过量的酸标准滴定溶液吸收 NH_3,然后以甲基红或甲基橙作指示剂,用碱标准滴定溶液回滴。

土壤和有机化合物中的氮,常用此方法测定。试样在催化剂(如 $CuSO_4$ 或 HgO)存在下,经浓 H_2SO_4 消化分解使试样中氮转化为 NH_4^+,然后按上述方法测定。这种方法称为凯氏定氮法。

$$N\% = \frac{c_{HCl}V_{HCl}M_{Na}}{W_s \times 1\,000} \times 100\%$$

蒸馏法操作较费时,仪器装置也较复杂,不如下述甲醛法简便。

(2)甲醛法。

$$4NH_4^+ + 6HCHO \Longrightarrow (CH_2)_6N_4H^+ + 3H^+ + 6H_2O$$

甲醛与铵盐反应,生成质子化六亚甲基四胺和酸,用碱标准滴定溶液滴定,反应为

$$4NH_4^+ + 6HCHO \Longrightarrow (CH_2)_6N_4H^+ + 3H^+ + 6H_2O$$

六亚甲基四胺为弱碱,$K_b=1.4\times10^{-9}$,应选酚酞作指示剂。

市售 40% 甲醛常含有微量酸,必须预先用碱中和至酚酞指示剂呈现微红色,再用它与铵盐试样作用,否则结果偏高。

甲醛法简便快速,多用于工农业中氮或铵盐的测定。

(3)凯氏(Kjeldahl)定氮法。

对于有机含氮化合物,通常加入 K_2SO_4、$CuSO_4$ 作催化剂,用浓硫酸煮沸分解以破坏有机物(称为消化),试样消化分解完全后,有机物中的氮转化为 NH_4^+,按上述蒸馏法,用过量的 H_2SO_4 或 HCl 标准溶液吸收蒸出的 NH_3,过量的酸用 NaOH 标准溶液返滴定,这种方法称为凯氏定氮法。它适用于蛋白质、胺类、酰胺类及尿素等有机化合物中氮含量的测定。

$$C_xH_yN_z \xrightarrow[\triangle]{H_2SO_4,K_2SO_4} NH_4^+ + CO_2 \uparrow + H_2O$$

例 4-5 用 Kjeldahl 法测定药品中的含氮量。已知样品 $W=0.053\ 25$ g,$c_{HCl}=0.021\ 40$ mol/L,$V_{HCl}=10.00$ mL,$c_{NaOH}=0.019\ 80$ mol/L,$V_{NaOH}=3.26$ mL,计算药品中氮的百分含量。

解:已知药品含 N 量=蒸出 NH_3 的量,该量等于其与酸反应的量,即

$$n_N = N_{NH_3} = n_{HCl} - n_{NaOH}$$

$$n_N = 0.021\ 40 \times 10.00 - 0.019\ 80 \times 3.26 = 0.149\ 5 \text{ mmol}$$

$$N\% = \frac{0.149\ 5 \times 14.01}{0.053\ 25 \times 1\ 000} \times 100 = 3.93\%$$

4.8.4.2 硼酸的测定

H_3BO_3 为极弱酸($K_{a_1}=5.4\times10^{-10}$),不能用 NaOH 滴定。但 H_3BO_3 与甘露醇或甘油等多元醇生成配合物后能增加酸的强度,如与甘油按下列反应生成的配合物 $pK_{a_1}=4.26$,其可用 NaOH 标准溶液直接滴定。

甘油   甘油硼酸

4.9 非水溶液中的酸碱滴定及其应用

非水滴定法是指在非水溶剂中进行的滴定分析方法。非水溶剂是指有机溶剂和不含水的无机溶剂。

4.9.1 溶剂的种类及其选择

4.9.1.1 溶剂的分类

根据溶剂的酸碱性可分为以下几类。

（1）两性溶剂。这类溶剂的酸碱性与水接近，即它们给出和接受质子的能力相当。属于这一类溶剂的主要有甲醇、乙醇、乙二醇。主要用作滴定较强的有机酸或有机碱时的介质。

（2）酸性溶剂。这类溶剂给出质子的能力比水强，接受质子的能力比水弱，故称为酸性溶剂，也称疏质子溶剂。如甲酸、冰醋酸、丙酸等。其中用得最多的是冰醋酸。主要用作滴定弱碱性物质时的介质。

（3）碱性溶剂。这类溶剂接受质子的能力比水强，给出质子的能力比水弱，故称为碱性溶剂，也称亲质子溶剂。如乙二胺、丁胺、二甲基甲酰胺等。主要用作滴定弱酸性物质时的介质。

（4）惰性溶剂。不接受质子也不给出质子的溶剂称为惰性溶剂。在这类溶剂中质子的转移过程只发生在溶质分子之间。如苯、四氯化碳、丙酮等。这类溶剂常与其他溶剂混合使用。

4.9.1.2 溶剂的选择

在选择溶剂时首先考虑的是溶剂的酸碱性，因为它直接影响到滴定反应的完全程度。

例如，吡啶在水中是一个极弱的有机碱（$K_b = 1.4 \times 10^{-9}$），在水溶液中直接进行滴定非常困难。如果用冰醋酸作溶剂，由于冰醋酸是酸性溶剂，给出质子的能力比水强，因而增强了吡啶的碱性，这样就可以顺利地用 $HClO_4$ 进行滴定。其反应为

$$HClO_4 \Longrightarrow H^+ + ClO_4^-$$
$$CH_3COOH + H^+ \Longrightarrow CH_3COOH_2^+$$
$$CH_3COOH_2^+ + C_5H_5N \Longrightarrow C_5H_5NH^+ + CH_3COOH$$

3 式相加得

$$HClO_4 + C_5H_5N \Longrightarrow C_5H_5NH^+ + ClO_4^-$$

在这个反应中，冰醋酸的碱性比 ClO_4^- 强，因此它接受 $HClO_4$ 给出的质子，生成溶剂合质子 $CH_3COOH_2^+$，C_5H_5N 接受 CH_3COOH 给出的质子生成 $C_5H_5NH^+$。

因此，在选择溶剂时，应考虑以下几个问题。

(1)溶剂能增强试样的酸碱性,与试样及滴定剂不发生化学反应。

(2)对试样的溶解能力要强,并能溶解滴定产物及过量的滴定剂。

(3)溶剂的纯度要高,不应含有酸性或碱性杂质。

(4)滴定弱酸时选用碱性溶剂;滴定弱碱时选用酸性溶剂;滴定混合酸或混合碱时应选用具有良好区分效应的溶剂。

除考虑上述条件外,还应考虑到使用安全、价廉、挥发性小、易于回收和精制。

4.9.2　标准溶液和化学计量点的检测

4.9.2.1　酸标准溶液

在非水介质中滴定碱时,常用的溶剂为冰醋酸,因为它是这些酸的区分性溶剂。在冰醋酸中高氯酸的酸性最强,所以常用高氯酸的冰醋酸溶液作标准溶液。滴定过程中生成的共轭碱(ClO_4^-)具有较大的溶解度。由于 $HClO_4$ 的冰醋酸溶液用 $70\% \sim 72\%$ 的 $HClO_4$ 配制而成,其中水的存在影响质子的转移,也影响滴定终点的观察。因此在配制标准溶液时加入一定量的醋酐除去水分。

$HClO_4$ 的冰醋酸溶液一般用邻苯二甲酸氢钾作基准物,在冰醋酸溶液中进行标定。反应为

$$\text{邻苯二甲酸氢钾} + HClO_4 \longrightarrow \text{邻苯二甲酸} + KClO_4$$

标定时以甲基紫或结晶紫为指示剂。

4.9.2.2　碱标准溶液

最常用的碱标准溶液是醇钾和醇钠。如甲醇钠的苯-甲醇溶液,它是由金属钠与甲醇反应制得的。

$$2CH_3OH + 2Na \longrightarrow 2CH_3ONa + H_2 \uparrow$$

常用苯甲酸作基准物,其标定反应为

$$C_6H_5COOH + CH_3ONa \longrightarrow C_6H_5COO^- + Na^+ + CH_3OH$$

季铵碱碱性较强,也可用作标准溶液。碱标准溶液在贮存和使用时必须注意防止吸收水分和 CO_2。由于有机溶剂膨胀系数大,当温度变化时,要注意校正溶液的浓度。

4.9.2.3　化学计量点的检测

化学计量点的检测方法很多,最常用的有电位法和指示剂法。

电位法一般以玻璃电极或锑电极为指示电极,饱和甘汞电极为参比电极,通过绘制滴定曲线来检测化学计量点。

用指示剂检测化学计量点的关键在于选择合适的指示剂。关于指示剂的选择,通常是用实验方法来确定的。即在电位滴定的同时观察指示剂颜色的变化,从而确定何种指示剂与电位滴定确定的计量点相符。水溶液中各种指示剂的变色范围也可作为非水溶液中选择指示剂的依据。一般来讲,非水滴定中使用的指示剂随溶剂而异,见表4-7所列,可供参考。

表 4-7　非水溶液酸碱滴定中常用的指示剂

溶剂	指示剂
酸性溶剂(冰醋酸)	甲基紫、结晶紫、中性红等
碱性溶剂(乙二胺、二甲基甲酰胺)	百里酚蓝、偶氮紫、邻硝基苯胺、对羟基偶氮紫等
惰性溶剂(氯仿、甲苯等)	甲基红等

4.9.3　非水溶液中酸碱滴定的应用

非水溶液中酸碱滴定主要用来解决那些在水溶液中不能滴定的极弱酸或极弱碱,以及不溶性试样的滴定。

4.9.3.1　酸性物质的测定

酸性物质主要是指羧酸类、酚类、氨基酸类、磺酰胺等有机物质及无机弱酸,可在碱性溶剂(如乙二胺)中用甲醇钠或季铵碱进行滴定。

(1)标准溶液。常用的滴定剂为甲醇钠的苯-甲醇溶液。

0.1 mol/L甲醇钠溶液的配制:取无水甲醇150 mL,置于冷水冷却的容器中,分次少量加入新切的金属钠2.5 g,完全溶解后加适量的无水苯,使成1 000 mL,即得。

标定碱标准溶液常用的基准物质为苯甲酸。其反应式为

$$CH_3ONa \rightleftharpoons CH_3O^- + Na^+$$

$$CH_3OH_2^+ + CH_3O^- \rightleftharpoons 2CH_3OH$$

$$\text{（苯环）}-COOH + CH_3ONa \rightleftharpoons \text{（苯环）}-COONa + CH_3OH$$

（2）指示剂。非水溶液中酸性物质的滴定常用指示剂为：百里酚蓝、偶氮紫、溴酚蓝。

（3）应用与实例。羧酸可在醇中以酚酞作指示剂，用 KOH 滴定，一些高级羧酸在水中 pK_a 为 5～6，但由于滴定时产生泡沫，使终点模糊，在水中无法滴定，可在苯-甲醇混合溶剂中用甲醇钠滴定。反应如下：

试样　　　　$RCOOH + CH_3OH \rightleftharpoons CH_3OH_2^+ + RCOO^-$

标准碱液　　$CH_3ONa \rightleftharpoons CH_3O^- + Na^+$

滴定反应　　$CH_3OH_2^+ + CH_3O^- \rightleftharpoons 2CH_3OH$

总反应式　　$RCOOH + CH_3ONa \rightleftharpoons CH_3OH + RCOONa$

4.9.3.2　碱性物质的测定

碱性物质主要是指胺类、生物碱、含氮杂环化合物等有机碱及无机弱碱。冰醋酸是滴定碱时可选用的较好溶剂，滴定剂是高氯酸的冰醋酸溶液。

（1）标准溶液。

由于冰醋酸在低于 16 ℃时会结冰而影响使用，因此可采用冰醋酸-酸酐（9∶1）的混合试剂配制高氯酸标准溶液，不仅能防止结冰，且吸湿性小。有时也可在冰醋酸中加入 10%～15% 的丙酸防冻。

标定高氯酸标准溶液的浓度常用邻苯二甲酸氢钾为基准物质，结晶紫为指示剂，其滴定反应如下：

$$\text{（苯环）}\begin{matrix}-COOH\\-COOK\end{matrix} + HClO_4 \rightleftharpoons \text{（苯环）}\begin{matrix}-COOH\\-COOH\end{matrix} + KClO_4$$

水的体膨胀系数较小（0.21×10^{-3}/ ℃），以水为溶剂的酸碱标准溶液的浓度受室温改变的影响不大。而多数有机溶剂膨胀系数较大，如冰醋酸的体膨胀系数为 1.1×10^{-3}/ ℃，是水的 5 倍，即温度改变 1 ℃，体积就有 0.11% 的变化。所以用高氯酸的冰醋酸标准溶液滴定样品时，若温度和标定时有显著差别，应重新标定或按下式校正：

$$c_1 = \frac{c_0}{1 + 0.001\,1(T_1 - T_0)}$$

式中，0.001 1 为冰醋酸的体膨胀系数；T_0 为标定时的温度；T_1 为测定时的温度；c_0 为标定时的浓度；c_1 为测定时的浓度。

（2）指示剂。

①结晶紫：随着溶液酸度的增加，结晶紫由紫色（碱式色）依次变至蓝

紫、蓝、蓝绿、黄绿、最后转变为黄色(酸式色)。

②α-萘酚苯甲酸:常用其 0.5% 冰醋酸溶液。

③喹哪啶红:常用其 0.1% 甲醇溶液。

(3)应用与实例。

①有机弱碱:例如,黄杨科植物小叶黄杨中生物碱环维黄杨星 D($C_{26}H_{46}N_2O$)的含量测定。以结晶紫为指示剂,用 $HClO_4$-HAc(0.1 mol/L)为滴定液滴定至溶液显纯蓝色,并将滴定的结果用空白试验校正。每 1 mL 高氯酸滴定液(0.1 mol/L)相当于 20.12 mg 的环维黄杨星 D($C_{26}H_{46}N_2O$)。本品按干燥品计算,含环维黄杨星 D($C_{26}H_{46}N_{20}$)不得少于 99.0%。

②有机酸的碱金属盐:例如,乳酸钠溶液中乳酸钠($C_3H_5NaO_3$)的含量测定:以结晶紫为指示剂,用 $HClO_4$-HAc(0.1 mol/L)为滴定液滴定至溶液显蓝绿色,并将滴定的结果用空白试验校正。每 1 mL 高氯酸滴定液(0.1 mol/L)相当于 11.21 mg 的 $C_3H_5NaO_3$。

③有机碱的氢卤酸盐:常用有机碱与酸成盐后作为药用,其中多数为氢卤酸盐,如盐酸麻黄碱、氢溴酸东莨菪碱等,其通式为 B·HX。当用高氯酸滴定时多采用加入过量乙酸汞的冰醋酸溶液,使之形成难电离的卤化汞,将氢卤酸盐转化成可测定的乙酸盐,然后用高氯酸滴定,用结晶紫指示终点。反应式如下:

$$2B·HX + Hg(Ac)_2 \rightleftharpoons 2B·HAc + HgX_2$$
$$B·HAc + HClO_4 \rightleftharpoons B·HClO_4 + HAc$$

④有机碱的有机酸盐:其通式为 B·HA,冰醋酸或冰醋酸-酸酐的混合溶剂能增强有机碱的有机酸盐的碱性,因此可以结晶紫为指示剂,用高氯酸的冰醋酸溶液滴定,反应式如下:

$$B·HA + HClO_4 \rightleftharpoons B·HClO_4 + HA$$

⑤无机弱碱。非水滴定法测定钢铁中碳的含量,试样在氧气流中经高温燃烧,产生的二氧化碳被含有百里香酚蓝-百里酚酞指示剂的丙酮-甲醇混合液吸收,然后用甲醇钾标准溶液滴定至终点,根据消耗甲醇钾的用量计算试样中碳的质量分数。

在上述反应中,钢铁中碳与甲醇钾之间的定量关系为

$$1 \text{ 份 C} \rightarrow 1 \text{ 份 CO}_2 \rightarrow 1 \text{ 份 CH}_3OK$$

则

$$\omega(C) = \frac{c(CH_3OH)(V_1 - V_0)M(C)}{m \times 1\,000} \times 100\%$$

式中,$\omega(C)$ 为钢铁中碳的质量分数,%;$c(CH_3OH)$ 为甲醇钾标准溶液的浓度,mol/L;V_1 为试样测定消耗甲醇钾标准溶液的体积,mL;V_0 为空白试验消耗甲醇钾标准溶液的体积,mL;$M(C)$ 为碳的摩尔质量,g/mol;m 为试样的质量,g。

第5章 配位滴定法

配位滴定法就是以配位反应为基础的一种滴定分析法。配位反应虽然多,可是能满足滴定分析要求的并不多,只有反应定量进行、反应速度快、反应完全、生成的配合物可溶且相当稳定,并且有适当方法确定终点的配位反应,才能用于滴定分析。

5.1 配位滴定法概述

5.1.1 配位滴定中的配位剂

5.1.1.1 配位滴定法

在分析化学中,常利用金属离子与某些配位剂生成配合物(complex)的反应来测定某成分的含量。以配合反应为基础的滴定分析方法称为配位滴定法(complexometric titration),也称络合滴定法。

例如,用 $AgNO_3$ 标准溶液滴定氰化物时,Ag^+ 与 CN^- 配位,形成难离解的 $[Ag(CN)_2]^-$ 络离子($K_形 = 10^{21}$)的反应,就可用于配位滴定。

反应如下:

$$Ag^+ + 2CN^- =\!=\!= [Ag(CN)_2]^-$$

当滴定达到计量点时,稍过量的 Ag^+ 就与 $[Ag(CN)_2]^-$ 反应生成白色的 $Ag[Ag(CN)_2]$ 沉淀,使溶液变浑浊,而指示终点。

$$Ag^+ + Ag(CN)_2^- =\!=\!= Ag[Ag(CN)_2]\!\downarrow$$

5.1.1.2 配位滴定反应必备条件

①形成的配合物要相当稳定,$K_形 \geqslant 10^8$,否则不易得到明显的滴定终点。

②在一定反应条件下,配位数必须固定(即只形成一种配位数的配合物)。

③反应速度要快。

④要有适当的方法确定滴定的计量点。

能够形成无机配合物的反应是很多的,但能用于配位滴定的并不多,这是由于大多数无机配合物的稳定性不高,而且还存在分步配位等缺点。在分析化学中,无机配位剂主要用于干扰物质的掩蔽剂和防止金属离子水解的辅助配位剂等。

直到 20 世纪 40 年代,随着生产的不断发展和科学技术水平的提高,有机配位剂在分析化学中得到了日益广泛的应用,从而推动了配位滴定的迅速发展。氨羧配位剂是一类含有氨基二乙酸基团的有机化合物,其分子中含有氨氮和羧氧两种配位能力很强的配位原子,可以和许多金属离子形成环状结构的配合物。

5.1.1.3 常用的氨羧配位剂

在配合物滴定中常遇到的氨羧配位剂有以下几种:①氨三乙酸,②乙二胺四乙酸,③环己烷二胺四乙酸,④乙二胺四丙酸,⑤乙二醇二乙醚二胺四乙酸,⑥三乙四胺六乙酸。

应用有机配位剂(多基配位体)的配位滴定方法,已成为广泛应用的滴定分析方法之一。目前应用最为广泛的有机配位剂是乙二胺四乙酸(ethylene diamine tetraacetic acid,EDTA)。

5.1.2 乙二胺四乙酸(EDTA)及其钠盐

5.1.2.1 性质

乙二胺四乙酸是含有羧基和氨基的螯合剂,能与许多金属离子形成稳定的螯合物。在化学分析中,它除了用于配位滴定以外,在各种分离、测定方法中,还广泛地用作掩蔽剂。

乙二胺四乙酸简称 EDTA 或 EDTA 酸,常用 H_4Y 表示。白色晶体,无毒,不吸潮。在水中难溶。在 22 ℃时,每 100 mL 水中能溶解 0.02 g,难溶于醚和一般有机溶剂,易溶于氨水和 NaOH 溶液中,生成相应的盐溶液。由于 EDTA 酸在水中的溶解度小,通常将其制成二钠盐,一般也称 EDTA 或 EDTA 二钠盐,常以 $Na_2H_2Y \cdot 2H_2O$ 形式表示。

5.1.2.2 结构

EDTA 在水溶液中的结构式为

$$^-OOCCH_2 \quad\quad\quad\quad\quad\quad\quad\quad\quad\quad CH_2COO^-$$

$$HOOCCH_2 - \underset{H^+}{N} - CH_2 - CH_2 - \underset{H^+}{N} - CH_2COOH$$

分子中互为对角线的两个羧基上的 H^+ 会转移到氮原子上,形成双偶极离子结构。

5.1.2.3 六元酸的性质

当 H_4Y 溶解于酸度很高的溶液中,它的两个羧基可再接受 H^+ 而形成 H_6Y^{2+},这样 EDTA 就相当于六元酸,有六级离解平衡。

K_{a_1}	K_{a_2}	K_{a_3}	K_{a_4}	K_{a_5}	K_{a_6}
$10^{-0.90}$	$10^{-1.60}$	$10^{-2.00}$	$10^{-2.67}$	$10^{-6.16}$	$10^{-10.26}$

其中,$K_{a_1} \sim K_{a_4}$ 分别对应于 4 个羧基的解离,而 K_{a_5} 和 K_{a_6} 则对应于氨氮结合的 2 个 H^+ 的解离,释放较困难。

5.1.2.4 EDTA 在溶液中各型体的分布

EDTA 二钠盐的溶解度较大,在 22 ℃ 时,每 100 mL 水中可溶解 11.1 g,此溶液的浓度约为 0.3 mol/L。由于 EDTA 二钠盐水溶液中主要是 H_2Y^{2-},所以溶液的 pH 接近于 $1/2(pK_{a_1} + pK_{a_5}) = 4.42$。

在任何水溶液中,EDTA 总是以 H_6Y^{2+}、H_5Y^+、H_4Y、H_3Y^-、H_2Y^{2-}、HY^{3-} 和 Y^{4-} 等 7 种型体存在。

5.1.2.5 EDTA 的分布系数与溶液 pH 的关系

图 5-1 是 EDTA 各型体的分布曲线,从图 5-1 可以看出,在不同 pH 时,EDTA 的主要存在型体如下:

pH	主要存在型体
<0.9	H_6Y^{2+}
$0.9 \sim 1.6$	H_5Y^+
$1.6 \sim 2.0$	H_4Y
$2.0 \sim 2.67$	H_3Y^-
$2.67 \sim 6.16$	H_2Y^{2-}
$6.16 \sim 10.26$	HY^{3-}
>10.26	主要 Y^{4-}
12	几乎全部 Y^{4-}

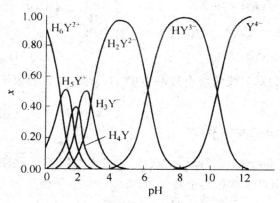

图 5-1　EDTA 各型体的分布曲线

5.1.2.6　EDTA 与金属离子的配位性质

在这 7 种型体中,只有 Y^{4-} 能与金属离子直接配位,溶液的酸度越低,Y^{4-} 的分布分数就越大。因此,EDTA 在碱性溶液中配位能力较强。

5.2　配位滴定中的副反应和条件稳定常数

5.2.1　配位反应的副反应及副反应系数

在配位滴定中把被测金属离子 M 与 EDTA 之间的配位反应称为主反应;而把酸效应、干扰离子效应和其他配位剂等反应都称为副反应。主反应和副反应之间的平衡关系比较复杂,可以表示如下:

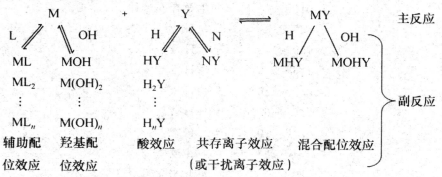

反应物 M 及 Y 的各种副反应不利于主反应的进行,而生成 MY 的各

种副反应则有利于主反应的进行。为了更准确地定量地描述各种副反应进行的程度，引入副反应系数 α_Y。下面主要讨论酸效应和配位效应。

5.2.1.1　酸效应与酸效应系数

当 EDTA 溶解于酸度很高的水溶液中时，它的两个羧基可以再接受 H^+，形成 H_6Y^{2+}，这样，EDTA 就相当于六元酸，EDTA 的水溶液中存在着如下电离平衡：

$$H_6Y^{2+} \Longrightarrow H^+ + H_5Y^+ \quad K_1 = \frac{[H^+][H_5Y^+]}{[H_6Y^{2+}]} = 1.26 \times 10^{-1} \quad pK_1 = 0.90$$

$$H_5Y^+ \Longrightarrow H^+ + H_4Y \quad K_2 = \frac{[H^+][H_4Y]}{[H_5Y^+]} = 2.51 \times 10^{-2} \quad pK_2 = 1.60$$

$$H_4Y \Longrightarrow H^+ + H_3Y^- \quad K_3 = \frac{[H^+][H_3Y^-]}{[H_4Y]} = 1.00 \times 10^{-2} \quad pK_3 = 2.00$$

$$H_3Y^- \Longrightarrow H^+ + H_2Y^{2-} \quad K_4 = \frac{[H^+][H_2Y^{2-}]}{[H_3Y^-]} = 2.14 \times 10^{-3} \quad pK_4 = 2.67$$

$$H_2Y^{2-} \Longrightarrow H^+ + HY^{3-} \quad K_5 = \frac{[H^+][HY^{3-}]}{[H_2Y^{2-}]} = 6.92 \times 10^{-7} \quad pK_5 = 6.16$$

$$HY^{3-} \Longrightarrow H^+ + Y^{4-} \quad K_6 = \frac{[H^+][Y^{4-}]}{[HY^{3-}]} = 5.50 \times 10^{-7} \quad pK_6 = 10.26$$

从上式可以看出，EDTA 在水溶液中，以 H_6Y^{2+}、H_5Y^+、H_4Y、H_3Y^-、H_2Y^{2-}、HY^{3-}、Y^{4-} 7 种形式存在，不同酸度下，各种存在形式的浓度也不相同。

由图 5-1 可以看出，在 pH<1 的强酸溶液中，EDTA 的主要存在形式为 H_6Y^{2+}；在 pH=1~1.6 的溶液中，主要以 H_5Y^+ 形式存在；在 pH=1.6~2.0 的溶液中，主要以 H_4Y 形式存在；在 pH=2.0~2.67 的溶液中，主要以 H_3Y^- 形式存在；在 pH=2.67~6.16 的溶液中，主要以 H_2Y^{2-} 形式存在，在 pH=6.16~10.26 的溶液中，主要以 HY^{3-} 形式存在；只有在 pH 很大（≥12）时才几乎完全以 Y^{4-} 形式存在。由于只有 Y^{4-} 离子才能直接与金属离子形成稳定的配合物，所以溶液的酸度越低，Y^{4-} 离子浓度（称为有效浓度）越高，EDTA 的配位能力就越强。如果溶液的酸度升高，则生成 H_4Y 的倾向增大，降低 MY 的稳定性。

这种因为 H^+ 的存在是配位体参加主反应能力降低的现象，称为酸效应。影响程度可用其副反应系数 $\alpha_{Y(H)}$ 表示，其数学表达式为

$$\alpha_{Y(H)} = \frac{[Y']}{[Y]}$$

其中，$[Y'] = [Y^{4-}] + [HY^{3-}] + [H_2Y^{2-}] + [H_3Y^-] + [H_4Y] + [H_5Y^+] +$

$[H_6Y^{2+}]$，表示未参加主反应的 EDTA 的总浓度，$[Y]$ 则表示游离的 Y^{4-} 的平衡浓度。$\alpha_{Y(H)}$ 表示在一定酸度条件下，未参加主反应的 EDTA 的总浓度与游离的 Y^{4-} 的平衡浓度的比值，该值随着溶液酸度的增大而增大，故称为酸效应系数。

$$\alpha_{Y(H)}=\frac{[Y^{4-}]+[HY^{3-}]+[H_2Y^{2-}]+[H_3Y^-]+[H_4Y]+[H_5Y^+]+[H_6Y^{2+}]}{[Y^{4-}]}$$

$$=1+\frac{[H^+]}{K_6}+\frac{[H^+]^2}{K_6K_5}+\frac{[H^+]^3}{K_6K_5K_4}+\frac{[H^+]^4}{K_6K_5K_4K_3}+\frac{[H^+]^5}{K_6K_5K_4K_3K_2}$$

$$+\frac{[H^+]^6}{K_6K_5K_4K_3K_2K_1}$$

溶液的 H^+ 浓度越大，$\alpha_{Y(H)}$ 值就越大。当 $pH \geqslant 12$ 时，$\alpha_{Y(H)}$ 值近似等于 1，此时 EDTA 的配位能力最强，生成的配合物也就最稳定。

不同的 pH 对应着不同的 $\alpha_{Y(H)}$ 值，表 5-1 是 EDTA 在不同 pH 时的酸效应系数。

表 5-1 EDTA 的酸效应系数

pH	$\lg\alpha_{Y(H)}$	pH	$\lg\alpha_{Y(H)}$
0.7	19.62	5.5	5.51
0.8	19.08	6.0	4.65
1.0	18.01	6.4	4.06
1.3	16.49	6.5	3.92
1.5	15.55	7.0	3.32
1.8	14.27	7.5	2.78
2.0	13.51	8.0	2.27
2.3	12.50	8.5	1.77
2.5	11.90	9.0	1.28
3.0	10.60	9.5	0.83
3.4	9.70	10.0	0.45
3.5	9.48	10.5	0.20
4.0	8.44	11.0	0.07
4.5	7.44	11.5	0.02
5.0	6.45	12.0	0.01
5.4	5.69	13.0	0.0008

在分析工作中，我们常将表 5-1 中的数据绘成 pH-lg$\alpha_{Y(H)}$ 关系曲线，称为酸效应曲线或林邦曲线，如图 5-2 所示。

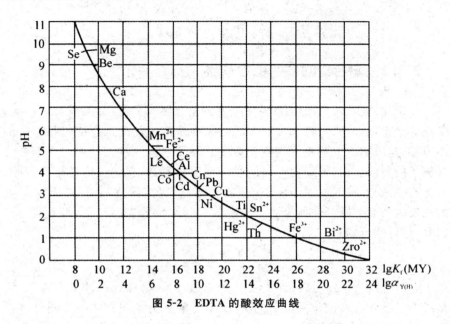

图 5-2　EDTA 的酸效应曲线

5.2.1.2　被测金属离子 M 的配位效应及配位效应系数

如果溶液中存在其他配位剂时，M 不仅与 EDTA 生成配合物 MY，而且还与其他配位剂 L 发生副反应，形成 ML_n 型配合物，可使溶液中被测金属离子的浓度降低，使 MY 离解倾向增大，降低 MY 的稳定性。

这种因为其他配位剂的存在而使金属离子参加反应能力降低的现象，称为配位效应。影响程度可用配位效应系数 $\alpha_{M(L)}$ 表示。

$$\alpha_{M(L)} = \frac{[M']}{[M]}$$

式中，$[M]$ 表示游离金属离子的平衡浓度，$[M']$ 表示未与 EDTA 配位的金属离子各种形式的浓度。所以 $\alpha_{M(L)}$ 表示未参加主反应的金属离子总浓度与游离金属离子平衡浓度的比值，该值越大，说明其他配位剂 L 与 M 的副反应越严重，对主反应的影响也越大，即配位效应越严重，$\alpha_{M(L)}$ 称为配位效应系数。

通常我们可以由各级稳定常数和各种配合物的浓度来计算配位效应系数。

$$\alpha_{M(L)} = \frac{[M']}{[M]} = \frac{[M'] + [ML] + [ML_2] + \cdots + [ML_n]}{[M]}$$
$$= 1 + K_1[L] + K_1 K_2[L]^2 + \cdots + K_1 K_2 \cdots K_n[L]^n$$
$$= 1 + \beta_1[L] + \beta_2[L]^2 + \cdots + \beta_n[L]^n$$

5.2.2 配合物的条件稳定常数

当金属离子 M 与配位体 Y 反应生成配合物 MY 时,如果没有副反应,则反应达平衡,MY 的稳定常数 K_{MY} 的大小是衡量此配位反应进行程度的主要标志,故 K_{MY} 又称绝对稳定常数。它不受浓度、酸度、其他配位剂或干扰离子的影响。但是,配位反应的实际情况较复杂,在主反应进行的同时,常伴有酸效应、配位效应、干扰离子效应等副反应,致使溶液中 M 和 Y 参加主反应的能力降低。如果只考虑酸效应和配位效应的存在,当反应达平衡时,可得到下式:

$$\frac{[MY]}{[M]'[Y]'} = K'_{MY} \tag{5-1}$$

式中,$[M]'$ 和 $[Y]'$ 分别表示 M 和 Y 的总浓度,K'_{MY} 称为条件稳定常数,它是考虑了酸效应和配位效应后的 EDTA 与金属离子配合物的实际稳定常数,也称作为表观稳定常数,它能更正确地判断金属离子和 EDTA 的配位情况。

从副反应系数定义可得:

$$[M]' = \alpha_M[M]$$
$$[Y]' = \alpha_Y[Y]$$

将其代入式(5-1)中,可得:

$$K'_{MY} = \frac{[MY]}{\alpha_M[M]\alpha_Y[Y]} = \frac{K_{MY}}{\alpha_M \alpha_Y} \tag{5-2}$$

对上式取对数得:

$$\lg K'_{MY} = \lg K_{MY} - \lg \alpha_M - \lg \alpha_Y \tag{5-3}$$

当溶液中仅有酸效应,没有配位效应时,$\alpha_{M(L)} = 1$,即 $\lg \alpha_{M(L)} = 0$,此时,

$$\lg K'_{MY} = \lg K_{MY} - \lg \alpha_{Y(H)} \tag{5-4}$$

条件稳定常数说明配合物在一定条件下的实际稳定程度,其值越大,配合物 MY 的稳定性越高。

5.3　金属指示剂

5.3.1　金属指示剂的作用原理

在配位滴定中,通常利用一种能与金属离子生成有色配合物的显色剂来指示滴定过程中金属离子浓度的变化,这种显色剂称为金属离子指示剂,简称金属指示剂。金属指示剂也是一种配位剂,它能与被滴定的金属离子反应,形成一种与自身颜色不同的配合物。

化学计量点前

$$Mg + In \Longrightarrow MgIn$$

溶液显示被测金属离子与金属指示剂形成的配合物颜色(MIn 色);

化学计量点时

$$MgIn + Y \Longrightarrow MgY + In$$

溶液显示金属指示剂的颜色。

例如,铬黑 T 在 pH＝10 的水溶液中为蓝色,与 Ca^{2+}、Mg^{2+} 等金属离子配位时呈酒红色。化学计量点时,EDTA 夺取 MIn 配合物中的金属离子,使铬黑 T 游离出来,溶液由酒红色转为蓝色,滴定终点到达。

由于金属指示剂本身都是有机弱酸或弱碱,故金属指示剂自身的颜色也受溶液酸度的影响,这点在使用时要特别注意。

5.3.2　金属指示剂应具备的条件

作为滴定中使用的金属指示剂是否满足分析的需要,一般是通过实验的方法进行选择的,即先试验滴定终点时颜色变化是否敏锐,再检查滴定结果是否准确,这样就可以确定该金属指示剂是否符合要求。

作为金属指示剂必须具备下列条件。

①在滴定的 pH 范围内,金属指示剂本身的颜色与它和金属离子形成配合物的颜色有显著的差别。

②在滴定的 pH 范围内,金属指示剂与金属离子形成的配合物 MIn 必须有适当的稳定性。一般要求 $K'_{MIn} > 10^4$。如果稳定性太小,终点提前且变色不敏锐。同时 K'_{MIn} 还要小于 K'_{MY} 100 倍,即 $K'_{MY}/K'_{MIn} \geqslant 10^2$ 或 $\lg K'_{MY} - \lg K'_{MIn} \geqslant 2$;否则到终点时 Y 不易把金属指示剂从 MIn 中置换出来,终点变

色不敏锐且滞后。

③显色反应灵敏、迅速,有良好的变色可逆性。

④金属指示剂与金属离子形成的配合物易溶于水,这样便于滴定。

⑤金属指示剂应比较稳定,便于贮藏和使用。

5.3.3　金属指示剂的理论变色点

金属指示剂与被滴定金属离子 M 形成的配合物 MIn 在溶液中有如下离解平衡。

$$Mg + In \rightleftharpoons MgIn$$

考虑金属指示剂的酸效应,则

$$K'_{MIn} = \frac{[MIn]}{[M]c'_{In}}$$

$$\lg K'_{MIn} = pM + \lg \frac{[MIn]}{c'_{In}}$$

与酸碱指示剂类似,当 $[MIn] = c'_{In}$ 时,溶液呈现 MIn 与 In 的混合色,此时 pM 即为金属指示剂的理论变色点。

$$pM = \lg K'_{MIn}$$

配位滴定中所用的金属指示剂一般为有机弱酸,存在着酸效应。它与金属离子 M 所形成的有色配合物的条件稳定常数 K'_{MIn} 随 pH 的变化而变化。所以金属指示剂不可能像酸碱指示剂那样有一个确定的变色点。在选择金属指示剂时必须考虑体系的酸度,使变色点的 pM 值与化学计量点的 pM 值一致,至少应在化学计量点附近的 pM 值突跃范围内。

5.3.4　常用金属指示剂

5.3.4.1　铬黑 T(EBT)

铬黑 T 化学名称为 1-(1-羟基-2-萘偶氮基)-6-硝基-2-萘酚-4-碘酸钠,简称 EBT,常用 NaH_2In 表示,其结构式如下。

铬黑 T 是黑褐色粉末,带有金属光泽。它有两个可离解的 H^+,所以是一种二元弱酸,简写为 H_2In。随着溶液 pH 的不同,H_2In 分两步离解,呈现三种颜色。铬黑 T 在溶液中有下列平衡。

$$H_2In^- \underset{}{\overset{pK_{a_1}=6.3}{\rightleftharpoons}} HIn^{2-} \underset{}{\overset{pK_{a_2}=11.55}{\rightleftharpoons}} In^{3-}$$

（红色）　　　　　（蓝色）　　　　　（橙色）

使用铬黑 T 的最适宜酸度是 pH 9～11.0。通常在 pH＝10 的缓冲溶液中用 EDTA 可直接滴定 Mg^{2+}、Zn^{2+}、Hg^{2+}、Cd^{2+}、Pb^{2+} 等离子,终点由酒红色变为纯蓝色。Fe^{3+}、Al^{3+}、Co^{2+}、Ni^{2+}、Cu^{2+} 及铂族金属离子有封闭作用。

5.3.4.2　二甲酚橙

二甲酚橙化学名称为 3,3′-双[N,N-二(羧甲基)-氨甲基]邻甲酚磺酞,简写为 XO。分析中常用二甲酚橙的四钠盐,它为紫色结晶,易溶于水。在 pH＞6.3 时呈红色,pH＜6.3 时呈黄色。它与金属离子生成的配合物都呈红紫色。因此它只适宜于在 pH＜6.3 的酸性溶液中使用,终点由红紫色变为黄色。

许多金属离子都可用二甲酚橙作指示剂直接滴定。如 pH＝5～6 时,滴定 Zn^{2+}、Hg^{2+}、Cd^{2+}、Pb^{2+} 等离子,变色非常敏锐。Fe^{3+}、Cu^{2+}、Co^{2+}、Ni^{2+} 等离子,可在加入适量 EDTA 后用 Zn^{2+} 标准溶液返滴定。

Al^{3+}、Fe^{3+}、Ni^{2+}、Ti^{4+} 对二甲酚橙有封闭作用。Al^{3+}、Ti^{4+} 可用 NH_4F 来掩蔽;Fe^{3+} 可用抗坏血酸使之还原;Ni^{2+} 可用邻二氮菲掩蔽。

二甲酚橙通常配成 5 g/L 的水溶液,可保存 2～3 周。

5.3.4.3　PAN

PAN 化学名称为 1(2-吡啶偶氮)-2-萘酚,PAN 为橘红色针状结晶,难溶于水,可溶于碱、氨溶液及甲醇、乙醇等溶剂。通常利用 PAN 与 Cu^{2+} 反应的灵敏性,用 Cu-PAN 作间接指示剂来测定其他金属离子。Cu-PAN 指示剂是 CuY 和少量 PAN 的混合液。将此液加到含有被测金属离子 M 的试液中时,发生如下置换反应:

$$CuY+PAN+M \rightleftharpoons MY+Cu\text{-}PAN$$

（黄色）　　　　　　　（红色）

此时溶液呈现红色。化学计量点时,EDTA 将夺取 Cu-PAN 中的 Cu^{2+},使 PAN 游离出来,终点由红色变为黄色。因滴定前加入的 CuY 与最后生成的 CuY 是相等的,故加入的 CuY 不影响测定结果。采用这种方法可以滴定相当多的能与 EDTA 形成稳定配合物的金属离子,而且可连续滴定几种离子,不需再加其他指示剂,但 Ni^{2+} 对 Cu～PAN 指示剂有封闭作用。另外,在使用该指示剂时不应有氰化钾、硫脲、硫代硫酸钠等能掩蔽 Cu^{2+} 的试剂存在。

5.4　配位滴定法的基本原理

5.4.1　配位滴定曲线

类似于酸碱滴定中 pH 随滴定剂体积(百分数)增加的变化趋势,以 pM ($-lg[M]$)表达金属离子浓度,绘制 pM 与配位剂体积(百分数)的关系曲线即为配位滴定的滴定曲线。到达化学计量点附近时,溶液中金属离子的浓度急剧减少,pM 发生突变,产生滴定突跃。选用适当的指示剂可以指示滴定终点。

以 EDTA 标准液滴定 Ca^{2+} 为例:在 NH_3-NH_4Cl 缓冲溶液中(pH= 10.0),以 0.010 00 mol/L EDTA 标准溶液滴定 20.00 ml(%)0.010 00 mol/L Ca^{2+} 溶液,计算滴定过程中[Ca^{2+}]的变化,绘出滴定曲线。

已知:$lgK_{CaY}=10.69$;pH=10.0 时,$lg\alpha_{Y(H)}=0.45$,$lg\alpha_{Ca(OH)_2}=0$。

pH=10.0 时,$lg\alpha$ 由于 NH_3 与 Ca^{2+} 不发生配位反应,故 $lg\alpha_{Ca(NH_3)}=0$。

所以 $lg\alpha_{Ca}=lg\alpha_{Ca(OH)_2}+lg\alpha_{Ca(NH_3)}=0$,$lg\alpha_Y=lg\alpha_{Y(H)}=0.45$,$lgK'_{CaY}=$ $lgK_{CaY}-lg\alpha_{Ca}-lg\alpha_Y=10.24$

在滴定的整个过程中,只要溶液的 pH 不变,条件稳定常数总是不变。设滴定中加入 EDTA 的体积为 V(ml),整个滴定过程可按四个阶段来考虑。

5.4.1.1　滴定前($V=0$)

溶液的 Ca^{2+} 浓度等于原始浓度,即

　　　　$[Ca^{2+}]=0.010\ 00\ mol/L$,$pCa=-lg0.010\ 00=2.00$

5.4.1.2　滴定开始至化学计量点之前($V<V_0$)

$lgK'_{CaY}>10$,CaY 的离解可忽略。

$$[Ca^{2+}]=\frac{V_0-V}{V_0+V}\times c_{Ca^{2+}}$$

当加入 19.98 mL EDTA 标准溶液时

$$[Ca^{2+}] = \frac{20.00 - 19.98}{20.00 + 19.98} \times 0.010\ 00 \approx 5.0 \times 10^{-6}\ mol/L$$

5.4.1.3　计量点时($V = V_0$)

$$[M']_{sp} = \sqrt{\frac{c_{M(sp)}}{K'_{MY}}}$$

$$[CaY] = \frac{20.00}{20.00 + 20.00} \times 0.010\ 00 = 5.0 \times 10^{-3}\ mol/L$$

因为 Ca^{2+} 没有副反应，所以

$$[Ca] = [Ca'] = \sqrt{\frac{c_{M(sp)}}{K'_{MY}}} = \sqrt{\frac{5.0 \times 10^{-3}}{10^{10.24}}} = 5.364 \times 10^{-7}\ mol/L$$

$$pCa = 6.27$$

5.4.1.4　计量点后($V > V_0$)

溶液中 Ca^{2+} 浓度由过量的 EDTA 的浓度决定，即

$$[Y] = \frac{V - V_0}{V + V_0} \times c_{EDTA}$$

当加入 20.02 mL EDTA 标准溶液时

$$[Y'] = \frac{20.02 - 20.00}{20.02 + 20.00} \times 0.100\ 0 \approx 5.0 \times 10^{-6}\ mol/L$$

$$K'_{CaY} = \frac{[CaY]}{[Ca^{2+}][Y']}$$

$$[Ca] = [Ca'] = \frac{[CaY']}{[Y']}$$

$$[Ca] = \frac{5.0 \times 10^{-3}}{10^{10.24} \times 5.0 \times 10^{-6}} = 10^{-7.24}$$

$$pCa = 7.24$$

如此逐一计算滴定过程中各阶段溶液 pCa 变化的情况，并将主要计算结果列入表 5-2 中。

表 5-2　pH＝10 时，0.010 00 mol/L EDTA 滴定 20.00 mL

0.010 00 mol/L Ca^{2+} 的溶液过程中 pCa 的变化

EDTA 加入量 V(mL)	滴定百分率（%）	$[Ca^{2+}]$	pCa
0.00	0.0	0.10	2.00
10.00	50.0	$3.3K'_{MY}10^{-3}$	2.48

续表

EDTA 加入量 V(mL)	滴定百分率（%）	$[Ca^{2+}]$	pCa
18.00	90.0	$5.3K'_{MY}10^{-4}$	3.28
19.80	99.0	$5.0K'_{MY}10^{-5}$	4.30
19.98	99.9	$5.0K'_{MY}10^{-6}$	5.30
20.00	100.0	$5.4K'_{MY}10^{-7}$	6.27
20.02	100.1	$4.9K'_{MY}10^{-8}$	7.23
20.20	101.0	$5.9K'_{MY}10^{-9}$	8.23
22.00	110.0	$5.9K'_{MY}10^{-10}$	9.23
30.00	150.0	$1.2K'_{MY}10^{-10}$	9.92
40.00	200.0	$5.9K'_{MY}10^{-11}$	10.23

以 EDTA 加入量为横坐标，以溶液的 pCa 为纵坐标，绘制滴定曲线（pCa-V 曲线）（图 5-3）。

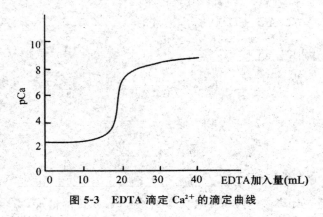

图 5-3　EDTA 滴定 Ca^{2+} 的滴定曲线

从表 5-2 和图 5-3 中可以看出，滴定开始至化学计量点前（19.98 mL），pCa 由 2 升到 5.3，改变了 3.3 个单位。而体积从 19.98 mL 到 20.02 mL，变化了 0.04 mL，即在化学计量点±0.1%范围内（约 1 滴溶液），pCa 由 5.3 突然升至 7.24，改变了近 2 个单位，这种 pCa 的突变称为滴定突跃，突跃所在的 pCa 范围称为滴定突跃范围。

5.4.2 影响滴定突跃大小的因素

若被滴定的金属离子 M 和滴定剂 Y 的浓度一定,滴定曲线将随配合物的条件常数 K'_{MY} 而变化:K'_{MY} 越大,滴定突跃范围越大。图 5-4 为不同 K'_{MY} 下的滴定曲线。条件常数 K'_{MY} 一定,则被测金属离子的浓度越高,滴定突跃范围也越大。图 5-5 是不同浓度下的滴定曲线。综合考虑被测金属离子的浓度 c_M 与配合物条件稳定常数 K'_{MY} 两个因素,滴定终点与化学计量点的 pM 相差 0.2($\Delta pM' = \pm 0.2$),要使终点误差 TE≤0.1%,则必须满足条件:$\lg K'_{MY} \geqslant 6$。

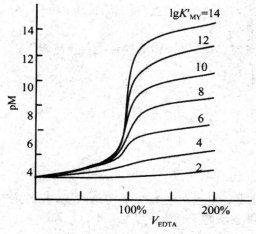

图 5-4 不同 K'_{MY} 时的滴定曲线

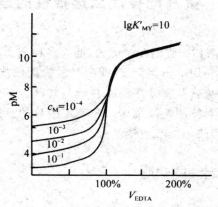

图 5-5 EDTA 滴定不同浓度的命属离子的滴定曲线

5.4.3 化学计量点 pM′ 值的计算

化学计量点时的金属离子浓度是判断配位滴定的准确度和选择指示剂的依据。所以,在配位滴定中要重视化学计量点时金属离子浓度 pM′ 的计算。计算依据为条件稳定常数 K'_{MY}。

$$K'_{MY} = \frac{[MY']}{[M'][Y']}$$
$$[M'][Y'] = c_M$$

由于配合物 MY 的副反应系数近似为 1,故可以认为 $[MY'] = [MY]$。

在滴定的任何时刻,$[M'][Y'] = c_M$(c_M 为被测金属离子的总浓度)。若配合物比较稳定,在化学计量点时 $[M']$ 很小,对于 $[MY]$ 而言可以忽略不计,所以,$[MY] = c_{M(sp)}$。

在化学计量点时,$[M'] = [Y']$(注意:不是 $[M] = [Y]$),将其代入条件稳定常数公式,则有

$$K'_{MY} = \frac{[MY']}{[M'][Y']} = \frac{c_{M(sp)}}{[M']^2}$$

$$[M']_{sp} = \sqrt{\frac{c_{M(sp)}}{K'_{MY}}}$$

$$pM' = \frac{1}{2}(pc_{M(sp)} + \lg K'_{MY})$$

式中,$c_{M(sp)}$ 表示化学计量点时金属离子的总浓度,若滴定剂与被滴定物浓度相等,则 $c_{M(sp)}$ 为金属离子原始浓度的一半。

5.5 提高配位滴定选择性的途径

由于 EDTA 具有相当强的配位能力,能与多种金属离子形成稳定的配合物,因此得到广泛应用。正因为 EDTA 有强的配位能力,所以必须提高配位滴定的选择性,也就是要设法消除在滴定过程中共存金属离子(N)的干扰,以达到准确地对待测金属离子(M)滴定的目的。提高配位滴定的选择性常用控制酸度和使用掩蔽剂等方法。

5.5.1 控制溶液的酸度

当用 EDTA 标准溶液滴定一种金属离子时,如果满足 $\lg(cK'_{MY}) \geqslant 6$

（或 $\lg K'_{MY} \geqslant 8$）就可以准确滴定,误差$\leqslant 0.1\%$。但当溶液中有两种以上的金属离子共存时,就要考虑离子间的干扰情况,干扰程度与共存离子的 K' 值和浓度 c 有关。被测定的金属离子浓度 c_M 越大,配合物的 K'_{MY} 越大;而干扰离子的浓度 c_N 越小,配合物的 K'_{NY} 越小,滴定 M 时,N 离子的干扰也就越小。要准确滴定 M 离子而 N 离子不干扰,一般要求

$$\frac{c_M K'_{MY}}{c_N K'_{NY}} \geqslant 10^5$$

或

$$\lg(c_M K'_{MY}) - \lg(c_N K'_{NY}) \geqslant 5$$

由于准确滴定 M 时,$\lg(c K'_{MY}) \geqslant 6$,因此

$$\lg(c_N K'_{NY}) \leqslant 1$$

当 $c_N = 0.01$ mol/L 时,

$$\lg\alpha_{Y(H)} \geqslant \lg K_{NY} - 3$$

根据上式计算得到 $\lg\alpha_{Y(H)}$,再查对应的 pH 即为最低酸度(最高 pH)。例如,在溶液中 Bi^{3+} 和 Pb^{2+} 同时存在,其浓度 $c_{Bi^{3+}} = c_{Pb^{2+}} = 0.01$ mol/L。稳定常数 $\lg K_{BiY} = 27.94$,$\lg K_{PbY} = 18.04$,得

$$\lg(c_{Bi^{3+}} K_{BiY}) - \lg(c_{Pb^{2+}} K_{PbY}) = 27.94 - 18.04 = 9.9 > 5$$

可以利用控制溶液酸度的方法滴定 Bi^{3+} 和 Pb^{2+} 不干扰。

由于 $\lg\alpha_{Y(H)} \leqslant \lg K_{MY} - 8 = 27.94 - 8 = 19.94$,查得 pH$\geqslant$0.8,所以滴定 Bi^{3+} 的最高酸度 pH$=0.8$。

滴定 Bi^{3+} 的最低酸度应考虑滴定 Bi^{3+} 时 Pb^{2+} 不干扰,即

$$\lg(c_{Pb^{2+}} K'_{PbY}) \leqslant 1$$

由于 Pb^{2+} 的浓度为 0.01 mol/L,所以

$$\lg K'_{PbY} \leqslant 3$$

即 $\qquad \lg\alpha_{Y(H)} \geqslant \lg K_{PbY} - 3 = 18.04 - 3 = 15.04$

查得 pH$\leqslant$1.6。因此,准确滴定 Bi^{3+} 而 Pb^{2+} 不干扰的酸度范围是:pH 为 0.8~1.6,实际测定中选 pH$=1$。

5.5.2　使用掩蔽剂

对于利用控制溶液的酸度不能消除干扰的离子,常采用掩蔽法来达到消除干扰的目的。常用的掩蔽方法有配位掩蔽法、沉淀掩蔽法和氧化还原掩蔽法。

5.5.2.1　配位掩蔽法

这种方法利用掩蔽剂与干扰离子形成稳定的配合物来消除干扰。

　　例如,测定石灰石(或水中)中的 Ca^{2+}、Mg^{2+} 时,Fe^{3+}、Al^{3+} 的存在会干扰测定,在 pH＝10 时加入三乙醇胺(TEA),可以掩蔽 Fe^{3+} 和 Al^{3+},消除干扰。又如,测定 Al^{3+} 和 Zn^{2+} 共存溶液中的 Zn^{2+} 时,可加入 NH_4F 与干扰离子 Al^{3+} 形成十分稳定的 AlF_3,因而消除 Al^{3+} 对 Zn^{2+} 测定的干扰。

　　在实际工作中常使用的配位掩蔽剂见表 5-3。

表 5-3　常用的配位掩蔽剂

掩蔽剂	pH 范围	被掩蔽的离子	备注
KCN	＞8	Cu^{2+}、Ni^{2+}、CO^{2+}、Zn^{2+}、Hg^{2+}、Cd^{2+}、Ag^{2+}	
NH_4F	4～6	Al^{3+}、$Ti(Ⅳ)$、Sn^{4+}、Zr^{4+}、$W(Ⅵ)$	
	10	Al^{3+}、Mg^{2+}、Ca^{2+}、Sr^{2+}、Ba^{2+}	
三乙醇胺	10	Al^{3+}、Sn^{4+}、$Ti(Ⅳ)$、Fe^{3+}	与 KCN 并用,可提高掩蔽效果
	11～12	Fe^{3+}、Al^{3+}、少量 Mn^{2+}	
二巯基丙醇	10	Hg^{2+}、Cd^{2+}、Zn^{2+}、Pb^{2+}、Bi^{3+}、Ag^+、As^{3+}、Sn^{4+} 及少量 Cu^{2+}、CO^{2+}、Ni^{2+}、Fe^{3+}	
铜试剂(DDTC)	10	与 Cu^{2+}、Hg^{2+}、Pb^{2+}、Cd^{2+}、Bi^{3+} 生成沉淀	
邻二氮菲	5～6	Cu^{2+}、Ni^{2+}、CO^{2+}、Zn^{2+}、Cd^{2+}、Hg^{2+}、Mn^{2+}	
硫脲	5～6	Cu^{2+}、Hg^{2+}、Ti^+	
酒石酸	1.5～2	Sb^{3+}、Sn^{4+}	在抗坏血酸存在下
	5.5	Fe^{3+}、Al^{3+}、Sn^{4+}、Ca^{2+}	
	6～7.5	Fe^{3+}、Al^{3+}、Mg^{2+}、Cu^{2+}、Mo^{4+}	
	10	Al^{3+}、Sn^{4+}、Fe^{3+}	
乙酰丙酮	5～6	Fe^{3+}、Al^{3+}、Be^{2+}	

5.5.2.2　沉淀掩蔽法

　　这种方法通过加入选择性沉淀剂与干扰离子形成沉淀以达到消除干扰的目的。

　　例如,在 Ca^{2+} 和少量 Mg^{2+} 共存的溶液中,加入 NaOH 溶液,使 pH＞12,则 Mg^{2+} 生成 $Mg(OH)_2$ 沉淀,这时就可以用 EDTA 滴定 Ca^{2+}。

　　利用沉淀掩蔽法应具备下列条件。

　　①生成的沉淀溶解度要小,否则掩蔽不完全。

②生成的沉淀应是无色或浅色的,且致密,最好是晶形沉淀,其吸附作用小。否则会吸附指示剂或待测离子,从而影响终点的观察。

常用的沉淀掩蔽剂见表 5-4。

表 5-4　常用的沉淀掩蔽剂

掩蔽剂	被掩蔽离子	被滴定离子	pH 范围	指示剂
NH_4F	Ca^{2+}、Sr^{2+}、Ba^{2+}、Mg^{2+}、Ti^{4+}、稀 土 金属离子	Zn^{2+}、Cd^{2+}、Mn^{2+} 在还原剂存在下	10	铬黑 T
		Cu^{2+}、Ni^{2+}、CO^{2+}	10	紫脲酸铵
K_2CrO_4	Ba^{2+}	Sr^{2+}	10	Mg-EDTA＋铬黑 T
Na_2S 或铜试剂	微量重金属	Ca^{2+}、Mg^{2+}	10	铬黑 T
H_2SO_4	Pb^{2+}	Bi^{3+}	1	二甲酚橙
$K_4[Fe(CN)_6]$	微量 Zn^{2+}	Pb^{2+}	5～6	二甲酚橙
KI	Cu^{2+}	Zn^{2+}	5～6	PAN

5.5.2.3　氧化还原掩蔽法

这种方法利用改变干扰离子的价态以达到消除干扰的目的。

例如,用 EDTA 滴定 Bi^{3+}、Zr^{4+}、Th^{4+} 等离子时,Fe^{3+} 有干扰。可加入抗坏血酸或盐酸羟胺,将 Fe^{3+} 还原成 Fe^{2+},因 $\lg K_{FeY^{2-}} = 14.3$ 比 $\lg K_{FeY^-} = 25.1$ 小得多,故能消除干扰。

此外,需指出的是,要根据滴定条件慎选掩蔽剂,特别要注意对剧毒物的使用和处理。例如 KCN 应存碱性溶液中使用,否则生成剧毒的 HCN,将严重危害生命安全。对用后的 KCN 废液应以含 Na_2CO_3 的 $FeSO_4$ 溶液进行处理,使 CN^- 变为 $[Fe(CN)_6]^{4-}$,以免造成污染。

5.5.3　利用化学分离

当用控制溶液酸度或掩蔽剂法掩蔽干扰离子都有困难时,可以采用化学分离法排除干扰。所谓分离,即将待测组分或干扰组分与其他组分分开。

应该指出,为了避免待测组分的损失,一般不允许先分离大量的干扰离子后再测定少量的待测组分。另外应选用能同时沉淀多种干扰离子的试剂来进行分离,以简化分离操作手续。

5.5.4 选用其他配位剂滴定

氨羧配位剂的种类很多,除 EDTA 外,还有 CYDTA(环己烷二氨基四乙酸)、EDTP(乙二胺四丙酸)、TTHA(三乙基四胺六乙酸)、EGTA(乙二醇二乙醚二胺四乙酸)等。它们与金属离子形成配合物的稳定性各有特点,如在大量 Mg^{2+} 存在下滴定 Ca^{2+},采用 EDTA 作滴定剂就不如用 EGTA,因为 Mg^{2+} 与 EGTA 生成的配合物稳定性差,而 Ca^{2+} 与 EGTA 生成的配合物稳定性高。又如,利用 EDTP 与 Cu^{2+} 结合生成稳定性高的配合物的特性,可以在 Zn^{2+}、Cd^{2+}、Mn^{2+} 和 Mg^{2+} 共存时,用 EDTP 滴定 Cu^{2+}。所以,可以根据具体情况择优选择配位剂进行滴定,以提高滴定的选择性。

5.6 配位滴定法滴定方式及滴定结果计算

5.6.1 滴定方式

5.6.1.1 直接滴定法

只要金属离子与 EDTA 的配位反应能满足滴定分析的要求,就可以直接进行滴定。直接滴定法的优点是方便快速、可能引入的误差较少。只要条件允许,应尽可能采用直接滴定法。直接滴定法应用最广,下面以钙、镁的联合滴定为例说明之。

钙、镁是很多原材料的主要成分,水的硬度分析也要求测定其含量。在钙、镁的各种测定方法中,以配位滴定最为简便。通常是先在 pH=10 的氨性溶液中以 EBT 为指示剂,用 EDTA 滴定两者的总量。另取用样试液,加入氢氧化钠试液,使 pH>12,此时镁以 $Mg(OH)_2$ 的形式产生沉淀而被掩蔽,选用对 Ca^{2+} 灵敏的钙指示剂指示终点,用 EDTA 滴定 Ca^{2+}。从钙、镁总量中减去钙的量,就可以得到镁的含量。

5.6.1.2 返滴定法

当被测定金属离子不符合直接滴定的条件,就不能用直接滴定法。在下列情况下可用返滴定法测定:①被测金属离了与滴定剂的配合反应进行很慢(如 Cr^{3+}、Al^{3+} 等);②被测金属离子对指示剂有封闭作用(如 Fe^{3+}、Al^{3+} 等),或找不到合适的指示剂(如 Ba^{2+}、Sr^{2+} 等);③被测金属离子在滴定 pH 条件下会发生水解,又找不到合适的辅助配位剂。

例如,用 EDTA 滴定 Al^{3+},Al^{3+} 与 EDTA 配位反应很慢,Al^{3+} 能封闭二甲酚橙指示剂,Al^{3+} 易水解形成多种多核羟基配合物,因此只能在一定 pH 下用返滴定法进行测定。先加入 pH=6 的氨性缓冲液和一定量且过量的 EDTA 标准溶液于供试液中,煮沸 3~5 min,以加速 Al^{3+} 与 EDTA 的配位反应,放冷后,加入二甲酚橙指示剂(Al^{3+} 已与 EDTA 形成配合物不会封闭二甲酚橙),用标准 Zn 溶液滴定过量的 EDTA,终点时,过量的 Zn 与二甲酚橙结合,使溶液由黄色转变为红色。

5.6.1.3　置换滴定法

置换滴定是利用置换反应,置换出等物质量的另一金属离子,或置换出与被测金属离子等量的 EDTA,然后滴定。置换滴定法有下列 2 种。

(1)置换出金属离子。如 Ag^+ 与 EDTA 配合物的稳定常数为 $10^{7.3}$,显然该配合物不够稳定,不能直接用 EDTA 滴定。如果向供试液中加入过量的 $[Ni(CN)_4]^{2-}$,将发生如下反应:

$$2Ag^+ + [Ni(CN)_4]^{2-} \rightleftharpoons 2[Ag(CN)_2]^- + Ni^{2+}$$

置换出来的 Ni^{2+},在 pH=10 的氨性缓冲液中,以紫脲酸铵为指示剂,用 EDTA 滴定,即可算出 Ag^+ 的含量。

(2)置换出 EDTA。用 EDTA 将样品中所有金属离子生成配合物,再加入专一性试剂 L,选择性地与被测金属离子 M 生成比 MY 更稳定的配合物 ML,因而将与 M 等量的 EDTA 置换出来。

$$MY + L \rightleftharpoons ML + Y$$

释放出来的 EDTA 用锌标准溶液滴定,可计算出 M 的含量。例如,测定合金中的 Sn 时,可在供试液中加入过量的 EDTA,试样中的 Pb^{2+}、Zn^{2+}、Cd^{2+}、Ba^{2+}、Sn^{4+} 等都与 EDTA 形成配合物,过量的 EDTA 用 Zn 标准液返滴定,再加入 NH_4F 使 SnY 转变成更稳定的 SnF_6^{2-},释放出的 EDTA 再用 Zn 标准溶液滴定,即可求得 Sn^{4+} 的含量。

(3)利用间接金属指示剂指示终点。例如,EBT 与 Ca^{2+} 显色不灵敏,但对 Mg^{2+} 较灵敏,若在 pH=10 氨性缓冲液中测定 Ca^{2+},在供试液中可加入少量的 MgY,此时将发生如下置换反应:

$$MgY + Ca^{2+} \rightleftharpoons CaY + Mg^{2+}$$

置换出来的 Mg^{2+} 与 EBT 形成深红色 EBT-Mg 配合物。滴定过程中,EDTA 先与 Ca^{2+} 生成配合物,最后夺取 EBT-Mg 配合物中的 Mg^{2+},而使

EBT 指示剂游离出来,溶液由深红色转变为蓝色,终点变色敏锐。开始加入的 MgY 与最后生成的是等量的,不影响滴定的准确度。

用 CuY-PAN 作指示剂时,也是利用置换滴定法原理。例如,用 EDTA 络合滴定法测定与 Cu^{2+} 和 Zn^{2+} 共存的 Al^{3+} 的含量,以 PAN 为指示剂,测定的相对误差在 0.1% 以内。测定过程如下:

$$
\begin{array}{l}
Zn^{2+} \\
Cu^{2+} \\
Al^{3+}
\end{array}
\xrightarrow[pH\approx 3,\triangle]{EDTA(过滤,V_1)}
\begin{array}{l}
ZnY \\
CuY \\
AlY \\
Y
\end{array}
\xrightarrow[pH=5\sim6,\triangle]{六亚甲基四胺\ PAN}
\begin{array}{l}
ZnY \\
CuY \\
AlY \\
PAN
\end{array}
+Y
\xrightarrow[V_2]{Cu^{2+}溶液滴定}
$$

$$
\begin{array}{l}
ZnY \\
CuY \\
AlY \\
Cu\text{-}PAN
\end{array}
\xrightarrow[\triangle 沸]{NH_4F(1g)}
\begin{array}{l}
ZnY \\
CuY \\
AlF_6^{3-} \\
PAN
\end{array}
+Y
\xrightarrow[V_3]{Cu^{2+}溶液滴定}
\begin{array}{l}
ZnY \\
CuY \\
AlF_6^{3-} \\
Cu\text{-}PAN
\end{array}
$$

5.6.1.4 间接滴定法

有些金属阳离子和非金属阴离子不与 EDTA 络合或生成的络合物不稳定,这时可以采用间接滴定法。此法是加入过量的、能与 EDTA 形成稳定络合物的金属离子作沉淀剂,以沉淀待测离子,过量沉淀剂用 EDTA 滴定;或将沉淀分离、溶解后,再用 EDTA 滴定其中的金属离子。例如测定 PO_4^{3-},可加一定量过量的 $Bi(NO_3)_3$,使之生成 $BiPO_4$ 沉淀,再用 EDTA 滴定剩余的 Bi^{3+}。测定 Na^+ 时,将 Na^+ 沉淀为醋酸铀酰锌钠 $NaOAc \cdot Zn(OAc)_2 \cdot 3UO_2(OAc)_2 \cdot 9H_2O$,分离沉淀,溶解后,用 EDTA 滴定 Zn^{2+},从而求得 Na^+ 含量。又如测定 SO_4^{2-} 时,可在 $pH=1$ 以过量 Ba^{2+} 沉淀 SO_4^{2-},产生 $BaSO_4$ 沉淀,在 $pH=10$ 时以一定量且过量的 EDTA 处理(煮沸)而形成 Ba-EDTA,过量的 EDTA 采用 Mg^{2+} 标准溶液返滴定。而对于 CO_3^{2-}、S^{2-}、SO_4^{2-} 等也可采用一定量且过量的金属离子标准溶液与其形成沉淀,过滤和洗涤沉淀,在滤液中的过量金属离子以 EDTA 标准溶液滴定。

间接滴定法操作较繁,引入误差的机会也较多,不是一种理想的分析方法。

5.6.2 配位滴定结果的计算

在直接滴定法中,由于 EDTA 通常与各种价态的金属离子以 1∶1 络合,因此结果的计算比较简单,以被测物的质量分数表示为

$$w = \frac{cVM}{m_s} \times 100\%$$

式中,c 和 V 分别为 EDTA 的浓度和滴定时用去 EDTA 的体积,代入数值计算时,应注意相关数据的单位要合理,例如将体积化为升(L),M 为被测物质的摩尔质量,g/mol;m_s 为试样的质量,g。

采用其他滴定方式时,也应根据待测物与滴定剂等的相应的计量关系进行计算。

例 5-1　称取含 S 的试样 0.300 0 g,将试样处理成溶液后,加入 20.00 mL 0.050 00 mol/L $BaCl_2$ 溶液,加热产生 $BaSO_4$ 沉淀,再以 0.025 00 mol/L EDTA 标准溶液滴定剩余的 Ba^{2+},用去 24.86 mL,求试样中 S 的质量分数。

解:这是一典型的返滴定示例。试样中 S 的质量分数可表示为

$$w_s = \frac{[(cV)_{BaCl_2} - (cV)_{EDTA}]M_s}{m_s \times 1\,000} \times 100\%$$

$$= \frac{(0.050\,00\ mol/L \times 20.00\ mL - 0.025\,00\ mol/L \times 24.86\ mL) \times 32.06\ g/mol}{0.300\,0\ g \times 1\,000} \times 100\%$$

$$= 4.04\%$$

例 5-2　分析铜锌镁的合金,称取 0.500 0 g 试样,处理成溶液后定容至 100 mL,移取 25.00 mL,调至 pH = 6,以 PAN 为指示剂,用 0.050 00 mol/L EDTA 溶液滴定 Cu^{2+} 和 Zn^{2+},用去了 37.3 mL。另取一份 25.00 mL 试样溶液,用 KCN 以掩蔽 Cu^{2+} 和 Zn^{2+},用同浓度的 EDTA 溶液滴定 Mg^{2+},用去 4.10 mL。然后再加甲醛以解蔽 Zn^{2+},用同浓度的 EDTA 溶液滴定,用去 13.40 mL。计算试样中铜、锌、镁的质量分数。

解:依题意,可分别计算如下

$$w_{Mg} = \frac{0.050\,00\ mol/L \times 4.10\ mL \times 24.31\ g/mol}{0.500\,0\ g \times \frac{1}{4} \times 1\,000} \times 100\% = 3.99\%$$

$$w_{Zn} = \frac{0.050\,00\ mol/L \times 13.40\ mL \times 65.38\ g/mol}{0.500\,0\ g \times \frac{1}{4} \times 1\,000} \times 100\% = 35.04\%$$

$$w_{Cu} = \frac{0.050\,00\ mol/L \times (37.30 - 13.40)\ mL \times 63.55\ g/mol}{0.500\,0\ g \times \frac{1}{4} \times 1\,000} \times 100\%$$

$$= 60.75\%$$

5.7 配位滴定法的应用

5.7.1 水中硬度的测定

硬度是水质的重要指标,水的硬度是指溶解于水中钙盐和镁盐的总含量。含量越高,表示水的硬度越大。测定水的硬度,就是测定水中钙、镁离子的总量。

水的硬度以每升水中含钙、镁离子总量折算成碳酸钙的毫克数来表示。因此,测定方法与国家标准《制盐工业通用试验方法钙和镁离子的测定》(GB/T 13025.6—1991)的测定方法基本一致。

钙、镁总量的测定:吸取一定量样品溶液,置于 150 mL 烧杯中,加入 5 mL 氨性缓冲溶液(pH=10),4 滴铬黑 T 为指示剂,然后用 0.02 mol/L EDTA 标准溶液滴定至溶液由酒红色变为亮蓝色即为终点。其中金属离子 Fe^{3+}、Cu^{2+}、Co^{2+}、Ni^{2+}、Al^{3+} 及高价锰等对铬黑 T 指示剂有封闭现象,使得指示剂不褪色或终点延长,用硫化钠及氰化钾可掩蔽重金属的干扰,盐酸羟胺可使高价铁离子及高价锰离子还原为低价离子而消除其干扰。

5.7.2 计算示例

例 5-3 含铅、锌、镁试样 0.512 0 g,溶解后用氰化物掩蔽 Zn^{2+},滴定时需 0.029 70 mol/L EDTA 标准滴定溶液 48.70 mL。然后加入二巯基丙醇置换 PbY 中的 Y,用 0.007 650 mol/L Mg^{2+} 标准滴定溶液 16.40 mL 滴定至终点。最后加入甲醛解蔽 Zn^{2+},滴定 Zn^{2+} 用去 0.029 70 mL EDTA 标准滴定溶液 23.10 mL。计算试样中三种金属的含量。

解:
$$M(Pb)=207.2 \text{ g/mol}$$
$$M(Zn)=65.39 \text{ g/mol}$$
$$M(Mg)=24.30 \text{ g/mol}$$

$$w(Mg)=\frac{(0.029\ 70\times48.70-0.007\ 950\times16.40)\times24.30\times10^{-3}}{0.512\ 0}\times100\%$$
$$=6.27\%$$

$$w(Mg)=\frac{(0.029\ 70\times48.70-0.007\ 950\times16.40)\times24.30\times10^{-3}}{0.512\ 0}\times100\%$$
$$=6.27\%$$

$$w(\text{Zn}) = \frac{0.029\,70 \times 23.10 \times 65.39 \times 10^{-3}}{0.512\,0} \times 100\%$$
$$= 8.76\%$$

例 5-4　含 Fe^{3+} 和 Al^{3+} 的试液 50.00 mL，调节 pH=2.0，以磺基水杨酸作指示剂，用 0.035 04 mol/L EDTA 标准滴定溶液 32.11 mL 滴定至红色恰好消失，然后加入 50.00 mL 上述 EDTA 标准滴定溶液并煮沸，冷却后调节 pH=5.0，用 0.041 10 mol/L Zn^{2+} 溶液 15.14 mL 滴定至终点出现红色，计算试液中 Fe^{3+} 和 Al^{3+} 的浓度。

解：pH=2.0 时，EDTA 溶液滴定的是 Fe^{3+}

$$c(\text{Fe}^{3+}) = \frac{0.035\,04 \times 32.11}{50.00} = 0.022\,50 \text{ mol} \cdot \text{L}^{-1}$$

pH=5.0 时，测定的是 Al^{3+}

$$c(\text{Al}^{3+}) = \frac{0.035\,04 \times 50.00 - 0.041\,10 \times 15.14}{50.00}$$
$$= 0.022\,59 \text{ mol} \cdot \text{L}^{-1}$$

第6章 氧化还原滴定法

以氧化还原反应为基础的滴定分析方法称为氧化还原滴定法。该法是应用较为广泛的分析测定方法之一,可以直接测定氧化性与还原性物质,也可以间接测定能与氧化或还原性物质定量反应的无机、有机物质的含量。

6.1 氧化还原反应概述

氧化还原反应是基于电子转移的反应,其反应过程比较复杂,有的反应进行很完全但反应速率很慢;有时由于副反应的发生使反应物间没有确定的计量关系;有的副反应可能改变主反应的方向。因此,在学习氧化还原滴定法时,必须综合考虑有关平衡、反应机理、反应速度以及反应条件和滴定条件的控制等问题。

6.1.1 氧化还原反应平衡

6.1.1.1 电极电位

氧化剂和还原剂的强弱可以用电对的电极电位(electrode potential)来衡量。氧化还原电对可粗略地分为可逆电对和不可逆电对两大类。可逆电对(如 Fe^{3+}/Fe^{2+}、I_2/I^-、Ce^{4+}/Ce^{3+} 等)能迅速地建立起氧化还原平衡,其电极电位基本符合 Nernst 方程计算的理论电极电位。不可逆电对(如 $Cr_2O_7^{2-}/Cr^{3+}$、SO_4^{2-}/SO_3^{2-}、MnO_4^-/Mn^{2+})不能在氧化还原反应的任意瞬间建立起氧化还原平衡,实际电极电位与理论电极电位相差较大。若以 Nernst 方程计算,所得结果仅能做初步判断。

对于任意一个可逆氧化还原电对,如下所示。

$$Ox_1 + ne^- \rightleftharpoons Red_1$$
$$Red_2 - ne^- \rightleftharpoons Ox_2$$
$$Ox_1 + Red_2 \rightleftharpoons Ox_2 + Red_1$$

电对的电极电位衡量氧化或还原能力的强弱。

电对的电极电位越高,其氧化型的氧化能力越强;还原型的还原能力越弱。

电对的电极电位越低,其还原型的还原能力越强;氧化型的氧化能力越弱。

(1)电极电位的 Nernst 表示式。

①活度表示式。

$$\varphi_{Ox/Red}=\varphi^{\ominus}+\frac{2.303RT}{nF}\lg\frac{a_{Ox}}{a_{Red}}$$

$$\varphi_{Ox/Red}=\varphi^{\ominus}+\frac{0.059}{n}\lg\frac{a_{Ox}}{a_{Red}}(25\ ℃)$$

式中,T 为热力学温度;R 为摩尔气体常数(8.314 J/(mol·K));n 为电极反应的电子转移数;F 为法拉第常数(96 500 C/mol)。

若氧化态或还原态是金属或固体时,其活度等于1;有 H^+ 或 OH^- 参加的电极反应,H^+ 或 OH^- 的活度应表示在活度项中。

②浓度表示式。

因

$$a_{Ox}=\gamma_{Ox}[Ox],a_{Red}=\gamma_{Red}[Red]$$

有

$$\varphi_{Ox/Red}=\varphi^{\ominus}+\frac{0.059}{n}\lg\frac{\gamma_{Ox}[Ox]}{\gamma_{Red}[Red]}$$

③分析浓度表示式。

因

$$[Ox]=\frac{c_{Ox}}{\alpha_{Ox}},[Red]=\frac{c_{Red}}{\alpha_{Red}}$$

有

$$\varphi_{Ox/Red}=\varphi^{\ominus}+\frac{0.059}{n}\lg\frac{\gamma_{Ox}c_{Ox}\alpha_{Red}}{\gamma_{Red}c_{Red}\alpha_{Ox}}$$

$$=\varphi^{\ominus}+\frac{0.059}{n}\lg\frac{\gamma_{Ox}\alpha_{Red}}{\gamma_{Red}\alpha_{Ox}}+\frac{0.059}{n}\lg\frac{c_{Ox}}{c_{Red}}$$

活度系数 γ 及副反应系数 α 在一定条件下为一定值。

(2)标准电极电位。

对于任意的氧化还原电对可表示为 Ox/Red,氧化还原半反应为

$$Ox+ne^-\rightleftharpoons Red$$

其电对的电极电位可用 Nernst 方程式求得,即

$$\varphi_{Ox/Red}=\varphi^{\ominus}+\frac{RT}{nF}\ln\frac{a_{Ox}}{a_{Red}}$$

式中,$\varphi^{\ominus}$ 为标准电极电位;n 为半反应中的电子转移数。

当 $a=1$ mol/L 时,有 $\varphi_{Ox/Red}=\varphi^{\ominus}$。

例 6-1 已知 $[MnO_4^-]=0.1$ mol/L,$[Mn^{2+}]=0.001$ mol/L,$[H^+]=1$ mol/L,求 $\varphi_{MnO_4^-/Mn^{2+}}$。$MnO_4^-$ 在酸性溶液中的半反应及标准电极电位为

$$MnO_4^- + 8H^+ + 5e^- \Longrightarrow Mn^{2+} + 4H_2O \qquad \varphi^{\ominus} = +1.51 \text{ V}$$

解:

$$\varphi = \varphi^{\ominus} + \frac{0.059}{n} \lg \frac{[MnO_4^-][H^+]^8}{[Mn^{2+}]}$$

$$= \left(1.51 + \frac{0.059}{5} \lg \frac{0.1 \times 1}{0.001}\right)$$

$$= 1.54 \text{ V}$$

例 6-2 用 $K_2Cr_2O_7$ 标准溶液(HCl)介质滴定溶液中的 Fe^{2+},反应达化学计量点时的电位是 1.02 V。求此时 Fe^{3+} 与 Fe^{2+} 的浓度比,并判断反应是否进行完全。

解: 已知 $\varphi_{Fe^{3+}/Fe^{2+}}^{\ominus} = +0.77$ V,$\varphi_{Fe^{3+}/Fe^{2+}} = +1.02$ V

$$\varphi = \varphi^{\ominus} + \frac{0.059}{1} \lg \frac{[Fe^{3+}]}{[Fe^{2+}]}$$

$$\lg \frac{[Fe^{3+}]}{[Fe^{2+}]} = \frac{1}{0.059}(1.02 - 0.77) = 4.24$$

$$\frac{[Fe^{3+}]}{[Fe^{2+}]} = \frac{1.74 \times 10^4}{1}$$

此浓度比值说明 Fe^{2+} 已被氧化完全。

6.1.1.2 条件电位

一定条件下,氧化型和还原型的分析浓度都是 1 mol/L 时的实际电位,称为条件电位,$\varphi^{\ominus\prime}$。

$$\varphi^{\ominus\prime} = \varphi^{\ominus} + \frac{0.059}{n} \lg \frac{\gamma_{Ox}\alpha_{Red}}{\gamma_{Red}\alpha_{Ox}}$$

有

$$\varphi_{Ox/Red} = \varphi^{\ominus\prime} + \frac{0.059}{n} \lg \frac{c_{Ox}}{c_{Red}}$$

6.1.2 氧化还原反应进行的程度

6.1.2.1 进行的程度用反应平衡常数来衡量

由标准电极电位得 K(平衡常数),由条件电极电位得 K'(条件平衡常

数)。

$$Ox_1 + ne^- \rightleftharpoons Red_1$$

$$Red_2 - ne^- \rightleftharpoons Ox_2$$

$$\varphi_1 = \varphi_1^\ominus + \frac{0.059}{n_1} \lg \frac{a_{Ox_1}}{a_{Red_1}} = \varphi_1^{\ominus'} + \frac{0.059}{n_1} \lg \frac{c_{Ox_1}}{c_{Red_1}}$$

$$\varphi_2 = \varphi_2^\ominus + \frac{0.059}{n_2} \lg \frac{a_{Ox_2}}{a_{Red_2}} = \varphi_2^{\ominus'} + \frac{0.059}{n_2} \lg \frac{c_{Ox_2}}{c_{Red_2}}$$

当 $\varphi_1^\ominus > \varphi_2^\ominus$(无副反应)或 $\varphi_1^{\ominus'} > \varphi_2^{\ominus'}$(有副反应)时,

$$p_2 Ox_1 + p_1 Red_2 \rightleftharpoons p_1 Ox_2 + p_2 Red_1$$

得平衡常数:

$$K = \frac{a_{Red_1}^{p_2} \cdot a_{Ox_2}^{p_1}}{a_{Ox_1}^{p_2} \cdot a_{Red_2}^{p_1}}$$

条件平衡常数:

$$K' = \frac{c_{Red_1}^{p_2} \cdot c_{Ox_2}^{p_1}}{c_{Ox_1}^{p_2} \cdot c_{Red_2}^{p_1}}$$

反应达平衡时:

$$\varphi_1 = \varphi_2 \text{ 或 } \varphi_1' = \varphi_2'$$

$$\varphi_1^\ominus + \frac{0.059}{n_1} \lg \frac{a_{Ox_1}}{a_{Red_1}} = \varphi_2^\ominus + \frac{0.059}{n_2} \lg \frac{a_{Ox_2}}{a_{Red_2}}$$

$$\lg K = \lg \left(\frac{a_{Red_1}^{p_2} \cdot a_{Ox_2}^{p_1}}{a_{Ox_1}^{p_2} \cdot a_{Red_2}^{p_1}} \right) = \frac{n(\varphi_1^\ominus - \varphi_2^\ominus)}{0.059} \text{(无副反应)}$$

$$\varphi_1^{\ominus'} + \frac{0.059}{n_1} \lg \frac{c_{Ox_1}}{c_{Red_1}} = \varphi_2^{\ominus'} + \frac{0.059}{n_2} \lg \frac{c_{Ox_2}}{c_{Red_2}}$$

$$\lg K' = \lg \left(\frac{c_{Red_1}^{p_2} \cdot c_{Ox_2}^{p_1}}{c_{Ox_1}^{p_2} \cdot c_{Red_2}^{p_1}} \right) = \frac{n(\varphi_1^{\ominus'} - \varphi_2^{\ominus'})}{0.059} \text{(有副反应)}$$

注:n 为电子转移数 n_1、n_2 的最小公倍数。

$$n = p_1 \cdot n_1 = n_2 \cdot p_2$$

$$n_1 = n_2 \Rightarrow p_1 = p_2$$

结论:$\Delta\varphi^\ominus \uparrow$ 则 $K \uparrow$(无副反应);$\Delta\varphi^{\ominus'} \uparrow$ 则 $K' \uparrow$(有副反应),两种情况反应程度均越高。

氧化还原反应的平衡常数与两电对的标准电极电位及电子转移数有关。与其他反应一样,氧化还原反应平衡常数的大小反映了氧化还原反应进行的程度。若考虑溶液中各种副反应的影响,以相应的条件电位代替标准电极电位,相应的活度也应以总浓度代替,即可得到相应的条件平衡常数 K',它能更好地反映实际情况下反应进行的程度。

氧化还原反应到达化学计量点时,反应进行的程度可用条件平衡常数或平衡常数的大小来衡量,那么它们应为多大,才能满足定量分析的要求呢?

根据滴定分析误差要求,一般在化学计量点时反应完全程度至少应达到 99.9% 以上,未作用物的比例应小于 0.1%。在氧化还原反应中,我们用电对的电位差 $\Delta\varphi^{\ominus}$ 衡量。

6.1.2.2　滴定反应 sp 时:滴定反应的完全度应 >99.9%

(1)1:1 型反应。

因

$$K' = \frac{c_{Red_1}\, c_{Ox_2}}{c_{Ox_1}\, c_{Red_2}} \geqslant 10^6$$

有

$$\Delta\varphi' = \varphi_1^{\ominus'} - \varphi_2^{\ominus'} = \frac{0.059}{n}\lg K' \geqslant \frac{0.059 \times 6}{n} = \frac{0.36}{n}\ V$$

当 $n_1 = n_2 = 1$ 时,有

$$\Delta\varphi' = \varphi_1^{\ominus'} - \varphi_2^{\ominus'} \geqslant 0.36\ V$$

当 $n_1 = n_2 = 2$ 时,有

$$\Delta\varphi' = \varphi_1^{\ominus'} - \varphi_2^{\ominus'} \geqslant 0.18\ V$$

(2)1:2 型反应。

因

$$K' = \frac{c_{Red_1}\, c_{Ox_2}^2}{c_{Ox_1}\, c_{Red_2}^2} \geqslant 10^9$$

有

$$\Delta\varphi' = \varphi_1^{\ominus'} - \varphi_2^{\ominus'} = \frac{0.059}{n}\lg K' \geqslant \frac{0.059 \times 9}{n} = \frac{0.54}{n}\ V$$

当 $n_1 = 2, n_2 = 1$ 时,有

$$\Delta\varphi' = \varphi_1^{\ominus'} - \varphi_2^{\ominus'} \geqslant 0.27\ V$$

一般只要 $\Delta\varphi' = \varphi_1^{\ominus'} - \varphi_2^{\ominus'} \geqslant 0.35 \sim 0.40\ V$,反应可定量进行。

6.2　氧化还原滴定法的基本原理

6.2.1　滴定曲线

氧化还原滴定法和其他滴定方法一样,随着滴定剂的不断加入,被滴定

物质的氧化态和还原态的浓度逐渐发生变化,有关电对的电极电位也随之不断改变,对于它们的变化情况可用滴定曲线来描述。滴定曲线一般可用试验方法测得。对于可逆的氧化还原体系,根据 Nernst 方程计算得出的滴定曲线与实验测得的曲线比较吻合。从滴定曲线上可以看出化学计量点和滴定突跃电位。

现以 $0.100\ 0$ mol/L $Ce(SO_4)_2$ 标准溶液在 1.0 mol/L H_2SO_4 介质中滴定 $0.100\ 0$ mol/L $FeSO_4$ 溶液为例,说明可逆、对称的氧化还原电对在滴定过程中电极电位的计算方法及滴定曲线的绘制(298 K)。

滴定反应为

$$Ce^{4+} + Fe^{2+} \rightarrow Ce^{3+} + Fe^{3+}$$

$$\varphi^{\ominus'}_{Fe^{3+}/Fe^{2+}} = 0.68V, \varphi^{\ominus'}_{Ce^{4+}/Ce^{3+}} = 1.44\ V$$

$\lg K = \dfrac{1.44 - 0.68}{0.059} = 12.9 \gg 6$,该反应进行相当完全。

在滴定的不同阶段,按 Nernst 方程式计算体系的电极电位值。各滴定阶段电极电位的计算方法如下。

6.2.1.1　化学计量点前

滴定开始后,随着的 Ce^{4+} 加入,Ce^{3+}、Fe^{3+} 不断生成。而加入的 Ce^{4+} 在化学计量点前几乎全部被还原为 Ce^{3+},溶液中 Ce^{4+} 量极少,因而不易直接求得。但已知滴定比例,$c_{Fe(Ⅲ)}/c_{Fe(Ⅱ)}$ 的值就确定了,这时用 Fe^{3+}/Fe^{2+} 电对来计算系统的电极电位较为方便。例如,当滴定了 99.9% 的 Fe^{2+} 时(终点误差 -0.1%)。

$$\frac{c_{Fe^{3+}}}{c_{Fe^{2+}}} = \frac{99.9}{0.1} \approx 10^3$$

$$\varphi = \varphi^{\ominus'}_{Fe^{3+}/Fe^{2+}} + 0.059\lg\frac{c_{Fe^{3+}}}{c_{Fe^{2+}}} = 0.68 + 0.059\lg10^3 = 0.86\ V$$

化学计量点前的任意一点电位均可由上面的方法求得。

6.2.1.2　化学计量点时

滴定达到化学计量点时反应定量完成。此时,Ce^{4+} 和 Fe^{2+} 都定量地转变成 Ce^{3+} 和 Fe^{3+}。溶液中未反应的 Ce^{4+} 及 Fe^{2+} 浓度很小,不易准确求得。系统的电位不易直接单独按某一电对来计算电极电位,而是由两个电对的 Nernst 方程联立求得。化学计量点时

$$\varphi_{sp} = \varphi^{\ominus'}_{Ce^{4+}/Ce^{3+}} + 0.059\lg\frac{c_{Ce^{4+}}}{c_{Ce^{3+}}}$$

$$\varphi_{sp} = \varphi_{Fe^{3+}/Fe^{2+}}^{\ominus'} + 0.059 \lg \frac{c_{Fe^{3+}}}{c_{Fe^{2+}}}$$

将两式相加整理得

$$2\varphi_{sp} = \varphi_{Ce^{4+}/Ce^{3+}}^{\ominus'} + \varphi_{Fe^{3+}/Fe^{2+}}^{\ominus'} + 0.059 \lg \frac{c_{Ce^{4+}} c_{Fe^{3+}}}{c_{Ce^{3+}} c_{Fe^{2+}}}$$

化学计量点时

$$\frac{c_{Ce^{4+}}}{c_{Ce^{3+}}} = 1, \frac{c_{Fe^{3+}}}{c_{Fe^{2+}}} = 1$$

即

$$\frac{c_{Ce^{4+}} c_{Fe^{3+}}}{c_{Ce^{3+}} c_{Fe^{2+}}} = 1$$

所以

$$\varphi_{sp} = \frac{\varphi_{Ce^{4+}/Ce^{3+}}^{\ominus'} + \varphi_{Fe^{3+}/Fe^{2+}}^{\ominus'}}{2} = \frac{1.44 + 0.68}{2} = 1.06 \text{ V}$$

6.2.1.3　化学计量点后当滴定剂过量 0.1% 时

用 $Ce(SO_4)_2$ 溶液滴定 Fe^{2+} 时,滴定电位突跃为 $0.86 \sim 1.26$ V(图 6-1)。化学计量点附近电位突跃的长短与两个电对的条件电位相差的大小有关。条件电位相差越大,突跃越长;反之则越短。

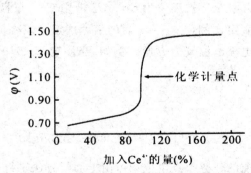

图 6-1　Ce^{4+} 溶液滴定 Fe^{2+} 溶液滴定曲线

对于可逆的、对称的氧化还原电对($n_1 = n_2$),化学计量点电位为两个电对的条件电位的平均值。

可逆的、不对称的氧化还原电对($n_1 \neq n_2$),化学计量点电位计算及滴定电位突跃。

$$Ox_1 + n_1 e^- \Longrightarrow Red_1 \qquad \varphi_1 = \varphi_1^{\ominus'} + \frac{0.059}{n_1} \lg \frac{c_{Ox_1}}{c_{Red_1}}$$

$$Ox_2 + n_2 e^- \Longrightarrow Red_2 \qquad \varphi_2 = \varphi_2^{\ominus} + \frac{0.059}{n_2} \lg \frac{c_{Ox_2}}{c_{Red_2}}$$

当 $\varphi_1^{\ominus} > \varphi_2^{\ominus}$（无副反应）或 $\varphi_1^{\ominus'} > \varphi_2^{\ominus'}$（有副反应）时

$$p_2 Ox_1 + p_1 Red_2 \Longrightarrow p_1 Ox_2 + p_2 Red_1$$

化学计量点时：

$$\varphi_{sp} = \varphi_1^{\ominus'} + \frac{0.059}{n_1} \lg \frac{c_{Ox_1}}{c_{Red_1}}$$

$$\varphi_{sp} = \varphi_2^{\ominus'} + \frac{0.059}{n_2} \lg \frac{c_{Ox_2}}{c_{Red_2}}$$

$$(n_1 + n_2)\varphi_{sp} = n_1 \varphi_1^{\ominus'} + n_2 \varphi_2^{\ominus'} + \frac{0.059}{n} \lg \frac{c_{Ox_1} c_{Ox_2}}{c_{Red_1} c_{Red_2}}$$

电位计算通式：

$$\varphi_{sp} = \frac{n_1 \varphi_1^{\ominus'} + n_2 \varphi_2^{\ominus'}}{n_1 + n_2}$$

滴定突跃范围：

$$\varphi_2^{\ominus'} + \frac{3 \times 0.059}{n_2} \sim \varphi_1^{\ominus'} - \frac{3 \times 0.059}{n_1}$$

注：若 $n_1 \neq n_2$，滴定曲线在 sp 前后不对称。

6.2.2　氧化还原滴定指示剂

在氧化还原滴定中，除采用电位滴定法确定终点外，还可以根据所使用的标准溶液的不同，选用不同类型的指示剂来确定滴定的终点。氧化还原滴定中常用的指示剂有以下几类。

6.2.2.1　自身指示剂

有些滴定剂或被测溶液自身具有很深的颜色，而其滴定反应产物为无色或浅色，在滴定过程中无须另加指示剂，仅根据其自身的颜色变化就可确定终点，此类指示剂被称为自身指示剂。例如，在高锰酸钾法中，MnO_4^- 具有很深的紫红色，其还原产物 Mn^{2+} 几乎是无色的，当用 $KMnO_4$ 作滴定剂在酸性溶液中滴定浅色或无色还原剂试液时，在滴定到化学计量点后稍过量的 $KMnO_4$（$c_{KMnO_4} = 2 \times 10^{-6}$ mol/L）就可使溶液现粉红色，指示终点到达。

6.2.2.2　特殊指示剂

有些物质本身并不具备氧化还原性质，但可与某种氧化剂或还原剂作用产生特殊的颜色变化，以指示滴定终点，此类物质称为特殊指示剂，也称为专属指示剂。例如,可溶性淀粉溶液与 I_2(I_3^-)作用生成深蓝色吸附化合物,当 I_2 全部被还原为 I^- 时,深蓝色消失,一般当溶液的浓度为 5.0×10^{-6} mol/L 时即能看到蓝色,反应非常灵敏。因此,淀粉是碘量法的特殊指示剂。

6.2.2.3　氧化还原指示剂

氧化还原指示剂是其本身具有氧化还原性质的复杂有机物,它的氧化态和还原态具有不同的颜色,在滴定过程中,指示剂因被氧化或被还原而发生颜色变化,从而可以用来指示终点。

与酸碱指示剂类似,氧化还原指示剂也有其变色的电位范围。若以 In(Ox) 和 In(Red)分别表示指示剂的氧化态和还原态,则氧化还原指示剂的半反应可用下式表示

$$In(Ox)+ne^-\Longrightarrow In(Red)$$

$$\varphi=\varphi_{In(O)/In(R)}^{\ominus'}+\frac{0.059}{n}\lg\frac{c_{In(O)}}{c_{In(R)}}$$

φ 与 $\varphi_{In(O)/In(R)}^{\ominus'}$ 有关,条件一定,$\varphi_{In(O)/In(R)}^{\ominus'}$ 一定。

φ 与氧化型或还原型的浓度有关。

$$电位改变\Rightarrow浓度比改变\Rightarrow颜色改变$$

$$\frac{c_{In(O)}}{c_{In(R)}}\geqslant10\Rightarrow In(O)颜色可辨$$

$$\frac{c_{In(O)}}{c_{In(R)}}\leqslant\frac{1}{10}\Rightarrow In(R)颜色可辨$$

$$\frac{c_{In(O)}}{c_{In(R)}}从\frac{1}{10}\sim10\Rightarrow指示剂颜色从 R\to O$$

$$\frac{c_{In(O)}}{c_{In(R)}}从 10\sim\frac{1}{10}\Rightarrow指示剂颜色从 O\to R$$

指示剂的变色范围:$\varphi_{In(O)/In(R)}^{\ominus'}\pm\frac{0.059}{n}$。

指示剂的理论变色点:$\frac{c_{In(O)}}{c_{In(R)}}=1\Rightarrow\varphi=\varphi_{In(O)/In(R)}^{\ominus'}$。

6.3　碘量法及其应用

6.3.1　方法概述

碘量法(iodometric methods)是利用 I_2 的氧化性和 I^- 还原性进行滴定

分析的方法,其半反应为

$$I_2 + 2e \Longrightarrow 2I^-$$

固体碘在水中的溶解度很小(约为 0.001 33 mol/L),因此,滴定分析时所用碘溶液是 I_3^- 溶液,该溶液是将固体碘溶于 KI 溶液中,其反应式为

$$I_2 + I^- \Longrightarrow I_3^-$$

半反应为

$$I_3^- + 2e \Longrightarrow 3I^- \qquad \varphi^{\ominus} = 0.534\,V$$

为简便起见,一般仍将 I_3^- 简写为 I_2。

由于 I_2/I^- 电对的标准电位值可知,I_2 的氧化能力较弱,它只能与一些较强的还原剂(如 Sn(Ⅱ)、S^{2-}、As_2O_3、SO_3^{2-}、Sb(Ⅲ)等)作用。而 I^- 是一中等强度的还原剂,它能被许多氧化剂(如 $KMnO_4$、H_2O_2、$K_2Cr_2O_7$、KIO_3 等)氧化为 I_2。因此,碘量法又可分为直接碘量法和间接碘量法两种。

6.3.1.1　直接碘量法

用 I_2 标准溶液直接滴定还原剂溶液的分析法称为直接碘量法(direct iodimetry)或碘滴定法。直接碘量法可测定一些强还原性物质,例如

$$I_2 + SO_2 + 2H_2O \Longrightarrow 2I^- + SO_4^{2-} + 4H^+$$

可利用该反应对钢铁中硫含量进行滴定分析,由于 I_2 是较弱的氧化剂,能被 I_2 氧化的物质有限,而且受溶液中 H^+ 浓度的影响较大,所以直接碘量法的应用受到一定的限制。

6.3.1.2　间接碘量法

电极电位大于 0.534 V 的氧化性物质,可在一定条件下与 I^- 作用,反应析出的 I_2 可用 $Na_2S_2O_3$ 标准溶液进行滴定。例如,$K_2Cr_2O_7$ 的测定,现将 $K_2Cr_2O_7$ 试液在酸性介质中与过量碘化钾作用产生 I_2,再用 $Na_2S_2O_3$ 标准溶液滴定 I_2。相关反应为

$$Cr_2O_7^{2-} + 6I^- + 14H^+ \Longrightarrow 2Cr^{3+} + 3I_2 + 7H_2O$$

$$I_2 + 2S_2O_3^{2-} \longrightarrow 2I^- + S_4O_6^{2-}$$

因此可用间接法测定氧化性物质,这种分析法称为间接碘量法(indirect iodimetry)或滴定碘法。凡能与 KI 作用定量析出 I_2 的氧化性物质及能与过量 I_2 在碱性物质中作用的有机物都可用间接碘量法测定,故间接碘量法的应用较直接碘量法更为广泛。

应该注意 I_2 和 $S_2O_3^{2-}$ 的反应必须在中性或弱酸性溶液中进行,因为在碱性溶液中会同时发生如下反应

$$S_2O_3^{2-} + 4I_2 + 10OH^- \Longrightarrow 2SO_4^{2-} + 8I^- + 5H_2O$$

使氧化还原过程复杂化。而且在较强的强碱溶液中，I_2 会发生歧化反应，给测定带来误差，反应式如下

$$3I_2 + 6OH^- \Longrightarrow IO_3^- + 5I^- + 3H_2O$$

如果需要在弱碱性溶液中滴定 I_2，应用 Na_3AsO_3 代替 $Na_2S_2O_3$。

6.3.2 碘量法的反应条件

为了获得准确的结果，应用碘量法时应注意以下几个条件。

6.3.2.1 防止 I^- 被 O_2 氧化

I^- 被空气中的 O_2 氧化和 I_2 的挥发是碘量法的重要误差来源。实验时常使用下面的方法防止 I^- 被空气中的 O_2 氧化：

(1)溶液酸度不能太高。

$$4I^- + 4H^+ + O_2 \Longrightarrow 2I_2 + 2H_2O$$

因此反应进行的程度和速率都将随溶液酸度增加而提高。

(2)光照及 Cu^{2+}、NO_2^- 等对空气中的 O_2 氧化 I^- 的反应有催化作用，故应将消除 Cu^{2+}、NO_2^- 等干扰后的溶液放置于暗处，避免光线直接照射。

(3)间接碘量法中，应在接近滴定终点时再加入淀粉指示剂，否则大量的 I_2 与淀粉结合，会影响 $Na_2S_2O_3$ 对碘的还原。

6.3.2.2 防止 I_2 挥发

常用防止碘挥发的方法有以下几条。

(1)加入过量的 KI，使 I_2 生成 I_3^- 以减少 I_2 挥发。

(2)反应温度不宜过高，析出 I_2 的反应应在碘量瓶中进行，反应完成后立即滴定。

(3)滴定时，不能剧烈摇动，滴定速度不宜太慢。

6.3.2.3 控制合适的酸度

直接碘量法不能在碱溶液中进行，间接碘量法只能在弱酸性或近中性的溶液中进行，如果溶液的 pH 过高，I_2 自身会发生歧化反应。在间接碘量法中，pH 过高或过低都会改变 I_2 和 $S_2O_3^{2-}$ 的计量关系，从而带人很大的误差。

6.3.3 标准溶液的配制和标定

碘量法中，经常使用的标准溶液有 I_2 和 $Na_2S_2O_3$ 两种，下面分别介绍

这两种溶液的配制和标定。

6.3.3.1　I_2 标准溶液的配制和标定

用升华法制得的纯 I_2 可以直接配制标准溶液,但通常是用市售的纯 I_2 采用间接法进行配制。配制 I_2 标准溶液时,先在托盘天平上称取一定量的 I_2,将适量的 KI 与 I_2 一起置于研钵中,加少量水研磨,待 I_2 全部溶解后,加水将溶液稀释至一定的体积。溶液贮存于具有玻璃塞的棕色瓶内,放置在阴暗处(I_2 溶液不应与橡皮等有机物接触,也要避免光照和受热)。

I_2 溶液常用基准物质 As_2O_3(俗名砒霜,剧毒)标定,As_2O_3 难溶于水,故先将一定准确量的 As_2O_3 溶解在 NaOH 溶液中,再用酸将溶液酸化,最后用 $NaHCO_3$ 将溶液调至 pH≈8。以淀粉为指示剂,用碘溶液进行滴定,终点时,溶液由无色突变为蓝色,相关的反应式为

$$As_2O_3 + 6OH^- \Longrightarrow 2 + 3H_2O$$

$$H_3AsO_3 + I_2 + H_2O \Longrightarrow H_3AsO_4 + 2I^- + 2H^+$$

I_2 溶液浓度也可以用 $Na_2S_2O_3$ 标准溶液进行比较滴定。

6.3.3.2　$Na_2S_2O_3$ 标准溶液的配制和标定

市售 $Na_2S_2O_3$ 一般含有少量杂质(如 S、Na_2SO_3、Na_2SO_4、Na_2CO_3、NaCl 等),同时还容易风化、潮解。因此,不能直接配制成准确浓度的溶液,只能用间接法配制。

(1)$Na_2S_2O_3$ 溶液遇酸即分解。水中溶解的 CO_2 也能与它发生作用,其反应式为

$$Na_2S_2O_3 + CO_2 + H_2O \Longrightarrow NaHSO_3 + NaHCO_3 + S\downarrow$$

此分解反应一般在配制溶液的最初 10 d 内发生。

(2)空气中的氧气可将其氧化,其反应式为

$$2Na_2S_2O_3 + O_2 \Longrightarrow 2Na_2SO_4 + 2S\downarrow$$

(3)水中存在的微生物能使其转化为 Na_2SO_3,其反应式为

$$Na_2S_2O_3 \rightarrow Na_2SO_3 + S\downarrow$$

光照会使该反应速率增大。$Na_2S_2O_3$ 在微生物作用下分解是在存放过程中 $Na_2S_2O_3$ 浓度变化的主要原因。

因此,在配制 $Na_2S_2O_3$ 溶液时,应用新煮沸(除 CO_2、O_2、杀菌)并冷却了的蒸馏水,并加入少量 Na_2CO_3(约 0.02%),使溶液保持微碱性,有时为了避免细菌的作用还加入少量(10 mg/L)碘化汞。为了避免日光导致 $Na_2S_2O_3$ 的分解,溶液应保存在棕色瓶中,放置于暗处,放置数天后标定其浓度。长期保存的溶液,隔 1～2 月标定一次,若发现溶液变浑,应弃去

重配。

标定 $Na_2S_2O_3$ 溶液的基准物质有 $K_2Cr_2O_7$、KIO_3、$KBrO_3$ 和纯 Cu 等，其中以 $K_2Cr_2O_7$ 最为常用。

6.4　高锰酸钾法及其应用

6.4.1　概述

$KMnO_4$ 法（potassium permanganate method）是以 $KMnO_4$ 为滴定剂的氧化还原滴定法。$KMnO_4$ 是一种强氧化剂，其氧化能力及还原产物与溶液的酸度有关。

在强酸性条件下，$KMnO_4$ 与还原剂作用是被还原为 Mn^{2+}，反应如下

$$MnO_4^- + 8H^+ + 5e^- \Longrightarrow Mn^{2+} + 4H_2O \qquad \varphi^\ominus = 1.491 \text{ V}$$

在弱酸性、中性、弱碱性条件下，$KMnO_4$ 与还原剂作用时被还原为 MnO_2，反应如下

$$MnO_4^- + 2H_2O + 3e^- \Longrightarrow MnO_2 + 4OH^- \qquad \varphi^\ominus = 0.58 \text{ V}$$

在强碱性（NaOH 浓度大于 2.0 mol/L）条件下，$KMnO_4$ 与还原剂作用时被还原为 MnO_4^{2-}，反应如下

$$MnO_4^- + e^- \Longrightarrow MnO_4^{2-} \qquad \varphi^\ominus = 0.56 \text{ V}$$

由此可见，$KMnO_4$ 法既可在强酸性条件下使用，也可在近中性和强碱性条件下使用。由于 $KMnO_4$ 在强酸性条件下具有更强的氧化能力，因此该法一般在强酸性的条件下进行。为防止 Cl^-（具有还原性）和 NO_3^-（酸性条件下具有氧化性）的干扰，其酸性介质通常是用 $1\sim2$ mol/L 的 H_2SO_4 溶液。$KMnO_4$ 测定某些有机物时，通常在强碱性（NaOH 浓度大于 2 mol/L）条件下进行，其原因是在该条件下氧化有机物的化学反应速率比在酸性条件下的更快。

6.4.2　滴定特点

$KMnO_4$ 法的优点：①氧化能力强，应用广泛。许多还原性物质（如 $Fe(Ⅱ)$、$C_2O_4^{2-}$、H_2O_2、$As(Ⅲ)$、$Sb(Ⅲ)$、$W(Ⅴ)$、$U(Ⅳ)$ 等）及有机物可用 $KMnO_4$ 标准溶液直接测定。某些氧化性物质（如 MnO_2、$KClO_3$、PbO_2、Pb_2O_3、$K_2Cr_2O_7$ 及 H_3VO_4 等）可用返滴定的方法进行定量分析。而像

Ca^{2+}、Ba^{2+}、Sr^{2+}、Ni^{2+}、Cd^{2+} 等不具有氧化还原性的物质可用间接滴定法分析。②其溶液紫红色,自身可作指示剂、使用方便。

$KMnO_4$ 法的缺点:①$KMnO_4$ 试剂常含有少量的杂质,只能用间接方法配制标准溶液,标准溶液也不太稳定,要经常处理和标定。②反应机理复杂,易发生副反应,选择性较差。③反应速率较慢,有的滴定需要加热(如滴定 $Na_2C_2O_4$),增加了工作量。若 $KMnO_4$ 溶液配制后保存得当,滴定时严格控制条件,这些缺点大多可以克服。

6.4.3　高锰酸钾溶液的配制与标定

市售的 $KMnO_4$ 常含有少量的 MnO_2 和其他杂质,蒸馏水中常含有微量的还原性物质,还有光、热、酸、碱等都能促使 $KMnO_4$ 分解,故不能用直接法配置 $KMnO_4$ 标准溶液。为了获得稳定的 $KMnO_4$ 溶液,常用下列方法配制和保存。

(1)称取比理论值稍多的 $KMnO_4$ 固体,溶解在一定的蒸馏水中。

(2)将配制好的 $KMnO_4$ 溶液加热至沸,并保持微沸 1 h,然后于暗处放置 2~3 d,以使溶液中可能存在的还原性物质完全被氧化。

(3)用微孔玻璃漏斗或玻璃纤维过滤除去析出的沉淀。

(4)将过滤后的 $KMnO_4$ 溶液贮存于棕色试剂瓶中,并存放于暗处(避免光对 $KMnO_4$ 的催化分解),以待标定。

可用于标定 $KMnO_4$ 溶液的基准物质有 $Na_2C_2O_4$、$H_2C_2O_4 \cdot 2H_2O$、$FeSO_4 \cdot (NH_4)_2SO_4 \cdot 6H_2O$、$As_2O_3$、纯铁丝等,其中因 $Na_2C_2O_4$ 易于提纯、性质稳定等优点而最为常用。

在介质 H_2SO_4 中,MnO_4^- 与 $C_2O_4^{2-}$ 发生如下反应

$$2MnO_4^- + 5C_2O_4^{2-} + 16H^+ = 2Mn^{2+} + 10CO_2 \uparrow + 8H_2O$$

6.4.4　滴定条件

为了使此反应能定量且较迅速地进行,需要控制如下滴定条件。

(1)温度。该反应在室温下反应速率很慢,因此滴定时需加热。但加热的温度不宜太高,一般将温度控制在 70~85 ℃。若在酸性溶液中,温度超过 90 ℃时,会有部分 $H_2C_2O_4$ 分解,其反应式为

$$H_2C_2O_4 = CO_2 \uparrow + CO \uparrow + H_2O$$

(2)酸度。$KMnO_4$ 的还原产物与溶液的酸度有关,酸度过低,易生成 MnO_2 或其他产物,酸度过高又会促使 $H_2C_2O_4$ 的分解。所以,在开始滴定

时,一般将酸度控制为 $0.5 \sim 1.0$ mol/L,滴定终点时,溶液的酸度为 $0.2 \sim 0.5$ mol/L。

(3)滴定速度。滴定开始时,$KMnO_4$ 与 $C_2O_4^{2-}$ 的反应速率较慢,特别是滴入第一滴 $KMnO_4$ 溶液时,需待红色褪去后再滴入下一滴,否则加入的 $KMnO_4$ 溶液来不及与 $C_2O_4^{2-}$ 反应,即在热的强酸性溶液中自身分解,影响标定结果,其反应式为

$$4MnO_4^- + 12H^+ \Longrightarrow 4Mn^{2+} + 5O_2 \uparrow + 6H_2O$$

随着滴定的进行,产物 Mn^{2+} 增多,对滴定反应产生催化作用,滴定速度随之加快。若在滴定前加入几滴 $MnSO_4$ 试剂作催化剂,则最初阶段的滴定就可以正常的速度进行。

用 $KMnO_4$ 溶液自身指示终点时,滴定终点是不太稳定的,滴定终点后溶液的粉红色逐渐消失,原因是空气中的还原性气体和灰尘等杂质可与 MnO_4^- 缓慢作用,使 MnO_4^- 还原,从而使粉红色逐渐消失。所以,在滴定时,溶液出现粉红色半分钟不褪色即可认为达到终点。

6.5   其他氧化还原滴定法

6.5.1   重铬酸钾法

$K_2Cr_2O_7$ 是一种常用的氧化剂,在酸性溶液亦具很强的氧化性,其半反应和标准电极电势为

$$Cr_2O_7^{2-} + 14H^+ + 6e^- \Longrightarrow 2Cr^{3+} + 7H_2O \qquad E^{\ominus} = 1.33 \text{ V}$$

与高锰酸钾法相比,重铬酸钾法有如下特点:

(1)$K_2Cr_2O_7$ 固体试剂易提纯且稳定,可以作为基准物质直接配制标准溶液。

(2)$K_2Cr_2O_7$ 标准溶液非常稳定,可以长期保存和使用。

(3)在 1 mol/L HCl 溶液中,$K_2Cr_2O_7$ 的 $E^{\ominus\prime} = 1.00$ V,而 Cl_2/Cl^- 的 $E^{\ominus\prime} = 1.33$ V,故在通常情况下 $K_2Cr_2O_7$ 不与 Cl^- 反应。特别是 $K_2Cr_2O_7$ 与 Fe^{2+} 的反应不会诱导 $K_2Cr_2O_7$ 与 Cl^- 的反应,因此可在 HCl 溶液中用 $K_2Cr_2O_7$ 滴定 Fe^{2+}。

(4)虽然 $Cr_2O_7^{2-}$ 溶液本身显橙色,但一方面此颜色不鲜明,作为指示剂的灵敏度较差;另一方面其还原产物 Cr^{3+} 常呈绿色,对橙色有掩盖作用,所以 $K_2Cr_2O_7$ 不能作为自身指示剂指示终点,通常采用二苯胺磺酸钠为指

示剂。

重铬酸钾法最重要的应用是测定铁的含量。此外,通过 $Cr_2O_7^{2-}$ 与 Fe^{2+} 的反应,还可以测定其他氧化性或还原性的物质。例如,该反应可用于土壤中有机质的测定。即先用一定量且过量的 $K_2Cr_2O_7$ 溶液将有机质氧化,然后再以 Fe^{2+} 标准溶液返滴剩余的 $K_2Cr_2O_7$。

6.5.2　溴酸钾法

$KBrO_3$ 是一种强氧化剂,在酸性溶液中与还原性物质作用时,BrO_3^- 被还原为 Br^-,其半反应为

$$BrO_3^- + 6H^+ + 6e^- =\!=\!= Br^- + 3H_2O \qquad \varphi^{\ominus} = 1.44\ V$$

由于操作方法不同,溴酸钾法又分为直接法和间接法两种。

6.5.2.1　直接法

在酸性溶液中用甲基橙或甲基红作指示剂,以溴酸钾标准溶液直接滴定待测物质的方法为直接法。在反应中,$KBrO_3$ 被还原成 Br^-,化学计量点后稍过量的 $KBrO_3$ 与 Br^- 作用生成 Br_2。

$$BrO_3^- + 6H^+ + 5Br^- =\!=\!= 3Br_2 + 3H_2O$$

定量析出的 Br_2 与待测还原性物质反应,达到化学计量点后,稍过量的 Br_2 可使指示剂(甲基橙或甲基红)变色,指示终点到达。

利用这种方法可以测定 Sb^{3+}、N_2H_4、Cu^+ 等还原性物质的含量。

$$BrO_3^- + 6H^+ + 3Sb^{3+} =\!=\!= Br^- + 3Sb^{5+} + 3H_2O$$
$$2BrO^- + N_2H_4 =\!=\!= 2Br^- + N_2 + 2H_2O$$
$$BrO_3^- + 6H^+ + 6Cu^+ =\!=\!= Br^- + 6Cu^{2+} + 3H_2O$$

6.5.2.2　间接法

间接法也称溴量法。溴量法常与碘量法配合使用,即在酸性溶液中加入一定量过量的 $KBrO_3$-KBr 标准溶液,与待测物质反应完全后,过量的 Br_2 与加入的 KI 反应,析出 I_2,以淀粉作指示液,再用 $Na_2S_2O_3$ 标准溶液滴定。

$$Br_2 + 2I^- =\!=\!= 2Br^- + I_2$$
$$2S_2O_3^{2-} + I_2 =\!=\!= 2I^- + S_4O_6^{2-}$$

这种溴量法在有机分析中应用较多,特别是利用 Br_2 的取代反应可以测定多种酚类和芳香胺类等物质的含量。例如,苯酚含量的测定就是利用苯酚与溴的反应。

待反应完全后,使剩余的 Br_2 与过量的 KI 作用,析出相当量的 I_2,再用 $Na_2S_2O_3$ 标准溶液滴定。根据两种标准溶液的用量和浓度即可求出试样中苯酚的含量。

6.5.3　硫酸铈法

$Ce(SO_4)_2$ 是强氧化剂,在水溶液中易水解,须在酸度较高的溶液中使用。在酸性溶液中 Ce^{4+} 与还原剂作用时,Ce^{4+} 被还原为 Ce^{3+}。其半反应为

$$Ce^{4+} + e^- \Longrightarrow Ce^{3+} \qquad \varphi^{\ominus} = 1.61 \text{ V}$$

另外,由表 6-1 看出,当酸的种类和浓度不同时,Ce^{4+}/Ce^{3+} 电对的条件电位也不同,并且有的相差较大。

表 6-1　在不同介质中 Ce^{4+}/Ce^{3+} 电对的 $\varphi^{\ominus}{}'$ 　　　　单位:V

酸的浓度 c/(mol/L)	$HClO_4$ 溶液	HNO_3 溶液	H_2SO_4 溶液	HCl 溶液
0.5			1.44	
1.0	1.70	1.61	1.44	1.28
2.0	1.71	1.62	1.44	
1.0	1.75	1.61	1.40	
6.0	1.82			
8.0	1.87	1.65	1.42	

铈量法有如下特点。

①配制溶液所用的硫酸铈铵[$Ce(SO_4)_2 \cdot (NH_4)_2SO_4 \cdot 2H_2O$]易提纯,可直接配制标准溶液,不必标定。标准溶液稳定,放置较长时间或加热也不分解。

②凡是 $KMnO_4$ 能够测定的物质几乎都能用铈量法测定。

③Ce^{4+} 还原为 Ce^{3+} 时只有一个电子转移,不形成中间产物,反应简单。

④硫酸铈虽是强氧化剂,但在 $c(HCl) = 1$ mol/L 的溶液中,$\varphi^{\ominus}{}' = 1.28$ V,低于 Cl_2/Cl^- 电对的电位($\varphi^{\ominus}{}' = 1.36$ V),故可在 HCl 溶液中滴定 Fe^{2+} 而

不受 Cl^- 的干扰。

⑤Ce^{4+} 与有机物如醇类、醛类、蔗糖、淀粉等在滴定条件下不起作用，可直接测定许多药品中的铁含量。

⑥Ce^{4+} 标准溶液呈黄色，而 Ce^{3+} 为无色，可用 Ce^{4+} 本身的黄色指示滴定终点，但灵敏度不高。一般仍采用邻二氮菲亚铁作指示剂，终点变色敏锐。

铈量法具有上述特点，铈盐又不像六价铬离子那样有毒，因此铈量法逐渐为人们所采用。

6.6　氧化还原滴定法的应用

氧化还原滴定法是滴定分析中应用最广泛的分析方法之一，可用于无机物和有机物含量的直接或间接测定。

氧化还原滴定法一般根据所采用的滴定剂进行分类，作为滴定剂要求它在空气中保持稳定，所以可用做滴定剂的还原剂不多，常用的仅有 $Na_2S_2O_3$ 和 $FeSO_4$ 等。而氧化剂作为滴定剂在氧化还原滴定中应用非常广泛，常用的有 $KMnO_4$、$K_2Cr_2O_7$、I_2、$KBrO_3$、$Ce(SO_4)_2$ 等。下面简要介绍常用的几种方法。

6.6.1　碘量法的应用

6.6.1.1　Na_2S 总还原能力的测定

在弱酸性溶液中，I_2 能氧化 H_2S，其反应式为

$$H_2S + I_2 \Longrightarrow S\downarrow + 2H^+ + 2I^-$$

因此，可用淀粉作为指示剂，用碘标准溶液滴定 H_2S。这是用直接碘量法测定硫化物的方法。滴定不能在碱性溶液中进行，否则，S^{2-} 被氧化为 SO_4^{2-}，并且 I_2 在碱性溶液中会发生歧化反应。为防止 S^{2-} 在酸性条件下生成 H_2S 而损失，在测定时，应用移液管加 Na_2S 试液于过量酸性碘标准溶液中，反应完成后，再用 $Na_2S_2O_3$ 标准溶液滴定过量的 I_2。硫化钠中一般会含有 $Na_2S_2O_3$、Na_2SO_3 等还原性物质，它们也与 I_2 作用，因此测定结果实际是 Na_2S 总的还原能力。

其他能与酸作用生成 H_2S 的试样（如某些含硫的矿石、石油和废水中的硫化物，钢铁中的硫及有机物中的硫等，都可以使其转化为 H_2S），可用

镉盐或锌盐的氨性溶液吸收它们与酸反应时生成的 H_2S，然后加入一定量的 I_2 标准溶液，用 HCl 将溶液酸化，最后用 $Na_2S_2O_3$ 标准溶液滴定过量的 I_2，从而可测定其中的含硫量。

6.6.1.2　铜含量的测定

在中性或弱酸性溶液中，Cu^{2+} 可与 I^- 作用析出 I_2 并生成难溶物 CuI，这是碘量法测定铜的基础。析出的 I_2 可用 $Na_2S_2O_3$ 标准溶液进行滴定，其反应式为

$$Cu^{2+} + 4I^- \Longrightarrow 2CuI\downarrow + 2I_2$$

为了得到更好的分析结果，在具体测定时应注意以下几点。

①溶液 pH 一般控制为 3～4。酸度过高，Cu^{2+} 会加速 I^- 与空气中 O_2 的反应；酸度过低，会引起 Cu^{2+} 的水解。又因大量 Cl^- 与 Cu^{2+} 配合，因此应用 H_2SO_4 而不用 HCl（少量盐酸不干扰）溶液。

②为了减少 CuI 对于碘的吸附，在近终点前加入 NH_4SCN，使 CuI 转化为溶解度更小的 CuSCN，其反应式为：$CuI + SCN^- \Longrightarrow CuSCN + I^-$。CuSCN 吸附碘的倾向小，故可减小误差，但加入 NH_4SCN 的时间不能过早，否则 SCN^- 可能被氧化而引起误差，使结果偏低。

③试样中如果有 Fe^{3+} 存在，将会干扰测定，可加入 NH_4HF_2 使其生成稳定的 FeF_6^{3-} 配离子，使 Fe^{3+}/Fe^{2+} 电对的电极电位降低，从而可防止 Fe^{3+} 氧化 I^-。NH_4HF_2 还可控制溶液的酸度，使 pH 为 3～4。

此法可用于测定铜矿、炉渣、电镀液及胆矾等试样中的铜。

6.6.1.3　漂白粉中的有效氯的测定

漂白粉中有效成分是次氯酸盐，它具有消毒和漂白作用，此外，漂白粉中还有 $CaCl_2$、$Ca(ClO_3)_2$ 及 CaO 等，通常用 CaCl(ClO) 表示，用酸处理漂白粉时，会释放出氯气，漂白粉加酸时释放的氯称为有效氯，有效氯是评价漂白粉质量的指标。

漂白粉中有效氯可用间接碘量法测定，即试样在 H_2SO_4 介质中，与过量的 KI 作用产生 I_2，反应产生的 I_2 用 $Na_2S_2O_3$ 标准溶液进行滴定，其反应式为

$$ClO + 2I^- + 2H^+ \Longrightarrow I_2 + Cl^- + H_2O$$
$$ClO_2^- + 4I^- + 4H^+ \Longrightarrow 2I_2 + Cl^- + 2H_2O$$
$$ClO_3^- + 6I^- + 6H^+ \Longrightarrow 3I_2 + Cl^- + 3H_2O$$

6.6.1.4　有机物的测定

对于能被 I_2 直接氧化的物质，只要反应速率足够大，就可用直接碘量

法进行测定。如抗坏血酸、巯基乙酸、四乙基铅及安乃近药物等。抗坏血酸是生物体中不可缺少的维生素之一,它具有抗坏血病的功能,它也是衡量蔬菜、水果品质的常用指标之一,抗坏血酸分子中的烯醇基具有较强的还原性,能被 I_2 定量氧化成二酮基,其反应式为

$$C_6H_8O_6 + I_2 \Longrightarrow C_6H_6O_6 + 2HI$$

用直接碘量法可滴定抗坏血酸。从反应式可看出,在碱性溶液中有利于反应向右进行,但在碱性条件下抗坏血酸会被空气中的氧气所氧化,并且 I_2 会发生歧化反应。

间接碘量法广泛地应用于有机物的测定中,例如,在葡萄糖的碱性溶液中,加入一定量过量的碘标准溶液,有关反应式为

$$I_2 + 2OH^- \Longrightarrow IO^- + I^- + H_2O$$
$$CH_2OH(CHOH)_4CHO + IO^- + OH^- \Longrightarrow CH_2OH(CHOH)_4COO^- + I^- + H_2O$$

碱性溶液中剩余的 IO^- 歧化为 IO_3^- 及 I^-,其反应式为

$$3IO^- \Longrightarrow IO_3^- + 2I^-$$

溶液酸化后又析出 I_2

$$IO_3^- + 2I^- + 6H^+ \Longrightarrow 3I_2 + 3H_2O$$

最后以 $Na_2S_2O_3$ 标准溶液滴定析出 I_2。

6.6.2　高锰酸钾法的应用

6.6.2.1　H_2O_2 的测定

在室温、酸性介质中,商品 H_2O_2 可用 $KMnO_4$ 标准溶液直接滴定测定。其反应式为

$$2MnO_4^- + 5H_2O_2 + 6H^+ \Longrightarrow 2Mn^{2+} + 8H_2O + 5O_2\uparrow$$

该反应是自动催化反应,滴定初始反应速率较小,但当反应产生 Mn^{2+} 后,其对该反应可起催化作用,使反应加速。分析时应注意掌握好滴定速度。

H_2O_2 稳定性较差,因此在其工业品中一般加入某些有机物(如乙酰苯胺等)作稳定剂。这些有机物大多可与 MnO_4^- 作用影响测定。此时 H_2O_2 宜采用碘量法或硫酸铈法测定。

6.6.2.2　钙含量的测定

Ca^{2+} 不具有氧化还原性,其含量的测定是采用间接法测定。首先,将试样中的 Ca^{2+} 沉淀为 CaC_2O_4,沉淀时,为了获得颗粒较大的晶形沉淀,并

保证 Ca^{2+} 与 $C_2O_4^{2-}$ 有 1∶1 的计量关系,必须选择适合的沉淀条件。通常是在 Ca^{2+} 试液中先加盐酸酸化,再加入 $(NH_4)_2C_2O_4$。由于 $C_2O_4^{2-}$ 在酸性溶液中大部分以 $HC_2O_4^-$ 形式存在,$C_2O_4^{2-}$ 的浓度很小,此时即使 Ca^{2+} 浓度相当大,也不会生成 CaC_2O_4 沉淀。向加入 $(NH_4)_2C_2O_4$ 后的溶液中滴加稀氨水,由于 H^+ 逐渐被中和,$C_2O_4^{2-}$ 浓度缓慢增加,这样就可以得到粗颗粒结晶的 CaC_2O_4 沉淀。控制溶液的 pH 为 3.5～4.5(甲基橙显黄色),并继续加温约 30 min,使沉淀陈化(也可将沉淀连同溶液放置过夜陈化,此时不必加温,但含 Mg^{2+} 高的试样,陈化不宜过久,以免 Mg^{2+} 产生后沉淀,影响测定的准确度)。这样不仅可以避免 $Ca(OH)_2$ 或 $(CaOH)_2C_2O_4$ 沉淀的产生,而且所得 CaC_2O_4 沉淀便于过滤和洗涤。放置冷却后,过滤、洗涤,将 CaC_2O_4 沉淀溶于稀硫酸中,即可用 $KMnO_4$ 标准溶液滴定热溶液中与 Ca^{2+} 定量结合的 $C_2O_4^{2-}$。

该方法也适用于其他能与 $C_2O_4^{2-}$ 定量生成沉淀的金属离子的测定,如 Ti^{4+} 和稀土元素的测定。

6.6.2.3 软锰矿中 MnO_2 含量的测定

软锰矿中 MnO_2 含量的测定可采用反滴定法。向含有 MnO_2 试样的溶液中加入一定量的 NaC_2O_4 或 $HC_2O_4 \cdot H_2O$,在 H_2SO_4 介质中加热分解至所余残渣为白色,表明 MnO_2 被完全还原,然后再用 $KMnO_4$ 标准溶液趁热滴定剩余的 NaC_2O_4 或 $HC_2O_4 \cdot H_2O$,根据 $KMnO_4$ 及 NaC_2O_4 或 $HC_2O_4 \cdot H_2O$ 的用量便可计算出 MnO_2 含量。有关反应式如下

$$MnO_2 + C_2O_4^{2-} + 4H^+ == Mn^{2+} + 2H_2O + 2CO_2 \uparrow$$
$$2MnO_4^- + 5C_2O_4^{2-} + 16H^+ == 2Mn^{2+} + 8H_2O + 10CO_2 \uparrow$$

此法也可以用于测定某些氧化物(如 PbO_2 等)的含量。

6.6.2.4 某些有机物的测定

在强碱性(NaOH 浓度为 2 mol/L)溶液中,$KMnO_4$ 能定量地氧化某些具有还原性的氧化物(如甲醇、甲酸、甘油等)。以甲醇的测定为例,将一定过量的 $KMnO_4$ 标准溶液加入待测溶液中,其反应式为

$$CH_3OH + 6MnO_4^- + 8OH^- == CO_3^{2-} + 6MnO_4^{2-} + 6H_2O$$

待反应完成后,将溶液酸化,MnO_4^{2-} 歧化为 MnO_4^- 和 MnO_2,其反应式为

$$3MnO_4^{2-} + 4H^+ == 2MnO_4^- + MnO_2 + 2H_2O$$

再加入一定量过量的亚铁离子标准溶液,将所有的高价锰还原为 Mn^{2+},最后用 $KMnO_4$ 标准溶液滴定过量的 Fe^{2+},根据各次标准溶液的加

入量及各反应物之间的计量关系,可计算甲醇的含量。此法还可以用于测定葡萄糖、酒石酸、柠檬酸、甲醛、苯酚、水杨酸等的含量。

6.6.2.5　水样中化学耗氧量(COD)的测定

COD 是量度水体受还原性物质污染程度的综合性指标。它是指水体中还原性物质所消耗的氧化剂的量,换算成氧的质量浓度(以 mg/L 计)。测定时,在水样中加入硫酸及一定量过量的 $KMnO_4$ 溶液,置沸水浴中加热,使其中的还原性物质氧化。用一定量过量的 $Na_2C_2O_4$ 溶液还原剩余的 $KMnO_4$ 溶液。再以 $KMnO_4$ 的标准溶液返滴定剩余的 $Na_2C_2O_4$ 溶液。本法适用于地表水、地下水、饮用水和生活污水中 COD 的测定。其反应式为

$$4MnO_4^- + 5C + 12H^+ =\!=\!= 4Mn^{2+} + 6H_2O + 5CO_2 \uparrow$$

$$2MnO_4^- + 5C_2O_4^{2-} + 16H^+ =\!=\!= 2Mn^{2+} + 8H_2O + 10CO_2 \uparrow$$

由于 Cl 对此法有干扰,可加入 Ag_2SO_4 予以除去。因此,Cl^- 含量高的工业废水中 COD 的测定应采用 $K_2Cr_2O_7$ 法。

6.6.3　重铬酸钾法的应用

6.6.3.1　铁矿石中全铁含量的测定(有汞法)

重铬酸钾法是测定铁矿石中全铁含量的标准方法。一般采用浓盐酸加热溶解试样,再趁热用 $SnCl_2$ 溶液将 Fe(Ⅲ)全部还原为 Fe(Ⅱ)。然后加入 $HgCl_2$ 除去过量的 $SnCl_2$:

$$SnCl_2 + 2HgCl_2 =\!=\!= SnCl_4 + Hg_2Cl_2 \downarrow (白色丝状)$$

最后在 H_2SO_4-H_3PO_4 介质中,以二苯胺磺酸钠为指示剂,以 $K_2Cr_2O_7$ 标准溶液滴定 Fe(Ⅱ)。

加入 H_3PO_4 的目的,一是由于生成了 $Fe(HPO_4)^+$,降低了铁电对的电势,使二苯胺磺酸钠的变色点电势落入滴定的突跃范围之内,减小了终点误差;二是生成无色的 $Fe(HPO_4)^+$,消除了 $FeCl_3$ 的黄色,有利于终点的观察,从而提高了测定的准确度。

上述方法简便准确,曾在生产领域中广泛应用。但该法在预还原中使用了含汞试剂,造成环境污染。为了保护环境,现更提倡采用无汞测铁法,例如 $SnCl_2$-$TiCl_3$ 联合还原法。试样分解后,先用 $SnCl_2$ 将大部分 Fe(Ⅲ)还原,再以钨酸钠为预还原的指示剂,用 $TiCl_3$ 还原剩余的 Fe(Ⅲ),至蓝色的 W(Ⅴ)(俗称钨蓝)出现,即表明 Fe(Ⅲ)已被全部还原。滴加稀 $K_2Cr_2O_7$

至蓝色刚好褪去,以除去过量的 $TiCl_3$。其后的测定步骤与有汞法相同。

6.6.3.2 化学需氧量的测定

化学需氧量又称化学耗氧量,简称 COD(chemical oxygen demand),是一个量度水体受污染程度的重要指标,是水质分析的一项重要内容。它是指一定体积的水体中能被强氧化剂氧化的还原性物质的量,但表示为氧化这些还原性物质所需消耗的 O_2 的量(以 mg/L 计)。由于废水中的还原性物质大部分是有机物,因此常将 COD 作为水质是否受到有机物污染的依据。COD 的测定通常采用高锰酸钾法或重铬酸钾法。高锰酸钾法适合于地表水、饮用水和生活污水等污染不是很严重的水体 COD 的测定;而重铬酸钾法则适合于工业废水 COD 的测定。后者的具体步骤是,在强酸介质的水样中,以 Ag_2SO_4 为催化剂,加入一定量且过量的 $K_2Cr_2O_7$ 溶液,回流加热;待反应完全后,以邻二氮菲-Fe(Ⅱ)为指示剂,用 Fe^{2+} 标准溶液返滴过量的 $K_2Cr_2O_7$,根据所消耗的 $K_2Cr_2O_7$ 量换算求得 COD。

6.6.3.3 试样中有机物的测定

许多能被 $K_2Cr_2O_7$ 氧化的有机物在试样中的含量均可用重铬酸钾法测定。以工业甲醇中甲醇含量的测定为例,在 H_2SO_4 介质中,以一定量且过量的 $K_2Cr_2O_7$ 与甲醇反应:

$$CH_3OH + Cr_2O_7^{2-} + 8H^+ \rightleftharpoons CO_2 \uparrow + 2Cr^{3+} + 6H_2O$$

待反应完成后,以邻苯氨基甲酸为指示剂,用 $(NH_4)2Fe(SO_4)_2$ 标准溶液返滴定剩余的 $K_2Cr_2O_7$,并由此求得甲醇的含量。

6.6.4 溴量法测定苯酚含量

苯酚是医药和有机化工的重要原料,作为一种弱的有机酸,羟基邻位和对位上的氢原子比较活泼,容易被溴取代。

用溴量法测定苯酚含量时,先在试样中加入过量的 $KBrO_3$-KBr 标准滴定溶液,然后加入盐酸将溶液酸化,BrO_3^- 与 Br^- 反应产生的 Br_2 便与苯酚发生加成反应,生成三溴苯酚沉淀。待反应完全后,加入 KI 以还原剩余的 Br_2,再用 $Na_2S_2O_3$ 标准溶液滴定析出的 I_2,同时做空白试验。由空白试验消耗 $Na_2S_2O_3$ 的量(相当于产生 Br_2 的量)和滴定试样所消耗 $Na_2S_2O_3$ 的量(相当于剩余 Br_2 的量),即可求出试样中苯酚的含量。

6.7 氧化还原滴定结果的计算

氧化还原滴定结果计算的关键是如何根据一系列有关的化学反应方程式,确定待测组分与滴定剂之间的计量关系,再根据计量关系及所消耗的滴定剂的量就可求出待测组分的含量。

例 6-3 准确称取软锰矿试样 0.526 1 g,在酸性介质中加入 0.714 9 g 纯 $Na_2C_2O_4$,加热至反应完全。过量的 $Na_2C_2O_4$ 用 0.021 60 mol/L $KMnO_4$ 标准溶液滴定至终点,用去 30.47 mL。计算软锰矿 MnO_2 的质量分数。

解:有关化学反应方程式

$$MnO_2 + C_2O_4^{2-} + 4H^+ = Mn^{2+} + 2CO_2 \uparrow + 2H_2O$$
$$2MnO_4^- + 5C_2O_4^{2-} + 16H^+ = 2Mn^{2+} + 10CO_2 \uparrow + 8H_2O$$

各物质之间的计量关系为

$$n_{MnO_2} = n_{H_2C_2O_4} = \frac{5}{2}n_{KMnO_4}$$

MnO_2 含量为

$$w_{MnO_2} = \frac{\left[\dfrac{m_{Na_2C_2O_4}}{M_{Na_2C_2O_4}} - \dfrac{5}{2} \times (cV)_{KMnO_4}\right] \times M_{MnO_2}}{m_s}$$

$$= \frac{\left(\dfrac{0.704\ 9\ g}{134.00\ g/mol} - \dfrac{5}{2} \times 0.021\ 60\ mol/L \times 0.030\ 47\ L\right) \times 86.94\ g/mol}{0.526\ 1\ g}$$

$$= 0.597\ 4$$

例 6-4 取废水样 100.0 mL,用 H_2SO_4 酸化后,加入 0.016 67 mol/L $K_2Cr_2O_7$ 溶液 25.00 mL,以 $AgNO_3$ 为催化剂,煮沸一定时间,待水样中还原性物质较完全氧化后,以邻二氮菲-亚铁为指示剂,用 0.100 0 mol/L $FeSO_4$ 标准溶液滴定剩余的 $Cr_2O_7^{2-}$,用去 15.00 mL。计算废水样的化学需氧量 COD。

解:该例为重铬酸钾法测定化学需氧量 COD,有关反应式为

$$2Cr_2O_7^{2-} + 3C + 16H^+ \longrightarrow 4Cr^{3+} + 3CO_2 \uparrow + 8H_2O$$
$$Cr_2O_7^{2-}(余量) + 6Fe^{2+} + 14H^+ = 2Cr^{3+} + 6Fe^{3+} + 7H_2O$$
$$O_2 + 4H^+ + 4e^- = 2H_2O$$

各物质的物质的量的计量关系为

$$n_{O_2} = \frac{1}{4}n_{e^-} = \frac{1}{4} \times \frac{6}{1}n_{Cr_2O_7^{2-}}$$

$$n_{Cr_2O_7^{2-}} = \frac{1}{6} n_{Fe^{2+}}$$

废水样的化学需氧量为

COD_{Cr}

$$= \frac{\frac{3}{2} \left[(cV)_{Cr_2O_7^{2-}} - \frac{1}{6}(cV)_{Fe^{2+}} \right] \times M_{O_2}}{V_s}$$

$$= \frac{\frac{3}{2} \left(0.016\,6\,7\ mol/L \times 0.025\,00\ L - \frac{1}{6} \times 0.100\,0\ mol/L \times 0.015\,00\ L \right) \times 32.00\ g/mol}{0.100\,0\ L}$$

$$= 80.0\ mg/L$$

第 7 章　沉淀滴定法

氯离子是天然水、废水和土壤中一种常见的无机阴离子。当氯化物含量高时,会损害金属管道和构筑物,并妨碍植物生长。工业循环冷却水和锅炉水中氯离子测定的国家标准中所使用的方法为硝酸银滴定法。该方法是测定可溶性氯化物中 Cl^- 含量常用的方法。那么,如何测定样品中氯离子的含量? 其测定原理是什么? 本章将讨论这些问题。

7.1　沉淀滴定法概述

沉淀滴定法是以沉淀反应为基础的滴定分析方法。

我们知道沉淀反应很多,由于许多沉淀产物无固定组成,有共沉淀现象或沉淀不完全等原因,使沉淀滴定法在应用中受到一定限制,因此能用于滴定分析的沉淀反应必须符合下列条件。

(1)按一定的化学计量关系进行,生成沉淀的溶解度必须很小($s \leqslant 10^{-5}$ mol/L),对于 1:1 型的沉淀,其 $K_{sp} \leqslant 10^{-10}$。

(2)反应速率要快,不易形成过饱和溶液。

(3)有确定化学计量点的简单方法。

(4)沉淀的吸附现象不影响滴定终点。

由于上述条件的限制,能用于沉淀滴定法的反应并不多。目前常用的是生成难溶性银盐的"银量法",例如:

$$Ag^+ + Cl^- \rightleftharpoons AgCl \downarrow$$

$$Ag^+ + SCN^- \rightleftharpoons AgSCN \downarrow$$

用银量法可以测定 Cl^-、Br^-、I^-、Ag^+ 及 SCN^- 等以及一些含卤素的有机化合物(如六六六、DDT)。

7.2 莫尔法

7.2.1 基本原理

莫尔法主要用于以 $AgNO_3$ 为标准溶液,直接测定氯化物或溴化物的滴定方法。在这个滴定中,产生白色或浅黄色的卤化银沉淀;在加入第一滴过量的 $AgNO_3$ 溶液时,即产生砖红色的 Ag_2CrO_4 沉淀指示终点的到达。莫尔法依据的是 $AgCl$(或 $AgBr$)与 Ag_2CrO_4 溶解度和颜色有显著差异。滴定反应为:

终点前 $\qquad Ag^+ + Cl^- \rightleftharpoons AgCl^- \downarrow$

$\qquad\qquad\qquad\qquad\qquad$ 白色

终点时 $\qquad 2Ag^+ + CrO_4^{2-} \rightleftharpoons Ag_2CrO_4 \downarrow$

$\qquad\qquad\qquad\qquad\qquad\qquad$ 砖红色

其中,

$$K_{sp,AgCl} = 1.56 \times 10^{-10} \qquad K_{sp,Ag_2CrO_4} = 9.0 \times 10^{-12}$$

由于 $AgCl$ 和 Ag_2CrO_4 不是同一类型的沉淀,所以不能用溶度积直接进行比较和计算,需要用他们的溶解度进行讨论。求得 $AgCl$ 的溶解度为 1.25×10^{-5} 小于 Ag_2CrO_4 的溶解度 1.3×10^{-4},根据分步沉淀的原理,在滴定过程中,Ag^+ 首先和 Cl^- 生成 $AgCl$ 沉淀,而此时 $[Ag^+]^2[CrO_4^{2-}] < K_{sp}$,所以不能形成 Ag_2CrO_4 沉淀。随着滴定进行,溶液中 Cl^- 浓度越来越低,Ag^+ 浓度越来越高,在计量点后稍稍过量的 Ag^+,可使 $[Ag^+]^2[CrO_4^{2-}] > K_{sp}$,产生砖红色的 Ag_2CrO_4 沉淀,即滴定终点。

7.2.2 滴定条件

(1)指示剂用量用 $AgNO_3$ 标准滴定溶液滴定 Cl^-,是以 K_2CrO_4 作指示剂,出现砖红色 Ag_2CrO_4 沉淀为滴定终点的。实验证明,滴定溶液中 CrO_4^{2-} 浓度为 5×10^{-3} mol/L 是确定滴定终点适宜的浓度,终点体积为 100 mL 时,应加入 5% K_2CrO_4 溶液 1~2 mL。对于较稀溶液的滴定,如 0.01 mol/L $AgNO_3$ 滴定 0.01 mol/L Cl^- 滴定,滴定误差可达 0.6%,应做指示剂空白试验进行校正。

注意指示剂用量是个主要问题,K_2CrO_4 太多,黄色影响终点观察,终点有可能提前；K_2CrO_4 太少，Ag^+ 过量较多才能看到砖红色沉淀，误差增加。

（2）溶液的酸度。溶液的酸度应控制在 pH $6.5\sim10.5$。在酸性溶液中，CrO_4^{2-} 有如下反应：

$$2CrO_4^{2-}+2H^+\rightleftharpoons2HCrO_4^-\rightleftharpoons Cr_2O_7^{2-}+H_2O$$

因而降低了 CrO_4^{2-} 的浓度，终点拖后或无终点，使 Ag_2CrO_4 沉淀溶解。

在强碱性溶液中，能有黑棕色 Ag_2O 沉淀析出：

$$2OH^-+2Ag^+\rightleftharpoons2AgOH\downarrow\rightleftharpoons Ag_2O\downarrow+H_2O$$

多消耗 Ag^+，且终点不明显，因此，莫尔法要求在中性或弱碱性溶液中进行滴定。若溶液酸性太强，可用 $NaB_4O_7\cdot10H_2O$、$NaHCO_3$ 或 $CaCO_3$ 中和；若溶液碱性太强，可用稀 HNO_3 溶液中和。

当溶液中有铵盐存在，在 pH 较高时则形成 NH_3，使 Ag^+ 与 NH_3 形成 $[Ag(NH_3)_2]^+$ 而影响滴定的准确度，滴定时，溶液 pH 应控制在 $6.5\sim7.2$ 较为适宜。如果 NH_4^+ 过多，浓度超过 0.15 mol/L，滴定误差将超过 0.2%，应设法先除去。除去的方法是在试液中加入适量的碱使生成的氨挥发，再用酸调节溶液的 pH 至适当范围。

（3）干扰离子。能与 Ag^+ 生成沉淀的 CO_3^{2-}、$C_2O_4^{2-}$、SO_3^{2-}、AsO_4^{3-}、S^{2-}、PO_4^{3-} 等阴离子及能与 CrO_4^{2-} 生成沉淀的 Ba^{2+}、Pb^{2+}、Hg^{2+} 等阳离子对测定都有干扰。在中性或弱碱性溶液中发生水解的 Cu^{2+}、Fe^{3+}、Al^{3+}、Ni^{2+} 和 Co^{2+} 等离子也有干扰，应预先将其分离。由此可见莫尔法的选择性较差。

（4）温度与振荡。为了防止 AgX 分解，反应要在室温下进行。由于滴定生成的 AgCl 沉淀易吸附溶液中的 Cl^-，使溶液中 $[Cl^-]$ 降低，与其平衡的 $[Ag^+]$ 增加，以致未到化学计量点时，Ag_2CrO_4 沉淀便过早产生，引入误差。因此滴定时速率不能太快，为防止局部过浓，终点提前，必须充分摇动试液，使被吸附的 Cl^- 释放出来，以获得准确的滴定终点。

7.2.3 应用范围

莫尔法主要用于测定 Cl^-、Br^- 和 Ag^+，不适合测定 I^- 和 SCN^-，因为 AgI 和 AgSCN 沉淀吸附现象更严重，使终点提前，滴定误差大。

测定 Ag^+ 时，应采用返滴定法，即向 Ag^+ 的试液中加入过量的 NaCl 标准溶液，然后再用 $AgNO_3$ 标准滴定溶液滴定剩余的 NaCl。若直接滴定，先生成的 Ag_2CrO_4 转化为 AgCl 的速率很慢，滴定终点难以确定。

7.3　福尔哈德法

7.3.1　原理

在酸性溶液中以铁铵矾 $NH_4Fe(SO_4)_2 \cdot 12H_2O$ 为指示剂，用 NH_4SCN 或 $KSCN$ 为标准溶液测定银盐和卤化物，按测定对象不同，可分为直接法和返滴定法。

7.3.1.1　直接法测定 Ag^+

在酸性溶液中，以铁铵矾作指示剂，用 NH_4SCN 或 $KSCN$ 为标准溶液滴定 Ag^+。滴定反应为：

终点前　　　$Ag^+ + SCN^- \Longrightarrow AgSCN\downarrow$（白色）

终点时　　　$Fe^{3+} + SCN^- \Longrightarrow FeSCN^{2+}\downarrow$（红色）

在滴定过程中 SCN^- 首先与 Ag^+ 反应生成 AgSCN 沉淀，滴定至终点时，稍过量的 SCN^- 与铁铵矾中的 Fe^{3+} 反应，生成 $Fe(SCN)^{2+}$ 配离子使溶液呈红色，指示滴定终点到达。

7.3.1.2　返滴法测定卤化物

先向样品溶液中准确加入过量的 $AgNO_3$ 滴定液，使卤素离子生成银盐沉淀，然后再加入铁铵矾作指示剂，用 NH_4SCN 滴定液滴定剩余的 $AgNO_3$，反应如下：

终点前

$$Ag^+ + SCN^- \Longrightarrow AgSCN\downarrow$$
（过量）　　　　　（白色）
$$Fe^{3+} + SCN^- \Longrightarrow FeSCN^{2+}\downarrow$$
（剩余量）　　　　（红色）

终点时　　　$Fe^{3+} + SCN^- \Longrightarrow FeSCN^{2+}\downarrow$
（红色）

用返滴定法测定 Cl^- 时，必须注意：溶液中同时有 AgCl 和 AgSCN 两种难溶银盐存在，因 AgCl 的溶解度（1.3×10^{-5} mol/L）大于 AgSCN 的溶解度（1.0×10^{-6} mol/L），若用力振摇，将使已生成的 $Fe(SCN)^{2+}$ 配位离子的红色消失。当剩余的 Ag^+ 被滴定完后，SCN^- 会将 AgCl 沉淀中的 Cl^-

转化为 AgSCN 沉淀而使 Cl^- 重新释放出,沉淀转化反应为:

$$AgCl \Longrightarrow Ag^+ + Cl^- \downarrow$$
$$+$$
$$FeSCN^{2+} \Longrightarrow SCN^- + Fe^{3+}$$
$$\Uparrow$$
$$AgSCN \downarrow$$

由于沉淀的转化过多消耗 NH_4SCN 标准溶液,将造成一定的滴定误差。为了避免上述转化反应的进行,可以采取下列措施:将 AgCl 沉淀先滤出;加有机溶剂包裹 AgCl 沉淀。

7.3.2　滴定条件

(1)应在强酸性(0.1~1.0 mol/L)溶液中进行滴定。在酸性溶液中进行滴定可防止 Fe^{3+} 水解,也可防止其他阴离子的干扰,因而选择性较高。

(2)用直接法测定 Ag^+ 时要充分振摇。由于 AgSCN 沉淀对 Ag^+ 有强烈的吸附作用,充分振摇可使被沉淀吸附的 Ag^+ 释放出来,防止终点提前。

(3)避免发生沉淀的转化。用间接法测定 Cl^- 时,由于易发生沉淀的转化,应采取一定的保护措施,以减少滴定误差。

(4)测定不宜在较高温度下进行,否则红色配合物褪色不能指示终点。

(5)返滴定法测定 I^- 时必须先加入过量的 $AgNO_3$ 标准溶液后,再加入铁铵矾指示剂,以防止 Fe^{3+} 氧化 I^- 影响分析结果。

7.3.3　应用范围

由于本法在酸性溶液中进行滴定,许多弱酸根离子如 CO_3^{2-}、SO_3^{2-}、AsO_4^{3-} 等都难与 Ag^+ 生成沉淀,干扰离子少,选择性高,因此应用范围比较广。采用直接滴定法可测定 Ag^+ 等,采用返滴定或间接滴定法可测定 Cl^-、Br^-、I^-、SCN^-、AsO_4^{3-}、PO_4^{3-} 等离子。

7.4　法扬斯法

7.4.1　原理

法扬斯法是以吸附指示剂确定滴定终点的一种银量法。吸附指示剂是一类有色的有机化合物,一般为有机弱酸。它们在水溶液中离解为具有一定颜色的阴离子,被带正电荷的沉淀吸附后发生结构改变,从而引起颜色变化,指示终点到达。现以 $AgNO_3$ 标准溶液滴定 Cl^- 为例,说明指示剂荧光黄的作用原理。

荧光黄是一种有机弱酸,用 HFI 表示,在水溶液中可离解为荧光黄阴离子 FI,呈黄绿色。

$$HFI \Longrightarrow FI^- (黄绿色) + H^+$$

在化学计量点前,生成的 AgCl 沉淀在过量的 Cl^- 溶液中,AgCl 沉淀吸附 Cl^- 形成 $(AgCl) \cdot Cl^-$,而带负电荷,不吸附荧光黄阴离子 FI,溶液仍为黄绿色。达化学计量点后,微过量的 Ag^+ 可使 AgCl 吸附 Ag^+ 形成 $(AgCl) \cdot Ag^+$ 带正电荷,进而吸附 FI,结构发生变化,呈现粉红色,指示终点到达。

$$(AgCl) \cdot Ag^+ + FI^- \xrightarrow{吸附} (AgCl) \cdot AgFI$$

若用 NaCl 标准溶液滴定 Ag^+,则滴定终点颜色变化正好相反,即由沉淀的粉红色变为溶液的黄绿色。

7.4.2　反应条件及应用范围

由上述讨论可以看出,法扬斯法滴定终点颜色的变化发生在沉淀表面上,这与其他滴定方法终点颜色变化不同。用该法进行滴定时,应注意以下几个条件的控制。

(1)保持沉淀呈胶体状态。由于滴定终点的确定是利用沉淀表面吸附作用而发生颜色变化,欲使滴定终点变色敏锐,应保持沉淀处于胶体状态,以拥有较大的沉淀表面积。因此,在滴定前可加入糊精或淀粉,使生成的 AgCl 沉淀微粒处于高度分散状态。此外,被滴定组分的浓度不能太低,否则生成沉淀量很少,终点难以观察。

(2)控制溶液酸度。吸附指示剂多为有机弱酸,而用于指示终点颜色变化的又是其离解部分的阴离子。因此,溶液酸度大小能直接影响滴定终点变色的敏锐程度。例如,荧光黄是一种弱酸($K_a = 10^{-7}$),当溶液酸度 pH < 7 时,荧光黄主要以分子形式(HFI)存在,不被卤化银沉淀吸附,终点没有颜色变化,故用荧光黄作指示剂时,溶液 pH 范围应在 7～10 之间。又如二氯荧光黄酸性较强($K_a = 10^{-4}$),可以在 pH 为 4～10 范围使用;曙红酸性更强($K_a = 10^{-2}$),可以在 pH=2～10 的溶液中使用。

(3)吸附指示剂的选择。吸附指示剂的选择除根据滴定条件选择之外,还应根据沉淀胶粒对指示剂离子的吸附力及对被测离子的吸附力大小进行选择。

基本规则是沉淀胶粒对指示剂离子的吸附力应略小于对被测离子的吸附力。否则指示剂将会在化学计量点前变色;倘若沉淀胶粒对指示剂离子的吸附力太小,会使滴定至化学计量点时,指示剂颜色变化不敏锐,使终点滞后。卤化银沉淀对卤素离子和常用的几种吸附指示剂的吸附力大小顺序是

$$I^- > 二甲基二碘荧光黄 > Br^- > 曙红 > Cl^- > 荧光黄$$

由此看出,测定 Cl^- 时应选择荧光黄作指示剂。如果选用曙红,则在化学计量点前就被 AgCl 沉淀胶粒吸附,终点提前出现;测定 Br^- 时,曙红可作指示剂,而不能选用二甲基二碘荧光黄;测定 I^- 时,二甲基二碘荧光黄则是良好的指示剂。

(4)避免强光照射。卤化银胶体对光极为敏感,遇光分解并析出金属银,使沉淀变成灰黑色,影响滴定终点的观察。所以,不要在强光直射下进行滴定。

在银量法中,$AgNO_3$ 和 NH_4SCN 是常用的两种标准溶液。$AgNO_3$ 标准溶液可用基准试剂直接配制,也可以用 NaCl 基准试剂标定。NH_4SCN 不易提纯,又易潮解,只能配成近似浓度的溶液,再用 $AgNO_3$ 标准溶液进行标定。

7.5 沉淀滴定法的应用

银量法广泛应用于化学工业、冶金工业、环境监测,如烧碱厂食盐水的测定、电解液中 Cl^- 的测定、土壤中 Cl^- 的测定以及天然水中 Cl^- 的测定等。还可以测定经过处理而能定量地产生这些离子的有机物,如敌百虫、二氯酚等有机药物的测定。银量法的标准溶液主要是硝酸银溶液和硫氰化铵溶液。

7.5.1 标准溶液的配制与标定

(1)基准物质 银量法常用的基准物质是硝酸银和氯化钠。

①硝酸银。有市售的一级纯试剂,可作为基准物质。纯度不够的试剂也可在稀硝酸中重结晶纯化。

②氯化钠。有基准物质规格的试剂出售,亦可用一般试剂级规格的氯

化钠精制。氯化钠极易吸湿,应置于干燥器中保存。

（2）标准溶液。$AgNO_3$ 标准溶液可用基准物质精密称量、溶解定容直接配制而成。无 $AgNO_3$ 基准试剂时可用分析纯的 $AgNO_3$ 配成近似浓度的溶液,再用基准物质氯化钠标定。标定 $AgNO_3$ 标准溶液,可采用银量法三种确定终点方法中的任何一种。为了消除方法误差,标定方法最好与测定方法一致。$AgNO_3$ 溶液见光易分解,应置于棕色瓶中避光保存。滴定液存放一段时间后,使用前还应重新标定。

硫氰酸铵标准溶液由于含有杂质且易潮解,需要用间接法配制。配制成近似浓度的溶液后,用 $AgNO_3$ 标准溶液和铁铵矾指示剂法直接滴定,求得准确浓度。

7.5.2　应用示例

7.5.2.1　氯化钠含量的测定

例如,氯化钠注射液中氯化钠的含量即可用银量法进行测定。精密量取氯化钠注射液 10 mL,加水 40 mL,再加 2‰糊精溶液 5 mL 和荧光黄指示液 5～8 滴,用 0.1 mol/L 硝酸银标准溶液滴定至沉淀表面呈淡红色即为终点。1 mL 0.100 0 mol/L$AgNO_3$ 标准溶液相当于 5.844 mgNaCl。试样中 NaCl 的质量浓度（g/mL）为

$$\rho_{NaCl} = \frac{V_{AgNO_3} \times 5.844 \times 10^{-3} \times \frac{c_{AgNO_3}}{0.100\ 0}}{V_{NaCl}}$$

式中,V_{NaCl} 是氯化钠注射液试样的体积,mL;c_{AgNO_3} 是 $AgNO_3$ 标准溶液的浓度,mol/L;V_{AgNO_3} 是滴定至终点时消耗的 $AgNO_3$ 标准溶液的体积,mL。

7.5.2.2　溶液中 AsO_4^{3-} 的测定

在 pH 为 7～9 的 AsO_4^{3-} 溶液中,加入过量的 Ag^+,生成沉淀 Ag_3AsO_4,过滤后,将此沉淀溶于 30 mL 8 mol/L HNO_3 溶液中,稀释至 120 mL,用 KSCN 标准溶液滴定,采用铁铵矾指示剂法指示滴定终点。溶液中的 Ge、少量 Sb 和 Sn 都不干扰测定。

试样中 AsO_4^{3-} 的物质的量浓度（mol/L）为

$$c_{AsO_4^{3-}} = \frac{c_{KSCN} \times V_{KSCN}}{3V_{AsO_4^{3-}}}$$

式中,$V_{AsO_4^{3-}}$ 是 AsO_4^{3-} 试样溶液的体积,mL;c_{KSCN} 为 KSCN 标准溶液的浓度,mol/L;V_{KSCN} 为滴定至终点时消耗的 KSCN 标准溶液的体积,mL。

第8章　重量分析法

重量分析法是经典的化学分析方法,它直接通过分析天平称量就可得到分析结果,无须使用容量器皿测定的数据,也不需要基准物质作比较。对于高含量组分的测定,重量分析法比较准确,测定的相对误差不超过$\pm(0.1\%\sim0.2\%)$。

8.1　重量分析概述

重量分析法(gravimetry)是通过称量物质的质量或质量的变化来确定被测组分含量的定量分析方法。重量分析的过程实质上包括了分离和称量两个过程,在这两个过程中,分离是至关重要的一步,因此人们常常根据分离的方法不同,将重量分析法分为沉淀法、气化法、提取法和电解法等。

重量分析法可以直接通过分析天平称量而获得分析结果,不需要与标准试样或基准物质进行比较(其他不需要标准的方法还有库仑分析法和同位素稀释质谱法)。对于常量组分的测定,往往能够得到比较准确的分析结果,相对误差只有$0.1\%\sim0.2\%$。但是,重量分析法的操作步骤繁琐费时,也不适用于微量和痕量组分的测定。随着新的分析手段出现,重量分析法已逐渐被取代。不过,对于某些常量元素如硅、硫、钨以及水分、灰分和挥发物等含量的精确测定仍在采用重量法,在校对其他分析方法的准确度时也常采用重量法的测定结果作为标准。因此,重量分析法仍然是定量分析的基本内容之一。

重量分析法中以沉淀法应用最广,本章将进行详细讨论。

沉淀重量分析法的分离过程是利用沉淀反应进行的,其一般过程如下:首先在一定的条件下,于试样溶液中加入过量的沉淀剂,使被测组分以适当的沉淀形式沉淀出来。然后过滤和洗涤,再将沉淀烘干或灼烧成适当的称量形式,经称量后,即可由称量形式的化学组成和质量求得被测组分的含量。沉淀形式与称量形式可以相同也可以不同,例如,用$BaSO_4$重量法测定Ba^{2+}或SO_4^{2-}时,沉淀形式和称量形式都是$BaSO_4$,两者相同;而用草酸

钙重量法测定 Ca^{2+} 时,沉淀形式是 $CaC_2O_4 \cdot 6H_2O$,灼烧后转化为 CaO 形式称量,两者不同。

沉淀重量法是一种高准确度的分析方法(相对误差在 $0.1\% \sim 0.2\%$),测量误差主要与下列因素有关:①沉淀的完全程度;②沉淀的玷污程度;③沉淀的分离过程;④称量过程等。因此,为保证测定具有足够的准确度,在进行沉淀重量分析时,应该做到以下几点。

(1)沉淀反应要尽可能地进行完全,即沉淀的溶解度要尽量小,要保证沉淀的溶解损失不能超过分析天平的称量误差,即小于 0.2 mg。因此,要针对不同的测量组分,选择适当的沉淀剂和适宜的沉淀条件,同时要依据沉淀溶解平衡的原理,充分考虑影响沉淀平衡的因素,尽可能减小沉淀的溶解损失。

(2)在沉淀的形成过程中,要尽量获得纯净的沉淀,避免其他杂质成分的玷污。为此,必须了解影响沉淀纯度的各种因素,以便采取适当的措施来避免或减少沉淀的污染。

(3)一般采用过滤的方式分离沉淀。因此,在形成沉淀时,要使沉淀容易过滤和洗涤。对于晶形沉淀,要尽量获得粗大的颗粒;如果是无定形沉淀,应注意掌握好沉淀条件,改善沉淀的性质,使所得沉淀易于过滤和洗涤。同时,沉淀易于转化为称量形式也是十分重要的。此外,在沉淀分离(过滤)时,要注意规范操作;在洗涤沉淀时,选择适当的洗涤液,减少因洗涤引起沉淀的溶解损失。

以上三条是针对沉淀形式提出的要求。

(4)对于称量过程,除了规范的称量操作以外,主要针对称量形式提出以下几点要求:

①称量形式必须具有确定的化学组成,否则无法计算测定结果。

②称量形式必须要十分稳定,不受空气中水分、CO_2 和 O_2 等的影响。

③称量形式的相对分子质量要尽可能大,被测组分在其中的含量要尽量的小,这样不仅可以减小对沉淀的称量误差,而且也减小了因沉淀被损失或被玷污对测定结果的影响。例如,沉淀重量法测定铝时,可以用氨水将其沉淀为 $Al(OH)_3$ 后灼烧成 Al_2O_3 称量;也可以用 8-羟基喹啉沉淀剂与之反应使生成 8-羟基喹啉铝 $(C_9H_6NO)_3Al$ 烘干后称量。按照两种称量形式计算,$0.100\ 0$ g 的铝可获得 $0.189\ 0$ g Al_2O_3 或 $1.702\ 9$ g 8-羟基喹啉铝。分析天平的绝对称量误差一般为 ± 0.2 mg,因此,称量 Al_2O_3 和 $(C_9H_6NO)_3Al$ 的相对误差将分别为 $\pm 0.1\%$ 和 $\pm 0.01\%$。很明显,用相对分子质量较大的 8-羟基喹啉铝测定铝的准确度和灵敏度要比氨水法高很多。

简而言之,沉淀过程是沉淀重量分析法最关键的一步。要依据被测组分的化学性质,选择适宜的沉淀剂,该沉淀剂既要对被测组分有较高的选择性,生成的沉淀也应具有较低的溶解度并易于转化为适宜的称量形式。此外,过量的沉淀剂在灼烧时应易于挥发除去,以保证沉淀的纯度。然后,针对既定的沉淀剂,充分考虑沉淀平衡的各种影响因素和沉淀类型,选择适宜的沉淀条件,使沉淀反应进行得尽可能地完全,并获得洁净度好且易于过滤和洗涤的沉淀。

8.2　重量分析的一般过程及其对沉淀的要求

8.2.1　重量分析的一般过程

沉淀重量分析的主要操作过程如下所示。

(1)溶解。根据试样性质的不同选择适当的溶剂,将试样溶解制成溶液。对于不溶于水的试样,一般采去酸溶法、碱熔法或熔融法。

(2)沉淀。加入适当的沉淀剂,使之与待测组分迅速定量反应生成难溶化合物沉淀。为满足分析的要求,生成沉淀的溶解度要小,沉淀要纯净,并易于过滤和洗涤。

(3)过滤。过滤沉淀时常使用滤纸或玻璃砂芯滤器。需要灼烧的沉淀,用无灰滤纸过滤,此种滤纸预先已用 HCl 和 HF 处理,其中大部分无机物已被除去,经灼烧后剩余灰分不超过 0.2 mg,所以也称为“定量滤纸”。

(4)洗涤。为了洗去沉淀表面吸附的杂质和混杂在沉淀中的母液,经过滤后的沉淀需进行洗涤。洗涤时要尽量减少沉淀的溶解损失以及避免形成胶体。因此,需要选择合适的洗涤液及洗涤方法。

(5)烘干或灼烧。干燥是为了除去沉淀中的水分和可挥发性的物质,使沉淀形式转化为固定的称量形式。灼烧除了有除去沉淀中的水分和可挥发物质的作用外,有时可能通过灼烧,使沉淀形式在高温下分解为组成固定的称量形式。干燥或灼烧的温度和时间因沉淀不同而异。

8.2.2　重量分析对沉淀形式的要求

利用沉淀反应进行重量分析时,通过加入适当的沉淀剂,使被测组分以沉淀形式析出,然后过滤、洗涤,再将沉淀烘干或灼烧成"称量形式"称重。沉淀形式和称量形式可能相同,也可能不同。例如,用 $BaSO_4$ 重量法测定 Ba^{2+} 或 SO_4^{2-} 时,沉淀形式和称量形式两者相同,都是 $BaSO_4$;而用草酸钙重量法测定 Ca^{2+} 时,沉淀形式是 $CaC_2O_4 \cdot H_2O$,灼烧后转化为 CaO 形式称重,两者不同。

(1)沉淀的溶解度要小,这样才能保证被测组分沉淀完全。

(2)沉淀纯度要高,尽量避免混入杂质。

(3)沉淀易转化为称量形式。

(4)沉淀应该易于过滤和洗涤,不仅便于操作,也是保证沉淀纯度的一个重要方面。

8.3 沉淀的溶解度及其影响因素

8.3.1 沉淀的溶解度

8.3.1.1 溶解度

沉淀在水中溶解有两步平衡,有固相与液相间的平衡,溶液中未解离分子与离子之间的解离平衡。如 1∶1 型难溶化合物 MA,在水中有如下的平衡关系。

$$MA(固) \rightleftharpoons MA(水) \rightleftharpoons M^+ + A^-$$

由此可见,在水溶液中固体 MA 的溶解部分以 $M^+ \cdot A^-$ 和 MA(水)两种状态存在。其中,MA(水)可以是分子状态,也可以是 $M^+ \cdot A^-$ 离子对化合物。例如:

$$AgCl(固) \rightleftharpoons AgCl(水) \rightleftharpoons Ag^+ + Cl$$

$$CaSO_4(固) \rightleftharpoons Ca^{2+} \cdot SO_4^{2-}(水) \rightleftharpoons Ca^{2+} + SO_4^{2-}$$

根据 MA(固)和 MA(水)之间的沉淀平衡可得:

$$S = \frac{a_{MA(水)}}{a_{MA(固)}}$$

考虑到纯固体活度 $a_{MA(水)} = 1$,那么 $a_{MA(水)} = S^0$,所以在一定温度下溶液中分子状态或离子对化合物的活度为一常数,叫作固有溶解度(或分子溶解度),用 S^0 表示,它的意义是:一定温度下,在有固相存在时,溶液中以分子状态(或离子对)存在的活度为一常数。

根据沉淀 MA 在水溶液中的平衡关系,得到

$$\frac{a_{M^+} \cdot a_{A^-}}{a_{MA(水)}} = K$$

将 S^0 代入可得

$$a(M^+) \cdot aA^- = S^0 \cdot K = K_{ap}$$

K_{ap} 为活度积常数,简称活度积。活度与浓度的关系是

$$a(M^+) \cdot a(A^-) = \gamma(M^+) \cdot c(M^+) \cdot \gamma(A^-) \cdot c(A^-)$$
$$= \gamma(M^+) \cdot c(M^+) \cdot \gamma(A^-) \cdot c(A^-)$$

式中,K_{sp} 为溶度积常数,简称溶度积。

因为溶解度是指在平衡状态下所溶解的 MA(固)的总浓度,所以如果溶液中不再存在其他平衡关系时,那么固体 MA(固)的溶解度 S 应为固有溶解度 S^0 和构晶离子 M^+ 或 A^- 的浓度之和,即

$$S = S^0 + [M^+] = S + [A^-]$$

固有溶解度不易测得,大多数物质的固有溶解度都比较小。例如,AgBr、AgI、AgCl、$AgIO_3$ 等的固有溶解度仅占其总溶解度的 $0.1\% \sim 1\%$;其他如 $Fe(OH)_3$、$Zn(OH)_2$、CdS、CuS 等的固有溶解度也很小,所以固有溶解度可忽略不计,那么 MA 的溶解度近似认为

$$S = [M^+] = [A^-] = \sqrt{K_{sp}}$$

对于 $M_m A_n$ 型难溶盐溶解度的计算,其溶解度的公式推导如下。

$$[M^{n+}]^m[A^{m-}]^n = \frac{K_{sp}}{\gamma(M^{n+})\gamma(A^{m-})} = K_{sp}$$
$$K_{sp} = [M^{n+}]^m[A^{m-}]^n$$
$$= (mS)^m(nS)^n$$
$$= m^m n^n S^{m+n}$$
$$S = \sqrt[m+n]{\frac{K_{sp}}{m^m n^n}}$$

难溶盐的溶解度小,在纯水中离子强度也很小,此种情况下活度系数可视为 1,所以活度积 K_{ap} 等于溶度积 K_{sp}。一般溶度积表中所列的 K 均为活度积,但应用时一般作为溶度积,不加区别。如果溶液中离子强度较大,K_{ap} 与 K_{sp} 差别就大了,应采用活度系数加以校正。

8.3.1.2　溶度积

在沉淀的平衡过程中,除了被测离子与沉淀剂形成沉淀的主反应之外,往往还存在多种副反应,如水解效应、配位效应和酸效应等可表示如下(在副反应中省略了各种离子的电荷)。

$$\text{MA} \Longrightarrow \text{M} + \text{A}$$

（反应图示：OH、L、H 向下箭头，生成 M(OH)、ML、HA）

$$\text{M(OH)} \quad\quad \text{ML} \quad \text{HA}$$

此时构晶离子在溶液中以多种型体存在，其各种型体的总浓度分别为 $[M']$ 和 $[A']$。引入相应的副反应系数 α_M、α_A，则

$$K_{sp} = [M][A] = \frac{[M'][A']}{\alpha_M\alpha_A} = \frac{K'_{sp}}{\alpha_M\alpha_A}$$

即

$$K'_{sp} = [M'][A'] = K_{sp}\alpha_M\alpha_A$$

K'_{sp} 称为条件溶度积。因为 α_M、α_A 均大于 1，由此可见，因副反应的发生，使条件溶度积 K'_{sp} 大于 K_{sp}，此时沉淀的实际溶解度为

$$S = [M'] = [A'] = \sqrt{K'_{sp}}$$

对于 M_mA_n 型的沉淀，其条件溶度积为

$$K'_{sp} = K_{sp}\alpha_M^m\alpha_A^n$$

K'_{sp} 能反映溶液中沉淀平衡的实际情况，用它进行有关计算较之用溶度积 K_{sp} 更能反映沉淀反应的完全程度，反映各种因素对沉淀溶解度的影响。

8.3.2 影响沉淀溶解度的因素

8.3.2.1 同离子效应

在重量分析中，由于大多数难溶化合物都有一定的溶解度，所以很难使沉淀反应进行完全。因此，在制备沉淀时，常加入过量沉淀剂，或用沉淀剂的稀溶液洗涤沉淀，以保证沉淀完全，减小沉淀的溶解，提高分析结果的准确度。

例如，25 ℃时，$BaSO_4$ 在纯水中的溶解度：

$$S = [Ba^{2+}] = [SO_4^{2-}] = \sqrt{K_{sp}} = \sqrt{1.10\times10^{-10}}$$
$$= 1.05\times10^{-5} \text{ mol/L}$$

如果溶液中 SO_4^{2-} 浓度为 0.01 mol/L，则 $BaSO_4$ 的溶解度：

$$S = [Ba^{2+}] = \frac{K_{sp}}{[SO_4^{2-}]} = 1.10\times10^{-8} \text{ mol/L}$$

此时沉淀在 200 mL 溶液中的损失量为：

$$1.10\times10^{-8}\times200\times233.4 = 0.000\ 51 \text{ mg}$$

显然，同离子效应大大减少了沉淀的溶解损失。

在实际工作中,通常利用同离子效应,即加大沉淀剂的用量,使被测组分沉淀完全。但沉淀剂加得太多,有时可能引起盐效应或配位效应,反而使沉淀的溶解度增大。沉淀剂过量的程度,应根据沉淀剂的性质来确定。若沉淀剂不易挥发,应过量少些,一般过量 $20\% \sim 30\%$;若沉淀剂易挥发除去,则可过量 $50\% \sim 100\%$。

8.3.2.2 盐效应

在难溶电解质的饱和溶液中,加入与平衡无关的其他易溶强电解质,使难溶电解质的溶解度比在纯水中溶解度增大的现象称为盐效应。

盐效应和同离子效应对沉淀的溶解度是两种相反的作用,在发生同离子效应的同时也会伴随着盐效应的发生。而哪种效应占优势,取决于易溶强电解质的浓度。

例 8-1 试计算 CaC_2O_4 在 $0.50\ mol/L\ (NH_4)_2C_2O_4$ 溶液中和纯水中的溶解度分别为多少?

解: CaC_2O_4 在 $0.50\ mol/L\ (NH_4)_2C_2O_4$ 溶液中,由于 $(NH_4)_2C_2O_4$ 的浓度较大,故要同时考虑盐效应和同离子效应对沉淀溶解度的影响。在溶液中的沉淀平衡如下

$$CaC_2O_4 \Longrightarrow Ca^{2+} + C_2$$

该溶液的离子强度为

$$I = \frac{1}{2}\sum c_i Z_i^2 = \frac{1}{2}(c_{Ca^{2+}} \times 2^2 + c_{NH_4^+} \times 1^2 + c_{C_2O_4^{2-}} \times 2^2)$$

因为 Ca^{2+} 浓度很小,计算时可以忽略。则有

$$I = \frac{1}{2}\sum c_i Z_i^2 = \frac{1}{2}(c_{NH_4^+} \times 1^2 + c_{C_2O_4^{2-}} \times 2^2)$$

$$= \frac{1}{2} \times (0.50\ mol/L \times 2^2 \times 1^2 + 0.50\ mol/L \times 2^2)$$

$$= 1.5\ mol/L$$

根据戴维斯经验公式

$$\lg\gamma = -0.50Z^2\left[\frac{\sqrt{I}}{I+\sqrt{I}} - 0.30I\right]$$

代入数据,计算相应的离子活度系数得

$$\gamma_{Ca^{2+}} = \gamma_{C_2O_4^{2-}} = 0.63$$

设在此条件下 CaC_2O_4 的溶解度为 s,

则 $s = [Ca^{2+}], [C_2O_4^{2-}] = s + 0.50 \approx 0.50\ mol/L$

$$[Ca^{2+}][C_2O_4^{2-}] = K_{sp} = \frac{K_{ap}}{\gamma_{Ca^{2+}}\ \gamma_{C_2O_4^{2-}}}$$

$$s = \frac{K_{ap}}{\gamma_{Ca^{2+}} \gamma_{C_2O_4^{2-}} [C_2O_4^{2-}]} = \frac{10^{-8.70}}{0.63 \times 0.63 \times 0.50} = 1.0 \times 10^{-8} \text{ mol/L}$$

若不考虑盐效应的影响,溶解度应为

$$s = \frac{K_{ap}}{[C_2O_4^{2-}]} = \frac{10^{-8.70}}{0.50} = 4.0 \times 10^{-9} \text{ mol/L}$$

二者相比,由于盐效应的影响,CaC_2O_4 的溶解度增大了 2.5 倍。再如,$PbSO_4$ 的溶解度在不同浓度的 Na_2SO_4 溶液中的变化如表 8-1 所示。

表 8-1 $PbSO_4$ 在 Na_2SO_4 溶液中的溶解度

Na_2SO_4/(mol/L)	0	0.001	0.01	0.02	0.04	0.100	0.200
$PbSO_4$/(mol/L)	0.15	0.024	0.016	0.014	0.013	0.016	0.023

由表可以看出,开始 $PbSO_4$ 的溶解度随着 Na_2SO_4 浓度的增大而减小,此时同离子效应占优势。但当浓度达到并超过 0.04 mol/L 以后,$PbSO_4$ 的溶解度反而随之增大,因为此时盐效应占据了主导地位。

对于溶解度很小的沉淀,如许多水合氧化物沉淀和某些金属螯合物沉淀,盐效应的影响非常小,一般可以忽略不计。但当沉淀本身的溶解度较大,而且溶液的离子强度较高时,应考虑盐效应的影响。

8.3.2.3 酸效应

溶液的酸度对沉淀溶解度的影响称为酸效应。产生酸效应的原因主要是溶液中 H^+ 溶度对弱酸、多元酸或难溶解离平衡的影响。在重量分析中,必须注意由酸效应引起的溶解损失。如果已知溶液的 pH,就可以利用酸效应系数 $\alpha_{A(H)}$ 来计算溶解度。

现以草酸钙沉淀为例,在溶液中有如下平衡:

$$CaC_2O_4 \Longrightarrow Ca^{2+} + C_2O_4^{2-}$$

$$C_2O_4^{2-} \overset{H^+}{\Longrightarrow} HC_2O_4^- \overset{H^+}{\Longrightarrow} H_2C_2O_4$$

在不同的酸度下,溶液中存在的沉淀剂总浓度 $[C_2O_4^{2-}]_{总}$ 应为:

$$[C_2O_4^{2-}]_{总} = [C_2O_4^{2-}] + [HC_2O_4^-] + [H_2C_2O_4]$$

能与 Ca^{2+} 形成沉淀的是 $C_2O_4^{2-}$,所以

$$\alpha_{C_2H_4^{2-}(H)} = \frac{[C_2O_4^{2-}]_{总}}{[C_2O_4^{2-}]}$$

则有

$$[Ca^{2+}][C_2O_4^{2-}] = [Ca^{2+}] \times \frac{[C_2O_4^{2-}]_{总}}{[C_2O_4^{2-}]} = \frac{K'_{sp}}{\alpha_{C_2H_4^{2-}(H)}} = K_{sp}$$

式中，K'_{sp} 表示在一定条件下草酸钙的溶度积，称为条件溶度积。利用 K'_{sp} 可以计算不同酸度下草酸钙的溶解度。

$$S=[Ca^{2+}]=[C_2O_4^{2-}]_{总}=\sqrt{K'_{sp}(CaC_2O_4)}=\sqrt{K_{sp}\alpha_{C_2H_4^{2-}(H)}}$$

例 8-2 比较 CaC_2O_4 在 pH=7.00 和 pH=2.00 时的溶解度。已知 $K_{sp(CaC_2O_4)}=10^{-8.70}$ $H_2C_2O_4$ 的 $pK_{a_1}=1.22$，$pK_{a_2}=1.22$。

解：$CaC_2O_4 \Longrightarrow Ca^{2+}+C_2O_4^{2-}$

$$\Big\Vert H^+$$

$$HC_2O_4^- \underset{\textstyle H^+}{\overset{\textstyle H^+}{\Longrightarrow}} H_2C_2O_4$$

设草酸钙在溶液中的溶解度为 s，则有

$$s=[Ca^{2+}] \quad 或 \quad s=[(C_2O_4^{2-})']=[C_2O_4^{2-}]\alpha_{C_2O_4^{2-}(H)}$$

即

$$s=\sqrt{[Ca^{2+}][(C_2O_4^{2-})']\alpha_{C_2O_4^{2-}(H)}}=\sqrt{K_{sp}\alpha_{C_2O_4^{2-}(H)}}=\sqrt{K'_{sp}}$$

当 pH=7.00 时，

$$\alpha_{C_2O_4^{2-}(H)}=\frac{1}{\delta_{\alpha_{C_2O_4^{2-}(H)}}}=\frac{[H^+]^2+K_{a_1}[H^+]+K_{a_1}K_{a_2}}{K_{a_1}K_{a_2}}$$

$$=\frac{(10^{-7.00})^2+10^{-1.22}\times10^{-7.00}+10^{-1.22}\times10^{-4.19}}{10^{-1.22}\times10^{-4.19}}$$

$$\approx 1$$

此时并未发生副反应，故

$$s=\sqrt{K_{sp}}=10^{-4.35}=4.5\times10^{-5} \text{ mol/L}$$

当 pH=2.00 时，

$$\alpha_{C_2O_4^{2-}(H)}=\frac{1}{\delta_{\alpha_{C_2O_4^{2-}(H)}}}=\frac{[H^+]^2+K_{a_1}[H^+]+K_{a_1}K_{a_2}}{K_{a_1}K_{a_2}}$$

$$=\frac{(10^{-2.00})^2+10^{-1.22}\times10^{-2.00}+10^{-1.22}\times10^{-4.19}}{10^{-1.22}\times10^{-4.19}}$$

$$\approx 10^{2.26}$$

$$s=\sqrt{K_{sp}\alpha_{C_2O_4^{2-}(H)}}=\sqrt{10^{-8.70}\times10^{2.26}}=10^{-3.22}=6.0\times10^{-4} \text{ mol/L}$$

计算表明，CaC_2O_4 在 pH=2.00 时的溶解度比在 pH=7.00 时增加了 10 倍以上。

当溶液的酸度高到一定程度以后，甚至可以使沉淀完全溶解。因此，对于弱酸形成的沉淀，正确控制酸度是使其能沉淀完全的重要条件。例如 CaC_2O_4 的沉淀反应需在 pH>5.0 的溶液中进行（此时 $\alpha_{C_2O_4^{2-}(H)}\approx1$）。

例 8-3 计算在 pH=3.00，$C_2O_4^{2-}$ 总浓度为 0.010 mol/L 的溶液中

CaC_2O_4 溶解度。已知 $K_{sp(CaC_2O_4)} = 10^{-8.70}$。

解:在这种情况下,既有酸效应,又有同离子效应,因此

$$s = [Ca^{2+}], [(C_2O_4^{2-})'] = 0.01\ mol/L + s \approx 0.010\ mol/L$$

计算求得 pH=3.00 时,$\alpha_{C_2O_4^{2-}(H)} = 17$。因为

$$[Ca^{2+}][(C_2O_4^{2-})'] = K_{sp} = K_{sp\alpha_{C_2O_4^{2-}(H)}}$$

故

$$s = [Ca^{2+}] = \frac{K_{sp\alpha_{C_2O_4^{2-}(H)}}}{[(C_2O_4^{2-})']}$$

$$= \frac{2.0 \times 10^{-9} \times 17}{0.010} = 3.4 \times 10^{-6}\ mol/L$$

可见,由于同离子效应,CaC_2O_4 的溶解度仍然很小。

由于 H_2SO_4 的第二级解离也存在着一定平衡,故硫酸盐的溶解度亦受酸度的影响(但较小)。如 $PbSO_4$ 在 0.10 mol/L HNO_3 中的溶解度为纯水中的 3 倍,类似的还有 $MgNH_4PO_4$ 等。但另一些强酸盐沉淀如 $AgCl$ 等,因其酸根离子在酸度改变时无明显变化,故其溶解度基本不受酸度影响。

一些极弱酸形成的盐如硫化物,即使在纯水中也会因为水解作用而使其溶解度增大。

例 8-4 计算 CuS 在纯水中的溶解度。

(1)不考虑 S^{2-} 的水解;

(2)考虑 S^{2-} 的水解。

已知 $K_{sp(CuS)} = 6.0 \times 10^{-36}$,$H_2S$ 的 $pK_{a_1} = 7.24$,$pK_{a_2} = 14.92$。

解:(1)设不考虑 S^{2-} 水解时 CuS 的溶解度为 s_1

$$s_1 = [Cu^{2+}][S^{2-}] = \sqrt{K_{sp}}$$

$$= \sqrt{6.0 \times 10^{-36}}$$

$$= 2.4 \times 10^{-18}\ mol/L$$

(2)设考虑 S^{2-} 水解后,CuS 的溶解度为 s_2,水解反应为

$$S^{2-} + H_2O \longrightarrow HS^- + OH^-$$

$$HS^- + H_2O \longrightarrow H_2S + OH^-$$

因为 CuS 的溶解度很小,虽然 S^{2-} 水解严重,然而产生的 OH^- 浓度很小,不致引起溶液 pH 的改变,仍可近似认为 pH=7.00,因此

$$\alpha_{S^{2-}(H)} = \frac{1}{\delta_{\alpha_{S^{2-}(H)}}} = \frac{[H^+]^2 + K_{a_1}[H^+] + K_{a_1}K_{a_2}}{K_{a_1}K_{a_2}}$$

$$= \frac{(10^{-7.00})^2 + 10^{-7.24} \times 10^{-7.00} + 10^{-7.24} \times 10^{-14.92}}{10^{-7.24} \times 10^{-14.92}}$$

$$= 10^{8.36}$$

$$= 2.3 \times 10^8$$

$$s_2 = \sqrt{K_{sp} \alpha_{S^{2-}(H)}} = \sqrt{6.0 \times 10^{-36} \times 2.3 \times 10^8} = 3.7 \times 10^{-14} \text{ mol/L}$$

$$\frac{s_1}{s_2} = \frac{3.7 \times 10^{-14}}{2.4 \times 10^{-18}} = 1.5 \times 10^4$$

可见由于水解作用使 CuS 的溶解度增大了一万多倍。

不仅弱酸盐会发生水解，一些弱碱盐中的阳离子也易发生水解。特别是高价金属离子的盐类，可因水解而生成一系列氢氧基络合物［如 $FeOH^{2+}$、$Al(OH)_2^+$ 等］或多核氢氧基络合物［如 $Fe_2(OH)_2^{4+}$、$Al_6(OH)_{15}^{3+}$ 等］，使沉淀的溶解度增大。

由上述讨论可知，溶液的酸度对强酸盐沉淀的溶解度影响不大，而对弱酸盐沉淀的溶解度影响较大，形成沉淀的酸越弱，酸度的影响越显著。因此在进行沉淀时，应根据沉淀的性质适当控制溶液的酸度。

另外，酸效应对于不同类型沉淀的影响情况是不一样的。除了上述的情况以外，如果沉淀本身是弱酸，如硅酸（$SiO_2 \cdot nH_2O$），钨酸（$WO_3 \cdot nH_2O$）等，易溶于碱，则应在强酸性介质中进行沉淀。如果沉淀是强酸盐，如 AgCl 等，在酸性溶液中进行沉淀时，溶液的酸度对沉淀的溶解度影响不大。对于硫酸盐沉淀，由于 H_2SO_4 的 K_{a_2} 不大，所以溶液的酸度太高时，沉淀的溶解度也随之增大，其中，还伴随有盐效应的影响。例如，表 8-2 是 25 ℃时，$PbSO_4$ 在不同 H_2SO_4 溶液中的溶解度。

表 8-2　$PbSO_4$ 在不同 H_2SO_4 溶液中的溶解度

H_2SO_4 浓度（$mol \cdot L^{-1}$）	0	0.001	0.025	0.55	1～4.5	7	18
$PbSO_4$ 溶解度（$mg \cdot L^{-1}$）	38.2	8.0	2.5	1.6	1.2	11.5	40

8.3.2.4　络合效应

由于形成沉淀的构晶离子参与了络合反应而使沉淀的溶解度增大的现象，称为络合效应（coordination effect）。络合效应对沉淀溶解度的影响与沉淀的溶度积、络合剂的浓度和形成络合物的稳定性有关。设有沉淀 MA 存在于络合剂 L 的溶液中，此时溶液中的平衡关系如下：

$$MA \Longrightarrow M^+ + A^-$$
$$\Big\Updownarrow L$$
$$ML \cdots ML_n$$

$$s = [M'] = [M]_{\alpha_{M(L)}} \quad \text{或} \quad s = [A]$$

故

$$s=\sqrt{[A][M']}=\sqrt{[A][M]_{\alpha_{M(L)}}}=\sqrt{K_{sp}\alpha_{M(L)}}=\sqrt{K'_{sp}}$$

由此可知,络合剂的浓度越大,形成的络合物越稳定,络合效应的影响就越大,沉淀的溶解度因此增大得越多。

例 8-5 计算 AgBr 在 0.10 mol/L NH$_3$ 溶液中的溶解度为纯水中的溶解度中的多少倍?已知 $K_{sp(AgBr)}=5.0\times10^{-13}$,Ag(NH$_3$)$_2^+$ 的 $\beta_1=10^{3.32}$,$\beta_2=10^{7.23}$。

解:(1)在纯水中

$$s_1=\sqrt{K_{sp}}=\sqrt{5.0\times10^{-13}}=7.1\times10^{-7}\ mol/L$$

(2)在 0.10 mol/L NH$_3$ 溶液中

$$s_2=\sqrt{K'_{sp}}=\sqrt{K_{sp}\alpha_{Ag(NH_3)}}$$

由于 $K_{sp(AgBr)}$ 相当小,故忽略因络合效应对 NH$_3$ 浓度的影响,令溶液中 $[NH_3]=0.10$ mol/L,因此

$$\alpha_{Ag(NH_3)}=1+\beta_1[NH_3]+\beta_2[NH_3]^2$$
$$=1+10^{3.32}\times0.10+10^{7.23}\times0.10^2$$
$$=1.7\times10^5$$

$$s_2=\sqrt{K_{sp}\alpha_{Ag(NH_3)}}=\sqrt{5.0\times10^{-13}\times1.7\times10^5}=2.9\times10^{-4}\ mol/L$$

$$\frac{s_1}{s_2}=\frac{2.9\times10^{-4}}{7.1\times10^{-7}}=4.1\times10^2$$

可见,NH$_3$ 的存在使 AgBr 的溶解度大为增加。故在进行沉淀反应时,应避免能与构晶离子形成络合物的络合剂存在。

在有的沉淀反应中,沉淀剂本身就是络合剂,沉淀剂过量时,既有同离子效应,又有络合效应,例如,Ag$^+$ 与 Cl$^-$ 的反应就属于这种情况。此时溶解度是增加还是减小,则视沉淀剂的浓度而定。

设溶液中沉淀剂过量,其浓度为 [A]。A 不仅与 M 反应生成沉淀,还可与之生成 MA,MA$_2$,…,MA$_n$ 等逐级络合物。故此时沉淀的溶解度为

$$s=[M]+[MA]+[MA_2]+\cdots+[MA_n]=[M']$$
$$=\frac{K'_{sp}}{[A]}=\frac{K_{sp}\alpha_{M(A)}}{[A]}$$

例 8-6 计算 AgCl 在 0.10 mol/L 溶液中的溶解度。

已知 $K_{sp}=10^{-9.75}$,AgCl$_4^{3-}$ 的 $\beta_1=10^{3.48}$,$\beta_2=10^{5.23}$,$\beta_3=10^{5.70}$,$\beta_4=10^{5.30}$,忽略络合效应对 Cl$^-$ 浓度的影响。

同理,可计算出 AgCl 在不同浓度氯离子溶液中的溶解度,其结果见表 8-3。

表 8-3 AgCl 在不同浓度氯离子溶液中的溶解度

$[Cl^-]$/(mol/L)	0	0.001	0.010	0.1	1.0	2.0
s_{AgCl}/(mol/L)	1.3×10^{-5}	7.6×10^{-7}	8.7×10^{-7}	4.5×10^{-6}	1.6×10^{-4}	7.1×10^{-4}

由表可以看出,AgCl 的溶解度先随着 Cl^- 浓度的增大而减小,即同离子效应占优势;当其溶解度降低到一定程度后,又随着 Cl^- 浓度的增大而增大,即络合效应占优势。所以在进行沉淀时,必须控制沉淀剂的用量,才能达到沉淀完全的目的。

又如,还是以 Cl^- 做沉淀剂沉淀 Ag^+,由于 Cl^- 本身又是络合剂,最初生成 AgCl 沉淀,但若继续加入过量的 Cl^-,则 Cl^- 能与 AgCl 配位生产 $AgCl_2^-$ 和 $AgCl_3^{2-}$ 络合离子,而是 AgCl 沉淀逐渐溶解,如图 8-1 和表 8-4 所示。

表 8-4 AgCl 在不同溶度 NaCl 溶液中的溶解度

过量 Cl 浓度/(mol/L)	AgCl 溶解度/(mol/L)
0.0	1.3×10^{-5}
3.9×10^{-3}	7.2×10^{-7}
3.6×10^{-2}	1.9×10^{-6}
8.8×10^{-2}	3.6×10^{-6}
3.5×10^{-1}	1.7×10^{-5}
5.0×10^{-1}	2.8×10^{-5}

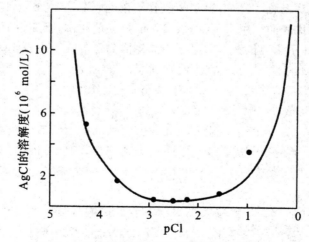

图 8-1 AgCl 在不同溶度 NaCl 溶液中的溶解度

8.3.2.5 影响沉淀溶解度的其他因素

（1）温度的影响。绝大多数沉淀的溶解过程一般是吸热过程，因此沉淀的溶解度一般随温度的升高而增大，但沉淀的性质不同，其影响程度也有着显著的差异。通常，对于一些在热溶液中溶解度较大的晶形沉淀如 $MgNH_4PO_4$、CaC_2O_4 等，为了避免因沉淀溶解而引起损失，应在热溶液中进行沉淀反应，再在室温下过滤和洗涤。但对于无定形沉淀如 $Fe_2O_3 \cdot nH_2O$、$Al_2O_3 \cdot nH_2O$ 等，由于它们的溶解度很小，而溶液冷却后又很难过滤和洗涤，所以应在热溶液中沉淀，趁热过滤，并用热洗涤液进行洗涤。

（2）溶剂的影响。大部分无机化合物沉淀为离子型晶体，它们在有机溶剂中的溶解度比在水中小。这是由于离子在有机溶剂中的溶剂化作用较小，且有机溶剂的介电常数一般较水要低（例如，25 ℃时，水的介电常数为78.5，乙醇的介电常数为 24），因此增大了离子间的吸引力，致使沉淀的溶解度降低。例如，$PbSO_4$ 在水中的溶解度为 45 mg/L，而在 30% 的乙醇水溶液中的溶解度仅为 2.3 mg/L，降低了近 20 倍。所以在进行沉淀反应时，有时可加入一些乙醇或丙酮等有机溶剂来降低沉淀的溶解度。但必须注意，对于有机沉淀剂形成的沉淀，它们在有机溶剂中的溶解度反而大于在水中溶液中的溶解度。

（3）沉淀颗粒大小的影响。当沉淀颗粒非常小时，可以发现颗粒的大小对溶解度有较明显的影响。同一种沉淀，当温度一定时，小颗粒的溶解度比大颗粒的溶解度要大。其一，这是因为在相同质量的条件下，小颗粒比大颗粒有更大的比表面积（单位质量物料所具有的总面积，单位 m^2/g）和更多的角边。从微观上看，沉淀溶解平衡是在溶液与沉淀互相接触的界面上发生的。沉淀的比表面积越大，与溶液接触的机会就越多，沉淀溶解的量也就越多。另外，处于角边位置上的离子受晶体内离子的吸引力较小，又受溶剂分子的作用，所以更易进入溶液而使沉淀的溶解度增大。例如，大颗粒的 $SrSO_4$ 沉淀，其溶解度为 6.2×10^{-4} mol/L；当晶粒直径减小至 0.05 μm 时，溶解度为 6.7×10^{-4} mol/L，增大约 8%；当晶粒直径减小至 0.01 μm 时，溶解度为 9.3×10^{-4} mol/L，增大约 50%。其二，沉淀的颗粒越小，其表面的分子比内部分子具有的能量更高；与之对应，相应溶液的浓度也必须增大，才能达到并维持沉淀溶解平衡。因此，沉淀的颗粒越小，其溶解度也越大。

对于不同的沉淀，颗粒大小对溶解度的影响程度不同。例如，$BaSO_4$，其小颗粒比大颗粒的溶解度要大得多；对于 AgCl 沉淀则相差甚小，这是由沉淀的性质所决定的。

在沉淀重量法中,应尽可能获得大颗粒的沉淀,这样不仅可以减小溶解损失,且易于过滤和洗涤;同时沉淀的总表面积小,沾污亦少。

(4)沉淀结构的影响。有些沉淀在初生成时为亚稳定型结构,放置后逐渐转化为稳定型结构,由于二者的结构不同,溶解度亦各异。一般亚稳定型的溶解度较大,所以沉淀能自发地转化为稳定型。例如,初生成的 CoS 沉淀为 α 型,其 $K_{sp}=4\times10^{-21}$,放置后转化为 β 型,$K_{sp}=4\times10^{-25}$,又如,初生成的 HgS 为亚稳定型黑色立方体沉淀,放置后转变成稳定型红色三角形的朱砂。所以在沉淀反应完毕后,常常要放置一段时间再进行过滤。但对于溶解度很小的胶状沉淀,在放置过程中往往会吸附更多的杂质,导致沉淀不纯。对于这类沉淀,溶解损失已不是主要问题。因此当沉淀反应完毕之后,应立即进行过滤和洗涤。

上述各种影响因素,对于不同的沉淀影响亦不相同,在实际操作时,应当根据沉淀的性质进行具体考虑。

8.4　沉淀纯度的影响因素

沉淀纯度关系到最终测量结果的准确性,而影响纯度的因素来自许多方面,包括沉淀形成的全过程,乃至沉淀类型和沉淀方式及沉淀的条件等。

8.4.1　沉淀类型

沉淀按其物理性质不同(指沉淀颗粒大小和外表形状等),大致分为晶形沉淀和无定形沉淀两大类。晶形沉淀是指具有一定形状的晶体,如 $BaSO_4$、CaC_2O_4 是典型的晶形沉淀。无定形沉淀(又称非晶形沉淀和胶状沉淀)则是指无晶体结构特征的一类沉淀,如 $Fe_2O_3 \cdot nH_2O$、$Al_2O_3 \cdot nH_2O$ 是典型的无定形沉淀。用 X 射线分析法对无定形沉淀的研究结果表明,在许多无定形沉淀中也存在着不十分明显的晶格。从这一点看,晶形沉淀和无定形沉淀之间没有明显的界限。它们之间的主要差别是:晶形沉淀是由较大的沉淀颗粒(直径为 $0.1\sim1\ \mu m$)组成的,内部排列规则有序,结构紧密,极易沉降,具有明显的晶面;无定形沉淀是由许多聚集在一起的微小颗粒(直径小于 $0.02\ \mu m$)组成的,内部排列杂乱无章,结构疏松,常常是体积庞大的絮状沉淀,不能很好地沉降,无明显的晶面。此外,介于晶形沉淀与无定形沉淀之间,即颗粒直径在 $0.02\sim0.1\ \mu m$ 的沉淀,称为凝乳状沉淀,如 AgCl 沉淀。三种类型沉淀的特点见表 8-5。

表 8-5　三种类型沉淀的特点

沉淀类型	实例	颗粒直径/(μm)	沉淀特点
晶形沉淀	$BaSO_4$	0.1~1	内部排列整齐,沉淀所占体积小,比表面积小,沾污少。沉淀易沉降,易过滤和洗涤
凝乳状沉淀	AgCl	0.02~0.1	由结构紧密的微小晶体凝聚在一起组成,结构疏松、多孔,比表面积大。较易过滤和洗涤
无定形沉淀(胶状沉淀)	$Fe_2O_3 \cdot H_2O$	<0.02	由细小的胶体微粒凝聚在一起组成,结构疏松、多孔,带有大量水分,体积庞大,比表面积大,吸附杂质多,难于过滤和洗涤

由表 8-5 可以看出,不同类型的沉淀,对重量分析的测定有很大影响。生成的沉淀究竟属于哪一种类型,既决定于沉淀本身的性质,又与沉淀的条件有关。

8.4.2　沉淀的形成过程

沉淀的形成是一个复杂的过程。一般来讲,沉淀的形成要经过晶核形成和晶核长大两个过程,简单表示如下。

$$构晶离子 \xrightarrow{\text{成核作用}} 晶核 \xrightarrow{\text{成长}} 沉淀微粒 \longrightarrow \begin{cases} \text{不长大} \\ \text{疏松聚集} \end{cases} 无定形沉淀 \\ \begin{cases} \text{继续长大} \\ \text{定向排列} \end{cases} 晶形沉淀$$

8.4.2.1　晶核的形成

将沉淀剂加入试液中,当形成沉淀的离子浓度的乘积大于沉淀的溶度积时,离子相互碰撞聚集成微小的晶核。晶核的形成一般有两种情况,一种是均相成核,另一种是异相成核。均相成核是指构晶离子在过饱和溶液中,通过缔合作用自发地形成晶核。异相成核是指构晶离子聚集在混入溶液中的固体微粒表面上形成晶核。这些固体微粒(如外来的悬浮微粒、空气中的尘埃、试剂中的杂质、器皿壁上的微粒等)在沉淀过程中起着晶种作用,诱导沉淀的形成。由此可见,在沉淀时,异相成核的作用总是存在着的。在溶液过饱和程度较高时,异相成核和均相成核两者同时存在,使形成的晶核数目极多,很难成长为较大的沉淀颗粒,这种情况下得到的是小颗粒的沉淀。

8.4.2.2　晶形沉淀和无定形沉淀的形成

在沉淀过程中,由构晶离子聚集成晶核的速度称为聚集速度;构晶离子按一定晶格定向排列的速度称为定向速度。定向速度主要与沉淀物质的性质有关,极性较强的物质(如 $MgNH_4PO_4$、$CaSO_4$ 和 CaC_2O_4 等)一般具有较大的定向速度,易形成晶形沉淀。$AgCl$ 的极性较弱,逐步生成凝乳状沉淀。氢氧化物,特别是高价金属离子的氢氧化物,如 $Fe(OH)_3$、$Al(OH)_3$ 等,由于含有大量水分子,阻碍离子的定向排列,一般生成无定形沉淀。

聚集速度不仅与物质的性质有关,也与沉淀的条件有关,其中最重要的是生成沉淀时溶液的相对过饱和度。聚集速度与溶液的相对过饱和度成正比,这可用冯·韦曼(Vonweimarn)经验公式表示。

$$v = k \times \frac{Q-S}{S}$$

式中,v 为聚集速度(形成沉淀的初始速度);Q 为加入沉淀剂瞬间物质的总浓度;S 为沉淀的溶解度;$Q-S$ 为开始沉淀时溶液的过饱和度;$\frac{Q-S}{S}$ 为溶液的相对过饱和度;k 为比例常数,与沉淀的性质、介质、温度等因素有关。

由上式可以看出,溶液相对过饱和度越大,聚集速度也越大,则形成晶核数目多,易形成无定形沉淀;反之,相对过饱和度小,则聚集速度小,晶核生成少,有利于生成颗粒较大的晶形沉淀。对 Q 相同的溶液,S 越大,溶液的相对过饱和度越小,生成晶核的数目也越少。例如,$BaSO_4$ 沉淀的形状与大小,随溶液相对过饱和度的变化而有显著的差别,当 $\frac{Q-S}{S} < 25$ 时,形成粗大的晶形沉淀;当鱼 $\frac{Q-S}{S} > 100$ 时,形成的是细小颗粒的晶形沉淀;而当 $\frac{Q-S}{S} > 25\ 000$ 时,则形成无定形沉淀。

由此可见,要得到较小的相对过饱和度,除了采用较稀的溶液外,还要设法增大沉淀的溶解度。一般情况下,$S > 10^5\ mol/L$ 时,易形成晶形沉淀;$S < 10^{-5}\ mol/L$ 时,往往形成无定形沉淀。因此,通过控制溶液的过饱和度,即控制 Q 和 S,可以得到不同类型的沉淀。冯·韦曼经验公式的意义就在于能定性地解释某些沉淀现象,并且能对沉淀条件的选择起到指导作用。

8.4.3 沉淀的纯度

在重量分析中,要求获得的沉淀是纯净的,但是,当沉淀析出时,总会或多或少地夹杂溶液中的其他组分,使沉淀沾污。因此,为了在沉淀过程中得到一个纯净的沉淀,必须了解沉淀被玷污的原因,采取减少杂质混入的措施,以获得符合分析要求的沉淀。

8.4.3.1 影响沉淀纯度的因素

影响沉淀纯度的因素主要有共沉淀和后沉淀两种。

(1)共沉淀。当一种难溶物质从溶液中析出时,溶液中的某些可溶性杂质也同难溶物质一起被沉淀下来,这种现象称为共沉淀现象。共沉淀是引起沉淀不纯净的主要原因,也是重量分析误差的主要来源之一。

产生共沉淀的原因主要有表面吸附、机械吸留和形成混晶等。

①表面吸附。当难溶物质沉淀时,由于沉淀表面离子的电荷未完全达到平衡,特别是在棱边和顶角,还存在自由的静电力场,能选择吸引溶液中的离子,使沉淀微粒带电,带电微粒又吸引溶液中带相反电荷的离子,结果使沉淀表面吸附了杂质分子。如加过量的 H_2SO_4 到 $BaCl_2$ 溶液中,生成 $BaSO_4$ 晶体沉淀,沉淀表面上的 Ba^{2+} 由于静电引力强烈地吸引溶液中的 SO_4^{2-},形成第一吸附层,使沉淀表面带负电荷,然后它又吸引溶液中带正电荷的离子,如 Fe^{3+},构成电中性的双电层,如图 8-2 所示。

双电层能随颗粒一起下沉,因而使沉淀掺入杂质。至于沉淀吸附杂质量的多少,则与沉淀总表面积、杂质离子的浓度及温度有关。沉淀总表面积越大,溶液中杂质离子的浓度越高,吸附杂质的量越多。对相同量的沉淀,粗晶形沉淀吸附杂质量少;细晶形沉淀吸附杂质量稍多;无定形沉淀吸附杂质量最多。吸附是一个放热过程,温度越高吸附杂质量就越少。

②吸留和包藏。吸留(又称机械吸留)是指被吸附的杂质离子机械地嵌入沉淀之中。包藏常指母液机械地包藏在沉淀中。这种吸留或包藏在沉淀内部的杂质离子,不能用洗涤沉淀的方法除去,可以借助改变沉淀条件或重结晶的方法来改善或减免。

③混晶。当溶液中杂质离子与构晶离子的半径相近,晶体结构相同时,杂质离子将进入晶格排列中形成混晶。例如,Pb^{2+} 和 Ba^{2+} 半径相近、电荷相同,在用 H_2SO_4 沉淀 Ba^{2+} 时,Pb^{2+} 能够取代 $BaSO_4$ 中的 Ba^{2+} 进入晶格形成 $PbSO_4$ 与 $BaSO_4$ 的混晶共沉淀。又如,$MgNH_4PO_4 \cdot 6H_2O$ 和 $MgNH_4AsO_4 \cdot 6H_2O$、$AgCl$ 和 $AgBr$、$ZnHg(SCN)_4$ 和 $CoHg(SCN)_4$ 等都

易形成混晶。混晶引入的杂质离子,不能用洗涤或陈化的方法除去,应该在进行沉淀之前将这些杂质离子分离除去。

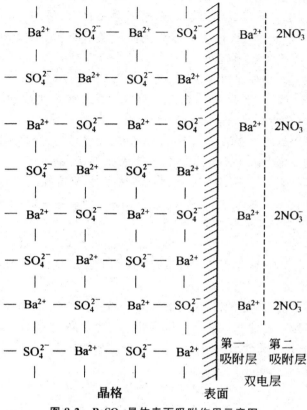

图 8-2 $BaSO_4$ 晶体表面吸附作用示意图

(2)后沉淀。在沉淀析出后,当沉淀与母液一起放置时,溶液中某些杂质离子会慢慢地沉积到原沉淀上,放置时间越长,杂质离子析出的量越多,这种现象称为后沉淀。例如 Mg^{2+} 存在时以 $(NH_4)_2C_2O_4$ 沉淀 Ca^{2+},Mg^{2+} 易形成稳定的 $Mg_2C_2O_4$ 过饱和溶液而不立即析出。但在形成 CaC_2O_4 沉淀后,$Mg_2C_2O_4$ 会在沉淀的表面上析出。析出 $Mg_2C_2O_4$ 的量随溶液放置时间的增长而增多。因此,为防止后沉淀的发生,某些沉淀的陈化时间不宜过长。

8.4.3.2 沉淀玷污的减免方法

为了得到符合重量分析要求的沉淀,可采取下列一些措施。

(1)选择适当的分析程序。当溶液中几种组分同时存在时,首先应沉淀低含量的组分,再沉淀高含量组分,否则当大量沉淀析出时,会使部分低含量的组分掺入沉淀,产生测定误差。

(2)降低易被吸附杂质离子的浓度。对于易被吸附的杂质离子,可采用适当的掩蔽方法来降低其浓度。若掩蔽效果不高,再采用分离方法除去。例如 Fe^{3+} 易被吸附,可把 Fe^{3+} 还原为不易被吸附的 Fe^{2+},或加入酒石酸、EDTA 等,使 Fe^{3+} 生成稳定的配离子,可减少沉淀对 Fe^{3+} 的吸附。

(3)再沉淀。必要时可将沉淀过滤、洗涤、溶解后,再进行一次沉淀,这种操作称为再沉淀。经过二次沉淀后,可除去沉淀表面吸附和由吸留或包藏引入沉淀内部的大部分杂质离子。

(4)选择适当的洗涤液。洗涤沉淀吸附作用是可逆过程,用适当的洗涤液通过洗涤交换的方法,可洗去沉淀表面吸附的杂质离子。例如,$Fe(OH)_3$ 吸附 Mg^{2+},用 $NH_4^+ NO_3$ 稀溶液洗涤时,吸附在沉淀表面的 Mg^{2+} 与洗涤液中的 NH_4^+ 发生交换,Mg^{2+} 进入溶液,NH_4^+ 留在沉淀表面上,沉淀表面上的 NH_4^+ 则可在灼烧时分解除去。

(5)选择沉淀条件。沉淀条件包括称样量的多少、溶液酸度、温度、试剂加入次序和速度、陈化与否等。对不同类型的沉淀应选用不同的沉淀条件,以获得符合重量分析要求的沉淀。

(6)选择合适的沉淀剂。无机沉淀剂一般选择性差,易形成胶状沉淀,吸附杂质多,难以过滤和洗涤。有机沉淀剂选择性高,与待测组分作用常能获得结构较好的晶形沉淀,吸附杂质少,易过滤和洗涤。因此,在可能的情况下尽量选用有机试剂作沉淀剂。

另外,为了提高洗涤沉淀的效率,同体积的洗涤液应尽可能分多次洗涤,通常称为"少量多次"的洗涤原则。原理为:设过滤后,沉淀上残留溶液的体积为 $V_0(mL)$,杂质离子的质量为 $m_0(mg)$,每次加入洗涤液为 $V(mL)$,洗涤后残留液的体积仍为 $V_0(mL)$,则每次洗涤后残留在沉淀表面上杂质离子的质量为

洗涤一次 $\qquad m_1 = \dfrac{V_0}{V+V_0} \times m_0$

洗涤两次 $\qquad m_2 = \dfrac{V_0}{V+V_0}\left(\dfrac{V_0}{V+V_0} \times m_0\right) = \left(\dfrac{V_0}{V+V_0}\right)^2 \times m_0$

洗涤 n 次 $\qquad m_n = \left(\dfrac{V_0}{V+V_0}\right)^n \times m_0$

由上式看出,沉淀上残留溶液的体积 V_0 越小,洗涤液的体积 V 越大,洗涤次数 n 越多,洗涤效果越好。

例 8-7 设沉淀含有杂质离子 10 mg,用 36 mL 洗涤液洗涤。每次残留

液为 1 mL,分别采用 36 mL 一次洗涤、36 mL 分两次洗涤(每次用 18 mL)和 36 mL 分四次洗涤(每次用 9 mL),计算洗涤效果。

解:36 mL 一次洗涤,残留杂质离子的质量为

$$m_1 = \frac{1}{36+1} \times 10 = 0.270 \text{ mg}$$

36 mL 分两次洗涤,每次 18 mL,残留杂质离子的量为

$$m_2 = \left(\frac{1}{18+1}\right)^2 \times 10 = 0.027 \text{ mg}$$

36 mL 分四次洗涤,每次 9 mL,残留杂质离子的量为

$$m_4 = \left(\frac{1}{9+1}\right)^4 \times 10 = 0.001$$

计算表明,当所用洗涤液体积相等时,分多次洗涤,洗涤的效果好。

这一原则不仅适用于沉淀的洗涤,也适用于蒸馏水或标准溶液润洗定量分析用的各种玻璃仪器。

8.5　其他重量分析法

8.5.1　挥发法

挥发法(volatilization method)是根据试样中的被测组分具有挥发性或可转化为挥发性物质,利用加热等方法使挥发性组分气化逸出或用适宜的吸收剂吸收直至恒重,称量试样减失的重量或吸收剂增加的重量来计算该组分含量的方法。

8.5.1.1　直接挥发法

直接挥发法是利用加热等方法使试样中挥发性组分逸出,用适宜的吸收剂将其全部吸收,称量吸收剂所增加的重量来计算该组分含量的方法。例如,将一定量带有结晶水的固体,加热至适当温度,用高氯酸镁吸收逸出的水分,则高氯酸镁增加的重量就是固体样品中结晶水的重量。又如,以碱石灰为吸收剂测定试样中 CO_2 的含量。

8.5.1.2　间接挥发法

间接挥发法是利用加热等方法使试样中挥发性组分逸出后,称量其残渣,由样品重量的减少来计算该挥发组分的含量。例如,测定氯化钡晶体

（$BaCl_2 \cdot 2H_2O$）可将一定量的 $BaCl_2 \cdot 2H_2O$ 试样加热，使水分挥发掉，$BaCl_2$ 试样减少的重量即为结晶水的含量。

8.5.1.3 操作过程

直接挥发法和间接挥发法的操作过程见图 8-3。

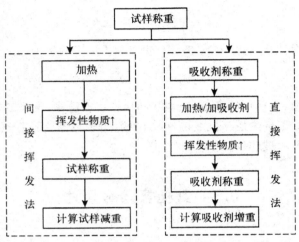

图 8-3 直接挥发法和间接挥发法操作示意图

8.5.1.4 应用与示例

挥发法在药物分析中的应用主要包括干燥失重、泡腾片中 CO_2 的测定、中药灰分测定等，具体如下。

1) 干燥失重

《药典》规定药物纯度检查项目中，对某些药物常要求检查"干燥失重"，就是利用挥发法测定药物干燥至恒重后减失的重量，这里的被测组分包括吸湿水、结晶水和在该条件下能挥发的物质。所谓"恒重"，是指药物连续两次干燥或灼烧后称得的重量差在 0.3 mg 以下。

根据被测组分的耐热性及水分挥发难易性差异，药典中规定的药物干燥方法大致有以下几种。

（1）常压下加热干燥。

适用对象：对于性质稳定，受热后不易挥发、氧化、分解或变质的试样，可在常压下加热干燥。

操作方法：通常将试样置于电热干燥箱中，以 105～110 ℃加热干燥。对某些吸湿性强或水分不易挥发的试样，可适当提高温度、延长时间。

备注:有些化合物虽受热不易变质,但因结晶水的存在而有较低的熔点,在加热干燥时未达干燥温度即成熔融状态,不利于水分的挥发。因此可先将样品置于低于熔融温度或用干燥剂除去一部分或大部分水分后,再提高干燥温度。例如,含 2 分子水的 $NaH_2PO_4 \cdot 2H_2O$,应先在低于 60 ℃干燥至脱去 1 分子水,成为 $NaH_2PO_4 \cdot H_2O$,再升温至 105~110 ℃干燥至恒重。

(2)减压加热干燥。

适用对象:对于在常压下受热温度高、易分解变质、水分较难挥发或熔点低的试样,可在减压下加热干燥。

操作方法:置真空干燥箱(减压电热干燥箱)内,减压至 2.7×10^3 Pa 以下,在较低温度(一般 60~80 ℃)干燥至恒重。

备注:这样可缩短干燥时间,避免样品长时间受热而分解变质并获得高于常压下的加热干燥效率。

(3)干燥剂干燥。

适用对象:能升华、受热易变质的物质不能加热,可在室温下用干燥剂干燥。

操作方法:将试样置于盛有干燥剂的干燥器内干燥至恒重。

备注:干燥剂是一些与水有强结合力的脱水化合物。若常压下干燥水分不易除去,可置减压干燥器内干燥,但均应注意干燥剂的选择及检查干燥剂是否保持有效状态。尽管如此,使用干燥剂法测定水分时仍不容易达到完全干燥的目的,故此法较少用。常用干燥剂及相对干燥效率见表 8-6。

表 8-6　常见干燥剂的干燥效率

干燥剂	空气中残留水分(ml/L)	干燥剂	空气中残留水分(ml/L)
$CaCl_2$(无水粒状)	1.5	$CaSO_4$(无水)	3×10^{-3}
NaOH	0.8	浓 H_2SO_4	3×10^{-3}
硅胶	3×10^{-2}	CaO	2×10^{-3}
KOH(熔融)	2×10^{-3}	$Mg(ClO_4)_2$(无水)	5×10^{-4}
Al_2O_3	5×10^{-3}	P_2O_5	2×10^{-5}

2)泡腾片中 CO_2 的测定

挥发法对试样中不易挥发但能转化为挥发性物质组分的测定,可通过化学反应使其定量转化为可挥发性物质逸出,根据试样达恒重后所减失的重量计算被测组分含量。例如,测定由柠檬酸与 $NaHCO_3$ 混合而成的泡腾

片中 CO_2 含量,是通过将精密称定的片剂试样加入定量的水中,酸碱反应发生的同时有大量气泡逸出。不断振摇使反应完全,CO_2 全部逸出后进行称量,根据水和试样减轻的重量可计算泡腾片中 CO_2 释放量;也可用恒重的碱石灰吸收 CO_2。根据碱石灰增加的重量计算 CO_2 含量。

3)中药灰分的测定

中药灰分的测定也用挥发法,不过被测定的不是挥发性物质,而是有机物经高温灼烧氧化挥发后所剩余的不挥发性无机物。在药物分析中灰分是控制中药材质量的检验项目之一。通常取供试品于坩埚中,称重后缓缓加热至完全碳化后,逐渐升温到 500~600 ℃,使之完全灰化至恒重。

8.5.2 萃取法

萃取法(extraction method)是根据被测组分在两种不相溶的溶剂中的分配比不同,采用溶剂萃取的方法使之与其他组分分离,除去萃取液中的溶剂,称量干燥后萃取物的重量,求出待测组分含量的方法。

8.5.2.1 基本原理

物质在水相和与水互不相溶的有机相中都有一定的溶解度,在液-液萃取分离时,被萃取物质在有机相和水相中的浓度之比称为分配比,用 D 表示,即 $D=C_有/C_水$。当两相体积相等时,若 $D>1$ 说明经萃取后物质进入有机相的量比留在水相中的量多,在实际工作中一般至少要求 $D>10$。当 D 不高,一次萃取不能满足要求时,可采用多次连续萃取以提高萃取率。

8.5.2.2 萃取化合物类型

根据萃取反应的类型,萃取化合物可分为螯合物、离子缔合物、三元配合物、溶剂化合物和简单分子。这些化合物分别组成不同的萃取体系。

8.5.2.3 操作过程

萃取法的操作过程见图 8-4。

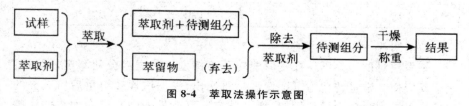

图 8-4 萃取法操作示意图

8.5.2.4　应用与示例

中药材及其制剂中的生物碱、有机酸等成分,可根据它们的盐能溶于水,而游离生物碱、有机酸溶于有机溶剂但不溶于水的性质,通过调节溶液的 pH 使其存在形式发生改变,进而采用萃取法进行总量测定。例如,中药山豆根中总生物碱的含量测定:取一定量山豆根提取液,加氨试液使之成碱性,使生物碱游离,用氯仿分次萃取直至生物碱提尽为止,合并氯仿液,过滤,滤液在水浴上蒸干、干燥、称重,计算,即可测出山豆根中总生物碱的含量。

8.6　重量法分析结果的计算与应用

8.6.1　重量法分析结果的计算

重量分析中某被测组分 B 的含量(质量分数)可表示为

$$w_B = \frac{m_B}{m_S} \times 100\%$$

式中,w_B 是被测组分 B 的含量,%;m_B 是被测组分 B 的质量,g;m_S 是试样的质量,g。

如果最后的称量形式与被测组分形式一致,则称量形式的质量即为上式的 m_B,直接代入上式即可。

如果最后的称量形式与被测组分形式不一致,这就需要将称得的称量形式的质量换算成被测组分的质量。被测组分的摩尔质量与称量形式的摩尔质量之比是常数,称为换算因数,常用 F 表示。

$$F = \frac{a \times 被测组分的摩尔质量}{b \times 沉淀称量形式的摩尔质量}$$

式中,a、b 是使分子和分母中所含主体元素的原子个数相等时需乘以的系数。如果待测组分为 Fe,称量形式为 Fe_2O_3,则换算因数 $F = \frac{2M_{Fe}}{M_{Fe_2O_3}}$。

被测组分的质量可写成下列通式:

$$被测组分的质量 = 称量形式的质量 \times F$$

被测组分 B 的含量为:

$$w_B = \frac{m_B}{m_S} \times 100\% = \frac{称量形式质量 \times F}{试样质量} \times 100\%$$

8.6.2 重量分析法的应用

8.6.2.1 无机物的测定

沉淀重量法常用于无机离子的测定,所用的沉淀剂有无机沉淀剂和有机沉淀剂两类。

测定阳离子常见的无机沉淀剂有 CrO_4^{2-}、X^-(卤素离子)、OH^-、$C_2O_4^{2-}$、SO_4^{2-}、S^{2-} 及 PO_4^{3-} 等。也可以根据同一沉淀形式来测定相关的阴离子,例如 CrO_4^{2-} 的测定,可以用 $BaCl_2$ 为沉淀剂将铬酸根沉淀为 $BaCrO_4$。

饮用水、地表水和废水中硫酸根离子的定量分析,国家标准推荐采用沉淀重量法。该方法的步骤是先将试液加热至沸腾,向试液中缓慢加入沉淀剂 $BaCl_2$,直至得到白色的 $BaSO_4$ 晶形沉淀。为防止 $BaCO_4$ 和 $Ba_2(PO_4)_3$ 的干扰,沉淀反应在微酸性环境中进行(用 HCl 酸化至 pH=4.5~5.0)。沉淀完毕后在 80~90 ℃陈化 2 h 以上,经过滤后将沉淀在 800 ℃干燥至恒重。该方法的准确度较高,其误差主要来源于 $Ba(NO_3)_2$、$BaCl_2$ 和碱金属硫酸盐的共沉淀。

多数的无机沉淀剂选择性较差,生成的沉淀溶解度大,吸附杂质较多。而有机沉淀剂则有着较高的选择性,很多有机沉淀剂只与一两种无机离子形成沉淀,且沉淀的溶解度小,吸附杂质量少,沉淀的摩尔质量也较大。

有机沉淀剂主要有生成螯合物的沉淀剂和生成离子缔合物的沉淀剂等类型。

(1)生成螯合物的沉淀剂。

能形成螯合物的有机沉淀剂必须具有两种基团:一种是酸性基团,如—COOH、—OH、=NOH、—SH 和—SO₃H 等,这些基团中的 H^+ 可被金属离子置换;另一种是碱性基团,如—NH₂、=NH、≡N、C=O 和 C=S 等,这些基团中的 N、O 和 S 具有未被共用的电子对,可以与金属离子形成配位键。例如,8-羟基喹啉与 Al^{3+} 反应,形成具五元环结构的难溶性螯合物:

由于它不带电荷,所以不易吸附其他离子,沉淀比较纯净,而且溶解度很小（$K_{sp}=1.0\times10^{-29}$）。

（2）生成离子缔合物的沉淀剂。

阴离子和阳离子以较强的静电引力相结合而形成的化合物，叫作离子缔合物。例如，水溶性的四苯硼酸钠 $NaB(C_6H_5)_4$ 在水溶液中解离出四苯硼酸阴离子，能与 K^+ 的反应生成沉淀：

$$K^+ + B(C_6H_5)_4 =\!=\!= KB(C_6H_5)_4\downarrow$$

$KB(C_6H_5)_4$ 的溶解度很小，组成恒定，烘干后即可直接称量，所以 $NaB(C_6H_5)_4$ 是测定 K^+ 较好的沉淀剂。

8.6.2.2 有机物的测定

沉淀重量法还可用于某些有机官能团和杂原子的测定，表 8-7 中列举了一些例子，这里不再赘述。

表 8-7 常见有机官能团的沉淀重量法测定

分析物	处理方法	沉淀剂	沉淀形式
有机卤 R—X (X=Cl,Br,I)	HNO_3 氧化	$AgNO_3$	AgX
有机卤 R—X (X=Cl,Br,I)	以 Pt 为催化剂，在 O_2 中燃烧	$AgNO_3$	AgX
有机硫	HNO_3 氧化	$BaCl_2$	$BaSO_4$
有机硫	以 Pt 为催化剂，在 O_2 中燃烧，用 H_2O_2 吸收	$BaCl_2$	$BaSO_4$
烷氧基 R'—OR,R'—COOR R$=\!=\!=$CH$_3$,C$_2$H$_5$	与 HI 反应形成 RI	$AgNO_3$	AgI
有机胺（伯、仲、叔）	与 HI 反应形成 RI	$AgNO_3$	AgI

第9章　仪器分析法

与化学分析法相比,仪器分析法具有操作简便、快速、灵敏度高、准确度高等优点,适用于微量(质量分数 0.01%~1%)或痕量(0.01%以下)及生产过程中的控制分析等。

9.1　电化学分析

9.1.1　电化学分析的基本原理

9.1.1.1　化学电池

化学电池是进行电化学反应的场所,是实现化学能和电能相互转化的装置,通常有原电池、电解池和电导池。若化学电池中的反应是自发进行的,在外电路接通情况下会产生电流,这种化学电池称为原电池。原电池能自发地将电池中进行的化学反应能转变成电能;若电池中进行化学反应需要的电能必须由外电源提供,这种化学电池称为电解池,它是将电能转化为化学能的装置。每个电池由两支电极和适当的电解质溶液组成,一支电极与它所接触的电解质溶液组成一个半电池,两个半电池构成一个电池,如图9-1 所示。

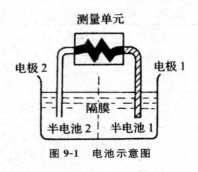

图 9-1　电池示意图

　　不论是原电池还是电解池,凡发生还原反应的电极称为阴极,发生氧化反应的电极称为阳极,电池发生的反应称为电池反应,它由两个电极反应组成,每个电极所进行的反应称为半池反应。若只研究化学电池中电解质溶液的导电特性,则为电导池。

　　原电池将化学能转变为电能,在外电路接通的情况下,反应可以自发地进行,并向外电路供给电能,图 9-2 为锌-铜原电池。

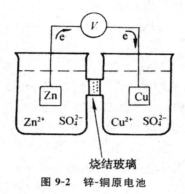

图 9-2　锌-铜原电池

　　锌片放入 $ZnSO_4$ 溶液中,铜片放入 $CuSO_4$ 溶液中,两电解质溶液之间用烧结玻璃或半渗透膜隔开。当两电极接通后,锌电极上发生氧化反应

$$Zn \rightleftharpoons Zn^{2+} + 2e$$

铜电极上发生还原反应

$$Cu^{2+} + 2e \rightleftharpoons Cu$$

电池的总反应为

$$Cu^{2+} + Zn \rightleftharpoons Zn^{2+} + Cu$$

　　Zn 失去 2 个电子氧化成 Zn^{2+} 而进入溶液,锌失去的电子留在锌电极上,通过外电路流到铜电极被溶液中 Cu^{2+} 接受,使 Cu^{2+} 还原为金属 Cu 而沉积在铜电极上。锌电极带负电,铜电极带正电,锌电极是原电池的负极,铜电极是正极。电流的方向与电子流动的方向相反,电流从电势高的正极流向电势低的负极。电池的电动势用电位计测量。

　　这个原电池可书写为

$$-Zn | ZnSO_4(\alpha_1) | CuSO_4(\alpha_2) | Cu +$$

　　α_1, α_2 分别表示两电解质溶液的活度。两边的单竖"|"表示金属和溶液的两相界面,中间的单竖"|"表示两种浓度或组成不同的电解质界面处存在的电位差,这种电位差称为液接电位。按规定把电池的负极写在左边,它发生氧化反应;正极写在右边,发生还原反应。

外电路电子流动的方向是,电子由 Zn 电极流向 Cu 电极。电流的方向与此相反,由 Cu 电极流向 Zn 电极。所以 Cu 电极的电位较高,为(＋);Zn 电极的电位较低,为(－)。

该电池的电动势 E 等于两电极的电极电位差与液接电位的代数和,即

$$E = (\varphi_{Cu^{2+},Cu} - \varphi_{Zn^{2+},Zn}) + \varphi_{液接}$$

习惯地将阳极写在左边,阴极写在右边,电池的电动势 $E_{池}$ 为右边的电极电位 $\varphi_{右}$ 减去左边的电极电位 $\varphi_{左}$,即

$$E_{池} = \varphi_{右} - \varphi_{左} + \varphi_{液接}$$

9.1.1.2　电极电位

(1)平衡电极电位的产生。以 $-Zn \mid ZnSO_4(\alpha_1) \mid CuSO_4(\alpha_2) \mid Cu+$ 化学电池为例,金属可看成由离子和自由电子组成。金属离子以点阵结构排列,电子在其中运动。锌片与 $ZnSO_4$ 溶液接触时,金属中 Zn^{2+} 的化学势大于溶液中 Zn^{2+} 的化学势,锌不断溶解下来到溶液中。Zn^{2+} 到溶液中,电子被留在金属片上,其结果金属带负电,溶液就带正电,固液两相间形成了双电层。双电层的形成,破坏了原来金属和溶液两相间的电中性,建立了电位差,这种电位差将排斥 Zn^{2+} 继续进入溶液,金属表面的负电荷对溶液中的 Zn^{2+} 又有吸引。以上两种倾向平衡的结果,形成了平衡相间电位,也就是平衡电极电位。

(2)标准电极电位及其测量。当用测量仪器来测量电极的电位时,测量仪器的一个接头与待测电极的金属相连,而另一个接头必须经过另一种导体才能与电解质溶液接触。这后一个接头就必然形成一个固/液界面,构成第二个电极。这样电极电位的测量就变成对一个电池电动势的测量。电池电动势的数据一定与第二个电极密切相关,电极电位仅仅是一个相对值。绝对的电极电位是无法测量的。

为了计算或考虑问题的方便,各种电极测量得到的电极电位具有可比件,第二个电极应是共同的参比电极。这种参比电极在给定的实验条件下能得到稳定而可重现的电位值。标准氢电极已被用做基本的参比电极。常用的标准氢电极如图 9-3 所示。

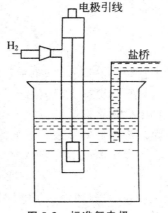

图 9-3　标准氢电极

9.1.1.3　电极的类型及常见电极

(1)电极的类型。电极的类型较多,根据组成材料和电极电位产生的机理不同,可分为金属基电极和膜电极两大类别。

①金属基电极是最早使用的一类电极,其共同特点是电极电位的产生与氧化还原反应即与电子的转移有关。因有金属参加,故称为金属基电极。

A. 第一类电极(金属-金属离子电极)。它由金属与该金属离子溶液组成 $M \mid M^{z+}$。例如,Ag 丝插入在 $AgNO_3$ 溶液中,其电极反应为

$$Ag^+ + e \rightleftharpoons Ag$$

$Ag \mid Ag^+$ 电极的电极电位为

$$\varphi = \varphi^{\ominus}_{Ag^+,Ag} + 0.059 \lg[Ag^+]$$

此类电极用作指示电极并不广泛,这是因为:其选择性比较差,既对本身阳离子响应,也对其他阳离子响应;许多这类电极只能在碱性或中性溶液中使用,因为酸可使其溶解;电极易被氧化,使用时必须同时对溶液作脱气处理;Fe、Cr、Co、Ni 等"硬"金属的电极电位的重现性;pM-$\alpha_{M^{n+}}$ 作图,所得斜率与理论值相差很大,且难以预测。

较常用的金属基电极有 $Ag/Ag+$、Hg/Hg_2^{2+}(中性溶液);Cu/Cu^{2+}、Zn/Zn^{2+}、Cd/Cd^{2+}、Bi/Bi^{3+}、Tl/Tl^+、Pb/Pb^{2+}(溶液要作脱气处理)。

B. 第二类电极(金属-金属难溶盐电极)。它是由金属、该金属难溶盐与该难溶盐的阴离子构成的电极,这类电极有两个界面。电极结构为

$$M \mid M_n X_m \mid X^{n-}(a_{X^{n-}})$$

电极反应为

$$M_n X_m + nme \rightleftharpoons nM + mX^{n-}$$

电极电位(298 K)

$$\varphi = \varphi^{\ominus}_{M_n X_m/M} - \frac{0.059}{nm} \lg(a_{X^{n-}})^m = \varphi^{\ominus}_{M_n X_m/M} - \frac{0.059}{n} \lg a_{X^{n-}}$$

这类电极的电极电位随阴离子活度的增加而减小,能用来测定不直接参与电子转移的难溶盐的阴离子活度,但是由于选择性差等问题通常不作指示电极。若溶液中存在能与该金属阳离子生成难溶盐的其他阴离子,将产生干扰,此类电极常用作参比电极。参比电极是指在一定温度下,电极电位值在测定过程中基本恒定不变,不受试液中待测离子浓度变化而改变的电极。参比电极在特定温度下电位必须稳定、重现性好且容易制备。甘汞电极和 Ag-AgCl 电极是常用的参比电极。

甘汞电极是指由金属 Hg、Hg_2Cl_2(甘汞)和 KCl 溶液组成的电极。由两个玻璃套管组成,内电极管中封接一根铂丝,铂丝插入纯汞中,下置一层

甘汞(Hg_2Cl_2)和汞的糊状物,放入外玻璃管中,外电极管中充入 KCl 溶液作为盐桥,内外电极管下端都用多孔纤维或熔结陶瓷芯或玻璃砂芯等多孔物质封口,其结构如图 9-4 所示。

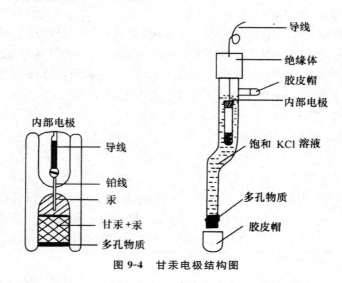

图 9-4　甘汞电极结构图

甘汞电极结构为 $Hg|Hg_2Cl_2|KCl(a)$,电极反应为

$$Hg_2Cl_2(s)+2e \rightleftharpoons 2Hg+2Cl^-$$

电极电位(298 K)为

$$\varphi = \varphi_{Hg_2Cl_2,Hg}^{\ominus} - 0.059 \lg a_{Cl^-} = \varphi_{Hg_2Cl_2,Hg}^{\ominus\prime} - 0.059 \lg c_{Cl^-}$$

一定温度下,当 Cl^- 的活度或浓度一定时,其电极电位为定值。

甘汞电极的稳定性和再现性都较好,是最常用的参比电极。若温度不是 298 K(25 ℃),其电极电位应进行校正,对 SCE,t ℃时电极电位为

$$\varphi = 0.243\,8 - 7.6 \times 10^{-4}(t-25)$$

当温度超过 80 ℃以上时,甘汞电极不够稳定,可用银-氯化银电极代替。

银-氯化银电极是指 Ag 丝表面镀上一层 AgCl 后封入有 KCl 溶液的电极管内,构成 Ag-AgCl 电极,电极符号为 $Ag|AgCl|KCl(a)$。

298 K 时电极反应为电极电位为

$$AgCl(s)+e \rightleftharpoons Ag(s)+Cl^-$$

当 Cl^- 的活度或浓度一定时,其电极电位为定值,也常作为参比电极。

C. 第三类电极。它由金属与两种具有相同阴离子的难容盐以及含有第二种难溶盐的阳离子达成平衡状态时的体系所组成。例如 $Hg|HgY^{2-}$、CaY^{2-}、Ca^{2+} 电极,其电极反应为

$$HgY^{2-}+Ca^{2+}+2e \rightleftharpoons Hg+CaY^{2-}$$

电极电位为

$$\varphi=\varphi^{\ominus}_{Hg^{2+},Hg}-\frac{0.059}{2}lg\frac{K_{CaY^{2-}}}{K_{HgY^{2-}}}+\frac{0.059}{2}lg\frac{[HgY^{2-}]}{[CaY^{2-}]}+\frac{0.059}{2}lg[Ca^{2+}]$$

这种电极可以作为 EDTA(Y^{4+})滴定时的 pM 指示电极。

②零类电极(惰性金属电极)。用惰性材料如铂、金或石墨等做成片状或棒状,浸入同一元素的氧化还原电对的溶液中构成的电极。例如 Pt|Fe^{3+}、Fe^{2+} 电极反应为

$$Fe^{3+}+e \rightleftharpoons Fe^{2+}$$

298 K 时电极电位为

$$\varphi=\varphi^{\ominus}_{Fe^{3+},Fe^{2+}}+0.059lg\frac{[Fe^{3+}]}{[Fe^{2+}]}$$

电极电位与两种离子的性质及活度的比率有关,惰性金属或石墨本身并不参加电极反应,只是作为氧化还原反应交换电子的场所,协助电子转移。

③膜电极。膜电极是指具有敏感膜并能产生膜电位的电极,故称为膜电极。膜电极又可分为若干类。

用于构成电极的材料除上面提及的 Pt 等金属之外,还有碳、石墨、汞等材料。由碳、石墨、玻璃碳或贵金属 Pt、Au 等材料制成的电极称为固体电极。由汞制成的电极称为汞电极,如滴汞电极、悬汞电极以及汞膜电极等。

④其他。除了上面介绍的外,还有微电极或超微电极、化学修饰电极等,这里不再赘述。

(2)常见的几种电极。电化学分析中测量一个电池的电学参数,需要使用两支或三支电极。分析方法不同,电极的性质和用途也不同,所以电极的名称也各有差异。除前面已提及的正极和负极、阳极和阴极外,还有的称为指示电极或工作电极、辅助电极或参比电极、对电极等。

电化学分析中常用的参比电极是甘汞电极以及银-氯化银电极,它们的电极电位随阴离子浓度增加而下降。

若参比电极的内电解质溶液中的 K^+、Cl^- 对测定有干扰,应采用双液接型。外套管中用 NaNO 或 LiAc 等电解质溶液,浓度为 1 mol/L 或 0.1 mol/L。

在非水介质中测定时,参比电极也可用饱和甘汞电极,而外套管中用饱和 KCl(NaCl)-甲醇溶液或饱和 LiCl-乙二胺溶液等。

9.1.1.4　电极表面的传质过程

在电极上外加一定电压直至发生电极反应时,电活性物质将在电极-溶

液界面被消耗,电极表面的浓度降低,产物在电极表面积聚而浓度增加。只有当电活性物质从溶液本体不断地向电极表面传送,而产物从电极表面不断地向溶液本体或向电极内传送,电极反应才能不断地进行,这种过程称为传质过程。

溶液中物质的传质过程有对流、电迁移和扩散传质三种形式,所产生的电流分别为对流电流、迁移电流和扩散电流。

(1)对流传质。对流传质就是物质随流动的液体而移动。它是由机械搅拌或温度差等因素引起的。电化学分析中有时采用电磁搅拌器或旋转电极来促进对流传质。极谱分析法中让溶液静止来消除对流传质对电流的贡献。

(2)电迁移传质。电迁移传质是由电场引起的。在外加电压的作用下,带正电荷的离子向负电极移动,带负电荷的离子向正电极移动。电荷通过溶液中离子的迁移而传送,溶液中所有的离子在电场作用下都发生电迁移。当加入大量的电解质 KCl 时,电迁移传质主要由高浓度的 K^+ 和 Cl^- 承担。另外,由低浓度的被测离子承担的电迁移传质则可以忽略。加入的电解质称为支持电解质,它可以消除迁移电流。

(3)扩散。扩散是指在浓差的作用下,分子或离子从高浓度向低浓度发生的移动。由扩散产生的电流称为扩散电流。这里我们先考虑平面电极上的扩散。平面电极上的扩散是垂直于电极表面的单方向扩散,即线性扩散,如图 9-5 所示。

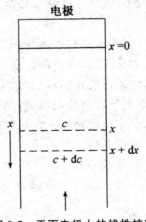

图 9-5　平面电极上的线性扩散

对于线性扩散,根据费克第一定律,单位时间内通过扩散到达电极表面的被测离子物质的量 dn 为

$$dn = DA \frac{\partial c}{\partial x} dt$$

式中，n 为物质的量，c 为物质的量浓度，D 为扩散系数（cm^2/s），A 为电极面积（cm^2）。

电极附近，被测物质浓度 c 的分布除了与距离 x 有关外，还与电解的时间 t 有关。根据费克第二定律

$$\frac{\partial c}{\partial x} = D \frac{\partial^2 c}{\partial x^2}$$

选择一定的起始和边界条件，应用拉普拉斯变换求解以上方程，可得电极表面的浓差梯度为

$$\left(\frac{\partial c}{\partial x} \right)_{x=0} = \left(\frac{\partial \varphi(x,t)}{\partial x} \right)_{x=0} = \frac{c - c^s}{\sqrt{\pi D t}}$$

也可写成

$$\left(\frac{\partial c}{\partial x} \right)_{x=0} = \frac{c - c^s}{\delta}$$

式中，$\delta = \sqrt{\pi D t}$ 称为扩散层的有效厚度；c^s 为电极表面浓度。时间越长，扩散层厚度越大，见图 9-6。

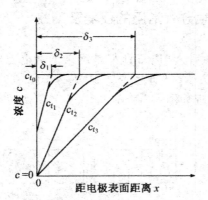

图 9-6 浓度与电解时间的关系

根据弗兰德电解定律，电解电流可表示为

$$i = zF \frac{dn}{dt} = zFAD \left(\frac{\partial c}{\partial x} \right)_{x=0} = zFAD \frac{c - c^s}{\delta}$$

当电极表面浓度为零时

$$i_d = zFAD \frac{c}{\delta} = zFAD \frac{c}{\sqrt{\pi D t}}$$

这就是平面电极的 Cottrell 方程。Cottrell 方程表明，电流与电活性物质的浓度呈正比，这是定量分析的基础。

9.1.1.5 法拉第定律

法拉第在 1833 年由实验结果归纳总结了一条基本定律,称为法拉第定律。该定律表示通电于电解质溶液后,在电极上发生化学变化的物质,其物质的量 n 与通入的电量 Q 成正比;通入一定量的电量后,若电极上发生反应的物质,其物质的量等同,析出物质的质量 m 与其摩尔质量 M 成正比。法拉第定律的数学表达式可表示为

$$n = \frac{Q}{zF} \text{ 或 } m = \frac{Q}{zF} \cdot M$$

式中,F 为 1 mol 质子的电荷,称为法拉第常量(96 487 C/mol);M 为析出物质的摩尔质量,其值与所取的基本单元有关;z 为电极反应中的电子计量系数。

电解消耗的电量 Q 可按下式计算

$$Q = it$$

若 1 A 的电流通过电解质溶液 1 s,其电量是 1 C。

法拉第定律在任何温度和压力下都能适用。

9.1.2 电化学分析常用的仪器及用途

pH 计(也称酸度计)和离子计都是用来测量电池电动势的装置,实际上也就是电位计。国产 pH 计主要有 PHS-2、PHS-10、PHS-300、PHS-400 等型号。pH 计的原理如图 9-7 所示。

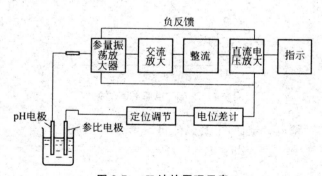

图 9-7 pH 计的原理示意

电位差计是一种用准确已知的标准点位来平衡未知电位的零点指示仪器。当仪器指零时,便没有电流流过被测量电池。电位差计应用对消法原理,先使线性分压器刻线示值与标准电池值相同,电路与标准电池接通,

调节可变电阻,使检流计 G 示零;再将电路与待测电池接通,调节线性分压器,使检流计示零,由线性分压器读出待测电池的电动势值,如图 9-8所示。

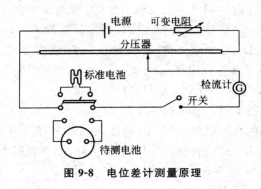

图 9-8　电位差计测量原理

9.1.3　电位分析法

电位分析法是通过电池的电流为零的条件下测定电池的电动势或电极电位,从而利用电极电位与浓度的关系测定物质浓度的一种电化学分析方法。

9.1.3.1　电位分析法测量装置

电位分析法测量装置包括:指示电极、参比电极、电位计(酸度计或离子计)。

指示电极、参比电极是电位法中构成电池的两个电极。其中一个电极用来反映离子的浓(活)度,响应电化学反应,它的电位数值随待测离子的浓(活)度而变化,这样的电极称为指示电极,即离子选择性电极;另一个电极在测量过程中,其电极电位保持恒定,它只是作为测量电位的标准,其电位不受测定溶液组成的影响。在测量过程中,即使有小电流流过时,其电极电位仍保持稳定,这类电极称为参比电极(参考电极)。

电位计是测量电位的主机。在进行电位法测定时,要将指示电极与参比电极同时浸入分析试液中组成电池体系,然后在电流接近于零的情况下,测量指示电极的平衡电位,据此求出待测离子的浓(活)度。

在测定中不能有电流流过指示电极,否则就发生电极反应,会使电极表面的化学组成发生改变,造成较大的测定误差。因此一般要用能保证指示电极电位恒定的测量方法,如电位计等,而不能用一般的伏特计。

9.1.3.2 离子选择性电极

对特定离子具有选择性响应的电极称为离子选择性电极。根据国际纯粹与应用化学联合会(IUPAC)的定义,离子选择性电极是一类电化学传感器,其电极电位与溶液中对应离子活度的对数呈线性关系;离子选择性电极也是一种指示电极,它所显示的电极电位与对应离子活度的关系符合Nernst方程。离子选择性电极与由氧化还原反应而产生电位的金属电极有本质的差异,是电位分析中应用最广的指示电极。

下面主要介绍半电池与电极电位。

(1)金属/金属离子电池。当 Ag 丝浸入 Ag^+ 的溶液中时,半电池可表示为 $Ag|Ag^+\|$,此处(|)表示为不同的接触相,($\|$)表示为通过盐桥等与其他电池相连。25 ℃下该电极电位可表示为

$$\varphi = \varphi^{\ominus} + \frac{RT}{F}\ln\frac{a(Ag^+)}{[Ag]} = \varphi^{\ominus} + 0.059\ 1\lg a(Ag^+)$$

在此, $\varphi^{\ominus}$ 是标准状态($a_{Ag^+}=1$)时的电极电位。

(2)氧化还原电池。将铂丝浸入 Fe^{2+} 和 Fe^{3+} 的混合溶液,铂丝不参与氧化还原反应的半电池,可表示为 $Pt|Fe^{2+},Fe^{3+}\|$,其电极电位可表示为

$$\varphi = \varphi^{\ominus}_{Fe^{2+},Fe^{3+}} + \frac{RT}{F}\ln\frac{a(Fe^{2+})}{a(Fe^{3+})}$$

(3)气体-离子电极。在电化学中,通常作为基准的半电池为氢离子电极,该电极是氢气为 1 atm,氢离子活度为 1 时,将铂浸入该溶液时的电极电位,该电极电位被人为地设定为零,它是最基本的参比电极,其他电极电位均是与该电极作为参比而得到的。

$$H^+ + e = \frac{1}{2}H_2\ (\varphi^{\ominus}=0)$$

$$\varphi = \varphi^{\ominus} + \frac{RT}{F}\ln\frac{a(H^+)}{(p_{H_2})^{\frac{1}{2}}}$$

(4)参比电极。

①饱和甘汞电极。将甘汞(Hg_2Cl_2)和水银浸泡在氯化钾的饱和溶液中,电极可表示为 $Hg|Hg_2Cl_2,KCl(饱和)\|$,其电极反应为

$$Hg_2Cl_2 + 2e = 2Hg + 2Cl$$

25 ℃温度下,电极电位为

$$\varphi = \varphi^{\ominus} - \frac{RT}{2F}\ln\frac{[Hg]a^2(Cl^-)}{[Hg_2Cl_2]} = \varphi^{\ominus} - \frac{0.059\ 1}{2}\ln\frac{[Hg]a^2(Cl^-)}{[Hg_2Cl_2]}$$

在标准状态下,$[Hg]=1$,$[Hg_2Cl_2]=1$,则

$$\varphi = \varphi^{\ominus} - 0.059\ 1\lg a(Cl^-)$$

饱和氯化钾溶液的氯离子浓度为已知,可求得 $E = +0.246$ V,从上式可知,该电极电位依存于氯离子的浓度,随氯离子浓度的变化而变化。

②银-氯化银电极。将氯化银涂覆于银丝的表面,即构成银-氯化银电极,通常将银-氯化银电极浸泡于饱和氯化钾(3.5 mol/L)的溶液中,由于该电极不使用水银,所以现在比较通用,其电极反应和电极电位表示为

$$AgCl + e = Ag + Cl^-$$

$$\varphi = \varphi^{\ominus} - 0.059\ 11 lg a(Cl^-)$$

该电极与甘汞电极类似,其电极电位也依存于氯离子浓度。

(5)离子选择性电极。尽管离子选择性电极的种类很多,但基本结构相同。一般都由对特定离子具有选择性响应的敏感膜、内参比电极及对应的内参比溶液等组成,如图 9-9 所示,其中敏感膜是其关键部分。敏感膜的作用,第一是将内参比溶液与外侧的待测离子溶液分开;第二是对特定离子产生选择性响应,形成膜电位。

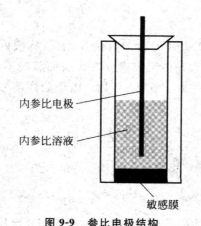

内参比电极

内参比溶液

敏感膜

图 9-9　参比电极结构

离子选择性电极的电位为内参比电极的电位 $\varphi_{内参}$ 与膜电位 φ_m 之和,即

$$\varphi_{ISE} = \varphi_{内参} + \varphi_m$$

不同类型的离子选择性电极,其响应机理虽然各有其特点,但其膜电位产生的基本原理是相似的。当敏感膜两侧分别与两个浓度不同的电解质溶液接触时,在膜与溶液两相向的界面上,由于离子的选择性和强制性的扩散,破坏了界面附近电荷分布的均匀性,而形成双电层结构,在膜的两侧形成两个相界电位 $\varphi_{内}$ 和 $\varphi_{外}$。同时,在膜相内部与内外两个膜表面的界面上,由于离子的自由(非选择性和强制性)扩散而产生扩散电位,其

大小相等，方向相反，互相抵消。所以，横跨敏感膜两侧产生的电位差（膜电位）为敏感膜外侧和内侧表面与溶液相的两个相界电位之差，即 $\varphi_m = \varphi_外 - \varphi_内$。

当敏感膜对阳离子 M^{n+} 有选择性响应，将电极浸入含有该离子的溶液中时，在敏感膜的内外两侧的界面上均产生相界电位，并符合能斯特方程

$$\varphi_内 = k_1 + \frac{RT}{nF}\ln\frac{a_内}{a'_内}$$

$$\varphi_外 = k_2 + \frac{RT}{nF}\ln\frac{a_外}{a'_外}$$

式中，k_1，k_2 为与膜表面有关的常数；$a(M)$ 为液相中 M^{n+} 活度；$a'(M)$ 为膜相中 M^{n+} 活度。

一般情况下，敏感膜的内外表面性质可看作是相同的，故 $k_1 = k_2$，$a'(M)_外 = a'(M)_内$，即

$$\varphi_膜 = \varphi_外 - \varphi_内 = \frac{RT}{nF}\ln\frac{a_外}{a_内}$$

当 $a(M)_外 = a(M)_内$ 时，$\varphi_m = 0$，而实际上敏感膜两侧仍有一定的电位差，称为不对称电位，它是由于膜内外两个表面状况不完全相同而引起的。对于一定的电极，不对称电位为一常数。由于膜内溶液中 M^{n+} 的活度为常数，那么

$$\varphi_膜 = 常量 + \frac{RT}{nF}\ln a_外$$

所以，阳离子选择性电极的电位是

$$\varphi_{ISE} = \varphi_{内参} - \varphi_m = k + \frac{RT}{nF}\ln a(M)$$

式中，k 是常数项，包括内参比电极电位和膜内相界电位及不对称电位。

如果离子选择性电极对阴离子 R^{n-} 有响应的敏感膜，膜电位应该是

$$\varphi_外 = \frac{RT}{nF}\ln\frac{a(R)_外}{a'(R)_内} - 常量$$

$$= \frac{RT}{nF}\ln a(R)_外$$

阴离子选择性电极的电位是

$$\varphi_{ISE} = k - \frac{RT}{nF}\ln a(R)$$

离子选择电极分为原电极和敏化电极，原电极中包括晶体膜电极和非晶体膜电极，敏化电极包括气敏电极和酶电极。

9.1.4　电解分析法

9.1.4.1　电解分析法的原理

电解分析法是以称量沉积于电极表面的沉积物的质量为基础的一种电分析方法。它是一种比较古老的方法,又称电重量法,有时也作为一种分离的手段,能方便地除去某些杂质。

如在 0.1 mol/L 的 H_2SO_4 介质中,电解 0.1 mol/L $CuSO_4$ 溶液,装置如图 9-10 所示。其电极都用铂制成,溶液进行搅拌;阴极采用网状结构,优点是表面积较大。电解池的内阻约为 0.5 Ω。

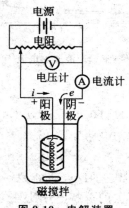

图 9-10　电解装置

将两个铂电极浸入溶液中,当接上外电源,外加电压远离分解电压时,只有微小的残余电流通过电解池。当外加电压增加到接近分解电压时,只有极少量的 Cu 和 O_2 分别在阴极和阳极上析出,但这时已构成 Cu 电极和 O_2 电极组成的自发电池。该电池产生的电动势将阻止电解过程的进行,称为反电动势。只有外加电压达到克服此反电动势时,电解才能继续进行,电流才能显著上升。通常将两电极上产生迅速的、连续不断的电极反应所需的最小外加电压 U_d 称为分解电压。理论上分解电压的值就是反电动势的值,如图 9-11 所示,其中,(1)是计算所得曲线,(2)为实际测得曲线。

Cu 和 O_2 电极的平衡电位分别如下。

Cu 电极:$Cu^{2+}+2e=Cu,\varphi^{\ominus}=0.033\ 7\ V,$

$$\varphi=\varphi^{\ominus}+\frac{0.59}{2}\lg[Cu^{2+}]=0.337+\frac{0.59}{2}\lg0.1=0.308\ V$$

O_2 电极：$\frac{1}{2}O_2 + 2H^+ + 2e = H_2O$，$\varphi^\ominus = 1.23\ V$，

$$\varphi = \varphi^\ominus + \frac{0.59}{2}\lg\{[p(O_2)]^{\frac{1}{2}}[H^+]^2\} = 1.23 + \frac{0.59}{2}\lg(1^{\frac{1}{2}} \times 0.2^2)$$
$$= 1.189\ V$$

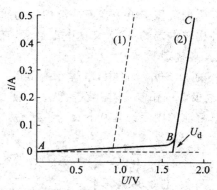

图 9-11　电解铜溶液时的电流-电压曲线

当 Cu 和 O_2 构成电池时,有

Pt|O_2(101 325 Pa),H^+(0.2 mol/L),Cu^{2+}(0.1 mol/L)|Cu

Cu 为阴极,O_2 为阳极,电池的电动势为

$$E = \varphi_c - \varphi_a = 0.308 - 1.189 = -0.881\ V。$$

电解时,理论分解电压的值是它的反电动势,为 0.881 V。

从图 9-11 可知,实际所需的分解电压比理论分解电压大,超出的部分是由于电极极化作用引起的。极化结果将使阴极电位更负,阳极电位更正。电解池回路的电压降 iR 也应是电解所加的电压的一部分,这时电解池的实际分解电压为

$$U_d = (\varphi_a + \eta_a) - (\varphi_c + \eta_c) + iR。$$

若电解时,铂电极面积为 100 cm^2,电流为 0.10 A,则电流密度是 0.001 A/cm^2 时,O_2 在铂电极上的超电位是 0.72 V,Cu 的超电位在加强搅拌的情况下可以忽略。

$$iR = 0.10 \times 0.50 = 0.050\ V，$$
$$U_d = 0.88 + 0.72 + 0.05 = 1.65\ V。$$

9.1.4.2　控制电位电解分析

当试样中存在两种以上的金属离子时,随着外加电压的增大,第二种离子可能被还原。为了分别测定或分离,就需要采用控制阴极电位的电解法。

如以铂为电极,电解液为 0.1 mol/L 的硫酸溶液,含有 0.1 mol/L Ag^+ 和 1.0 mol/L Cu^{2+}。

Cu 开始析出的电位为

$$\varphi=\varphi^{\ominus}(Cu^{2+},Cu)+\frac{0.059}{2}\lg[Cu^{2+}]=0.337+\frac{0.059}{2}\lg1.0=0.337\ V$$

Ag 开始析出的电位为

$$\varphi=\varphi^{\ominus}(Ag^+,Ag)+0.059\lg[Ag^+]=0.799+0.059\lg0.01=0.681\ V$$

因为 Ag 的析出电位较 Cu 的析出电位正,因此 Ag^+ 先在阴极上析出,当其浓度降至 10^{-6} mol/L 时,一般可以认为 Ag^+ 已电解完全。此时 Ag 的电极电位为

$$\varphi=0.799+0.059\lg10^{-6}=0.445\ V。$$

阳极发生的是水的氧化反应,析出氧气,$\varphi_a=1.189+0.72=1.909\ V$,而电解电池的外加电压值为 $U=\varphi_a-\varphi_c=1.909-0.681=1.228\ V$,即电压控制为 1.464 V 时,Ag 电解完全,而 Cu 开始析出的电压值为 $U=\varphi_a-\varphi_c=1.909-0.337=1.572\ V$,所以电压为 1.464 V 时,Cu 还没有开始析出。

在实际电解过程中,阴极电位不断发生变化,阳极电位也并不是完全恒定的。因为离子浓度随着电解的延续而逐渐下降,电池的电流也逐渐减小,应用控制外加电压的方式往往达不到好的分离效果。较好的方法是控制阴极电位。要实现对阴极电位的控制,需要在电解池中插入一个参比电极,例如甘汞电极等,它通过运算放大器的输出很好地控制阴极电位和参比电极电位差为恒定值。

电解测定 Cu 时,Cu^{2+} 浓度从 1.0 mol/L 降到 10^{-6} mol/L 时,阴极电位从 0.337 V(vs. SHE)降到 0.16 V。只要不在该范围内析出的金属离子都能与 Cu^{2+} 分离。还原电位比 0.337 V 更正的离子可以通过电解分离,比 0.16 V 更负的离子可以留在溶液中。控制阴极电位电解,开始时被测物质析出速度较快,随着电解的进行,浓度越来越小,电极反应的速率也逐渐变慢,所以电流也越来越小。当电流趋于零时,电解完成。

9.1.4.3　库仑分析法

(1)库仑分析法的原理。库仑分析法是以测量电解过程中被测物质直接或间接在电极上发生电化学反应所消耗的电量为基础的分析方法。它和电解分析不同,其被测物不一定在电极上沉积,但要求电流效率必须为 100%。

库仑分析的基本依据是法拉第电解定律。法拉第电解定律表示物质在电解过程中参与电极反应的物质质量 m 与通过电解池的电量 Q 呈正比,用

数学式表示为

$$m = \frac{M}{zF} Q,$$

式中，F 为 1 mol 电荷的电量，称为法拉第常数（96 485 C/mol）；M 为物质的摩尔质量；z 为电极反应中的电子数；Q 为电解消耗的电量，$Q = it$。

（2）库仑分析可以分成恒电位库仑分析和恒电流库仑分析两种。

①恒电位库仑分析。恒电位库仑分析是指在电解过程中，控制工作电极的电位保持恒定值，使被测物质以 100% 的电流效率进行电解。当电流趋于零时，指示该物质已被电解完全。恒电位库仑分析的仪器装置和控制阴极电位电解类似，只是在电路中需要串接一个库仑计，以测量电解过程中消耗的电量。电量也可采用电子积分仪或作图求得。

②恒电流库仑分析（库仑滴定法）。库仑分析时，如果电流维持一个恒定值，可以大大缩短电解时间。对其电量的测量也很方便，$Q = it$。它的困难是要解决恒电流下具有 100% 的电流效率和设法能指示终点的到达。如在恒电流下电解 Fe^{3+}，它在阳极氧化 $Fe^{2+} \rightarrow Fe^{3+} + e$，这时，阴极发生的是还原反应为 $H^+ + e \rightarrow \frac{1}{2} H_2$，其电流-电位曲线如图 9-12 所示。

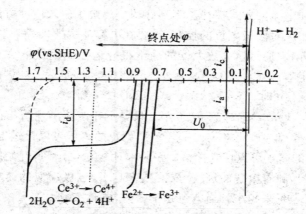

图 9-12　以铈（Ⅲ）为辅助体系的库仑滴定铁（Ⅱ）的电流-电位曲线

选用 $i_0 = i_a = i_c$，需外加电压为 U_0，随着电解的进行，Fe^{2+} 的浓度下降，外加电压就要加大。阳极电位就要发生正移，阳极上可能析出 O_2。电解过程的电流效率将达不到 100%。如果在电解液中加入浓度较大的 Ce^{3+} 作为一个辅助体系。当 Fe^{2+} 在阳极的氧化电流降到低于 i_0 时，Ce^{3+} 氧化到 Ce^{4+}，维持 i_0 恒定。溶液中 Ce^{4+} 能立即同 Fe^{2+} 反应，本身又被还原到 Ce^{3+}，即 $Ce^{4+} + Fe^{2+} \rightarrow Ce^{3+} + Fe^{3+}$，这样就可以把阳极电位稳定在氧析出电位以下,而防止了氧的析出。电解所消耗的电量仍全部用在 Fe^{2+} 的氧化上,达到了电流效率的 100%。该法类似于 Ce^{4+} 滴定 Fe^{2+} 的滴定法,其滴定剂由电解产生,所以恒电流库仑分析又称为库仑滴定法。

(3)库仑滴定的终点指示。库仑滴定的终点指示可以采用以下几种方法。

①化学指示剂法。滴定分析中使用的化学指示剂,只要体系合适仍能在此使用。如用恒电流电解 KI 溶液产生滴定剂 I_2 来测定 As(Ⅲ)时,淀粉就是很好的化学指示剂。

②电位法。库仑滴定中使用电位法指示终点与使用电位滴定法确定终点的方法相似。选用合适的指示电极来指示终点前后电位的跃变。

③双铂极电流指示法。该法又称为永停法,它是在电解池中插入一对铂极作指示电极,加上一个很小的直流电压,一般为几十毫伏至 200 mV,如图 9-13 所示。如在电解 KI 产生滴定剂 I_2 测定 AS(Ⅲ)的体系中,滴定终点前出现的是 As(Ⅴ)/As(Ⅲ)不可逆电对,终点后是可逆的 I_3/I 电对。从其极化曲线(即电流随外加电压而改变的曲线),即图 9-14 可见,不可逆体系曲线通过横轴是不连续的(电流很小),需要加更大的电压才能有明显的氧化还原电流。可逆体系在很小电压下就能产生明显的电流。

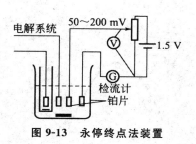

图 9-13　永停终点法装置

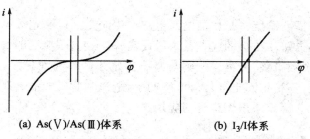

(a) As(Ⅴ)/As(Ⅲ)体系　　　(b) I_3/I 体系

图 9-14　I_2 滴定 As(Ⅲ)时,终点前后体系的极化曲线

当然,体系不同也可能出现原来是可逆电对,终点后为不可逆电对,这时图 9-15 就出现相反的情况。Ce^{4+} 滴定 Fe^{2+} 体系中,滴定前后都是可逆体系。开始滴定时,溶液中只有 Fe^{2+},没有 Fe^{3+},所以流过电极的电流为零或只有微小的残余电流。随着滴定的进行,溶液中 Fe^{3+} 的浓度逐渐增大,所以通过电极的电流也将逐渐增大。在滴定百分数为 50% 之前,Fe^{3+} 的浓度是电流的限制因素。过了 50% 后,Fe^{2+} 的浓度逐渐变小,便成为电流的限制因素了,所以电流又逐渐下降。到达终点时,Fe^{2+} 浓度接近于零,溶液中只有 Fe^{3+} 和 Ce^{3+},所以电流又接近于零。过了终点以后,便有过量 Ce^{4+} 存在,在阳极上 Ce^{3+} 可被氧化,在阴极上 Ce^{4+} 可被还原,双铂电极的回路又出现了明显的电流,如图 9-16 所示。

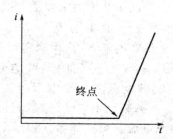

图 9-15　滴定亚砷酸的双铂电极的电流曲线

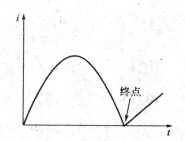

图 9-16　Ce^{4+} 滴定 Fe^{2+} 的双铂电极电流曲线

恒电流库仑滴定法是用恒电流电解产生滴定剂以滴定被测物质来进行定量分析的方法。该法的优点是灵敏度高、准确度好,测定的量比经典滴定法低 1~2 个数量级,但可以达到与经典滴定法同样的准确度,它不需要制备标准溶液,不稳定滴定剂可以电解产生,电流和时间能准确测定等。这些使恒电流库仑滴定法得到广泛的应用。

9.1.4.4　微库仑分析法

微库仑分析法和库仑滴定法类似,也是利用电解生成滴定剂来滴定被测物质,其装置如图 9-17 所示。

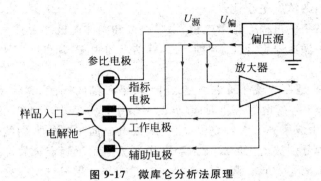

图 9-17 微库仑分析法原理

微库仑池中有两对电极,一对是指示电极和参比电极,另一对是工作电极和辅助电极。液体试样可直接加入池中,气体样品由池底通入,由电解液吸收。常用的滴定池依电解液的组成不同,分为银滴定池、碘滴定池和酸滴定池几种。样品进入前,电解液中的微量滴定剂浓度一定,指示电极与参比电极的电位差为定值。当样品进入电解池后,使滴定剂的浓度减小,电位差发生变化,$U_{指}=U_{偏}$,放大器就有电流输出,工作电极开始电解,直至恢复到原来滴定剂浓度,电解自动停止。

微库仑法可以用来测定有机卤素,测定方法是将滴定池直接和燃烧装置相连,在有机物燃烧过程中生成的 Cl^- 用 Ag^+ 自动滴定,可检测 $0.1 \sim 1\,000\ \mu g$ 的 Cl^-,方法非常灵敏。电解液为 $65\% \sim 85\%$ 的乙酸,指示电极组为银微电极和一参比电极,工作电极为银阳极和螺旋铂阴极。

在微库仑分析过程中,电流是变化的,根据它对时间的积分,求出 Q 值,确定被测物质的量。因为分析过程中电流的大小是随被测物质的含量的大小而变化的,故又称为动态库仑分析。它是一种灵敏度高的分析方法,适用于微量成分分析。

9.1.5 溶出伏安法

溶出伏安法是一种灵敏度很高的电化学分析方法,检测下限一般可达 $10^{-11} \sim 10^{-7}\ mol/L$,它将电化学富集与测定有机地结合在一起。溶出伏安法的操作分为两步:第一步是预电解,第二步是溶出。

预电解是在恒电位下和搅拌的溶液中进行,将痕量组分富集到电极上。时间需严格地控制。富集后,让溶液静止 30 s 或 1 min,称为休止期,再用各种伏安方法在极短时间内溶出。溶出时,工作电极发生氧化反应的称为阳极溶出伏安法;发生还原反应的称为阴极溶出伏安法。溶出峰电流大小与被测物质的浓度呈正比。

电解富集的电极有悬汞电极、汞膜电极和固体电极。汞膜电极面积大,同样的汞量做成厚度为几十纳米到几百纳米的汞膜,其表面积比悬汞大,电极效率高。

图 9-18 是在盐酸介质中测定痕量铜、铅和镉的例子,先将汞电极电位固定在 -0.8 V 处电解一定时间,此时溶液中部分 Cu^{2+}、Pb^{2+} 和 Cd^{2+} 在电极上还原,生成汞齐。电解完毕后,使电极电位向正电位方向线性扫描,这时镉、铅、铜分别被氧化形成峰。溶出伏安法除用于测定金属离子外,还可测定一些阴离子,如氯、溴、碘、硫等。它们能与汞生成难溶化合物,可用阴极溶出伏安法进行测定。

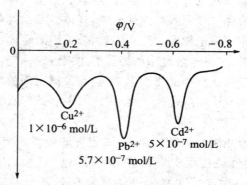

图 9-18　在盐酸介质中测定痕量铜、铅和镉

9.1.6　电导分析法

9.1.6.1　电导的基本概念及其测量方法

当两个铂电极插入电解质溶液中,并在两电极上加一定的电压,此时就有电流流过回路。电流是电荷的移动,在金属导体中仅仅是电子的移动,在电解质溶液中由正离子和负离子向相反方向的迁移来共同形成电流。

电解质溶液的导电能力用电导 G 来表示,即

$$G = \frac{1}{R}$$

电导是电阻 R 的倒数,其单位为西门子(S)。

对于一个均匀的导体来说,它的电阻或电导是与其长度和截面积有关

的。为了便于比较各种导电体及其导电能力,类似于电阻率,提出了电导率的概念,即

$$G = \kappa \frac{A}{L}$$

式中,κ 为电导率,S/m;L 为导体的长度;A 为截面积。电导率和电阻率是互为倒数的关系。

电解质溶液的导电是通过离子来进行的,所以电导率与电解质溶液的浓度及其性质有关。电解质解离后形成的离子浓度,即单位体积内离子的数目越大,电导率就越大。离子的迁移速率越快,电导率也就越大。离子的价数,即离子所带的电荷数目越高,电导率越大。

为了比较各种电解质导电的能力,人们提出了摩尔电导率的概念。摩尔电导率 $\Lambda_m (S \cdot cm^2/mol)$ 是指含有 1 mol 电解质的溶液,在距离为 1 cm 的两片平板电极间所具有的电导,Λ_m 为

$$\Lambda_m = \kappa V$$

式中,V 含有 1 mol 电解质的溶液的体积,cm^3。如果溶液的浓度为 $c(mol/L)$,则

$$V = \frac{1\ 000}{c}$$

当溶液的浓度降低时,电解质溶液的摩尔电导率将增大。这是因为离子移动时常常受到周围相反电荷离子的影响,使其速率减慢。无限稀释时,这种影响减到最小,摩尔电导率达到最大的极限值,此值称为无限稀释时的摩尔电导率,用 Λ_0 表示。电解质溶液无限稀释时,摩尔电导率是溶液中所有离子摩尔电导率的总和,即

$$\Lambda_0 = \sum \Lambda_{0+} + \sum \Lambda_{0-}$$

式中,Λ_{0+},Λ_{0-} 是无限稀释时正、负离子的摩尔电导率。

在无限稀释的情况下,离子摩尔电导率是一个定值,与溶液中共存离子无关,其具体数值可参考其他相关书籍,这里不再一一列出。

电导是电阻的倒数,所以测量溶液的电导也就是测量它的电阻。经典的测量电阻的方法是采用惠斯通电桥法,其装置如图 9-19 所示。

电源是一个电压为 6~10 V 的交流电。不使用直流电是因为它通过电解质溶液时会产生电解作用,引起组分浓度的变化。交流电的频率一般为 50 Hz,电导较高时,为了防止极化现象,宜采用 1 000~2 500 Hz 的高频电源。交流电正半周和负半周造成的影响能相互抵消。

溶液电导的测量常常是将一对表面积为 $A(cm^2)$、相距为 $L(cm)$ 的电极插入溶液中进行,可知

$$G = \kappa \frac{A}{L} = \kappa \frac{1}{\dfrac{L}{A}}$$

对一定的电极来说，$\dfrac{L}{A}$ 是一常数，用 θ 表示，称为电导池常数，单位是 cm^{-1}，即

$$\theta = \frac{L}{A}$$

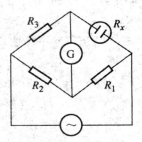

图 9-19 惠斯通平衡电桥

电导池常数直接测量比较困难，常用标准 KCl 溶液来测定。有时需要使用铂黑电极，它可以有效增加比表面积，减少极化。它的缺点是对杂质的吸附加强了。

9.1.6.2 导电分析方法——电导滴定法

滴定分析过程中，伴随着溶液离子浓度和种类的变化，溶液的电导也发生变化，利用被测溶液电导的突变指示理论终点的方法称为电导滴定法。例如，以 C^+D^- 滴定 A^+B^-，强电解质的电导滴定曲线如图 9-20 所示。

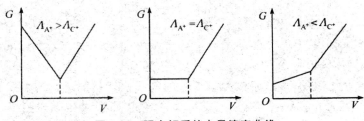

图 9-20 强电解质的电导滴定曲线

滴定开始前，溶液的电导由 A^+、B^- 所决定。从滴定开始到化学计量点之前，溶液中 A^+ 逐渐减少，而 C^+ 逐渐增加。这一阶段的溶液电导变化取决于 Λ_{A^+} 和 Λ_{C^+} 的相对大小。当 $\Lambda_{A^+} > \Lambda_{C^+}$，随着滴定的进行，溶液电导逐渐降低；当 $\Lambda_{A^+} < \Lambda_{C^+}$ 时，溶液电导逐渐增加；当 $\Lambda_{A^+} = \Lambda_{C^+}$ 时，溶液电导恒

定不变。在化学计量点后,由于过量 C^+ 和 D^- 的加入,溶液的电导明显增加。电导滴定曲线中两条斜率不同的直线的交点就是化学计量点。

有弱电解质参加的电导滴定情况要复杂一些,但确定滴定终点的方法是相同的。

电导滴定时,溶液中所有存在的离子对电导值产生影响。因此,为使测量准确可靠,试液中不应含有不参加反应的电解质。为避免在滴定过程中产生稀释作用,所用标准溶液的浓度常十倍于待测溶液,以使滴定过程中溶液的体积变化不大。

对于滴定突跃很小或有几个滴定突跃的滴定反应,电导滴定可以发挥很大作用,如混合酸碱的滴定、弱酸弱碱的滴定、多元弱酸的滴定以及非水介质的滴定等。电导滴定在酸碱、沉淀、配位和氧化还原滴定中都能应用。

9.2 分光光度分析

9.2.1 分光光度法的灵敏度和准确度

9.2.1.1 分光光度法的灵敏度

分光光度法是一种适合于微量组分测定的仪器分析法,检测限大多可达 $10^{-3}\sim10^4$ mg/L 或 $\mu g/ml$ 数量级。

灵敏度有摩尔吸光系数和灵敏度两种表示方法。

(1)摩尔吸光系数 ε。摩尔吸光系数是相对吸光物质而言的,是由吸光物质的结构特征、吸光面积等因素决定的。由朗波-比尔公式 $A=\varepsilon bc$ 可知,当 $b=1$ 时,$A=\varepsilon c$。

对同一待测物质,不同方法具有不同的 ε,即有不同的灵敏度。如用分光光度法测铜,铜试剂法测时,$\varepsilon_{426}=1.28\times10^4$ L/(mol·cm);而用双硫踪法测时,$\varepsilon_{495}=1.58\times10^5$ L/(mol·cm)。一般情况下,当 $\varepsilon<10^4$ 时,属于低灵敏度;当 $\varepsilon\sim10^4\sim10^5$ 时,属于中等灵敏度;当 $\varepsilon>10^5$ 时,属于高灵敏度。

(2)灵敏度 S。S 表示光程为 1 cm 吸收池测得吸光度为 0.001 时,每毫升溶液中待测物的微克数,单位为 $\mu g/cm^2$。根据朗伯-比尔定律,当 $A=0.001$ 时,有

$$bc=\frac{0.001}{\varepsilon}$$

(9-1)

若吸光物质的摩尔质量为 M(g/mol)，则有

$$M \cdot 10^6 \cdot c \cdot 10^{-3} \cdot b = S \tag{9-2}$$

将式(9-1)代入式(9-2)得

$$S = M \frac{10^{-3}}{\varepsilon} \cdot 10^3 = \frac{M}{\varepsilon}$$

虽然光度法本身灵敏度较高，但是对一些痕量组分的测定还需提高灵敏度。另外，许多显色反应的选择性不高，故测定复杂组分试样受到限制。提高测定的灵敏度和选择性可以采用多种途径，如合成新的高灵敏度有机显色剂，采用多元配合物显色体系，采用分离富集和测定相结合。

9.2.1.2 分光光度法的准确度

能满足微量组分测定的要求，一般相对误差2%～5%。如石灰石中微量铁的含量为0.067%，相对误差以5%计算，结果是0.064%～0.070%，绝对误差为0.003%。又如，铁矿中铁的含量为80%，若相对误差以5%计算，结果是76%～84%，绝对误差为4%。

影响准确度的因素有仪器测量误差和化学反应的影响。

(1)仪器测量误差的计算。对于给定的分光光度计，其透光度读数误差 ΔT 是一定的(一般为±0.2%～±2%)。但由于透光度与浓度的非线性关系，在不同的透光度读数范围内，同样大小的读数误差 ΔT 所产生的浓度误差 Δc 是不同的。根据朗伯-比耳定律

$$A = \lg \frac{I_0}{I_t} = -\lg T = \varepsilon bc$$

即

$$-\lg T = \varepsilon bc$$

上式微分

$$-d\lg T = -\frac{0.434}{T}dT = d\varepsilon bc$$

两式相除得

$$\frac{dc}{c} = \frac{0.434}{T\lg T}dT$$

以有限值表示可得

$$\frac{\Delta c}{c} = \frac{0.434}{T\lg T}\Delta T$$

式中，$\frac{\Delta c}{c}$ 表示浓度测量值的相对误差。该式表明，浓度的相对误差不仅与仪器的透光度读数误差 ΔT 有关，还与其透光度 T 的值有关。假设仪器的 $\Delta T = \pm 0.5\%$，则可绘出溶液浓度相对误差 $\Delta \frac{c}{c}$ 与其透光度 T 的关系曲线。

用数学上求极值的方法可求出浓度相对误差最小值。$\Delta T = \pm 0.5\%$ 时，浓度测量的相对误差最小值为1.4%，相应的透光度 $T_{min} = 0.368$，吸光

度 $A_{min} = 0.434$。当 $T = 0.368 = 36.8\%$ 时，$A = 0.434$，此时仪器测量的误差最小。在实验中，为了减少误差，通常控制溶液的吸光度 $A = 0.2 \sim 0.8$。

浓度的相对误差与透光度读数有关。当 $\Delta T = \pm 0.5\%$ 时，T 落在 $10\% \sim 70\%$（吸光度读数 A 在 $1.0 \sim 0.15$）范围内，浓度测量的相对误差较小，约为 $1.4\% \sim 2.2\%$。光度测量时，吸光度读数过高或过低，浓度测量的相对误差都将增大。因此，普通分光光度法不适用于高含量或极低含量组分的测定。

我们假定透光度的绝对误差 ΔT 与透光度值无关，ΔT 是由仪器刻度读数所引起的误差。但实际上由于仪器设计及制造水平不同，ΔT 可能不同。影响透光度测量误差的因素很多，难以找到误差函数的准确表达式，实际工作中应参照仪器说明书，具体问题具体分析，创造条件使测定值在适宜的吸光度范围内进行。通常采取的措施还有控制待测溶液的浓度和选择合适厚度的吸收池。

（2）化学反应的影响。分光光度法的测定通常在一个较大的浓度范围内作工作曲线，当 ε 随浓度变化或者副反应的变化而变化时，就会对吸光度有所偏离。

9.2.2 分析条件的选择

9.2.2.1 测量条件的选择

（1）入射光波长的选择。应根据吸收光谱曲线选择溶液有最大吸收时的波长。如果最大吸收波长不在仪器可测波长范围内，或干扰物质在此波长处有强烈吸收，可选用非最大吸收处的波长。但应注意尽量选择 ε 值变化不太大区域内的波长。以图 9-21 为例，显色剂与钴配合物在 420 nm 波长处均有最大吸收峰。如用此波长测定钴，则未反应的显色剂会发生干扰而降低测定的准确度。因此，必须选择 500 nm 波长测定，在此波长下显色剂不发生吸收，而钴络合物则有一吸收平台。用此波长测定，灵敏度虽有所下降，却消除了干扰，提高了测定的准确度和选择性。

（2）吸光度测量范围的选择。在不同吸光度范围内读数会引起不同程度的误差，为提高测定的准确度，应选择最适宜的吸光度范围进行测定。

对一个给定的分光光度计来说，透光率读数误差 ΔT 是一个常数，但透光率读数误差不能代表测定结果误差，测定结果误差常用浓度的相对误差 $\Delta c / c$ 表示。

由朗伯-比尔定律可知

$$A = -\lg T = \varepsilon bc$$

由上式微分整理可得

$$\frac{\Delta c}{c} = \frac{0.434}{T \cdot \lg T} \cdot \Delta T$$

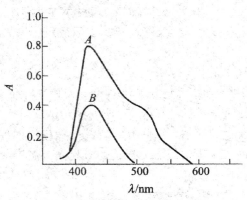

图 9-21 吸收曲线

A. 钴配合物的吸收曲线；B. 1-亚硝基-2-萘酚-3,6 磺酸显色剂的吸收曲线

要使相对误差 $\Delta c/c$ 最小，求导取极小得出：当 $T = 0.368 (A = 0.434)$ 时，$\Delta c/c$ 最小为 1.4%。

实际工作中，可以通过调节被测溶液的浓度，使其在适宜的吸光度范围。为此，可以从下列几方面想办法：①计算而且控制试样的称出量，含量高时，少取样或稀释试液；含量低时，可多取样或萃取富集；②如果溶液已显色，则可通过改变吸收池的厚度来调节吸光度的大小。

（3）其他。除了上述所介绍的，在参比溶液的选择和狭缝宽度的选择等方面也应遵循一定的原则。

9.2.2.2 溶剂的选择

溶剂的选择原则如下。

（1）溶剂应能很好地溶解被测试样，溶剂对溶质应该是惰性的，即所成溶液应具有良好的化学和光学稳定性。

（2）在溶解度允许的范围内，尽量选择极性较小的溶剂。这是因为溶剂对紫外-可见光谱的影响较为复杂。改变溶剂的极性，会引起吸收带形状的变化。

（3）不与被测组分发生化学反应。

（4）所选溶剂在测定波长范围内无明显吸收。

（5）被测组分在所选的溶剂中有较好的峰形。

9.2.2.3　反应条件的选择

（1）显色反应的类型。常见的显色反应有络合反应、氧化还原反应、取代反应和缩合反应等。其中应用得最广泛的为络合反应。同一种物质常有数种显色反应，其原理和灵敏度各不相同，选择时应考虑以下因素。

①选择性好。完全特效的显色剂实际上是不存在的，但是干扰较少或干扰易于除去的显色反应是可以找到的。

②灵敏度高。

③对比度大。对比度在一定程度上反映了过量显色剂对测定的影响，M 越大，过量显色剂的影响越小。一般要求 $\Delta\lambda$ 在 60 nm 以上。

④有色化合物组成恒定。有色化合物组成不恒定，意味着溶液颜色的色调及深度不同，必将引起很大误差。为此，对于形成不同络合比的有色配合物的络合反应，必须注意控制实验条件。

⑤有色化合物的稳定性好。

（2）显色条件的选择。

①显色剂用量。显色剂的适宜用量通常由实验来确定。其方法是将待测组分的浓度及其他条件固定，然后加入不同量的显色剂，测定吸光度，绘制吸光度（A）与浓度（c）的关系曲线，一般可得到如图 9-22 所示三种不同的情况。

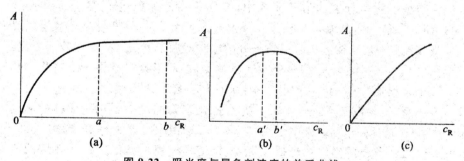

图 9-22　吸光度与显色剂浓度的关系曲线

图 9-22(a)表明，当显色剂浓度 c_R 在 $0\sim a$ 范围时，显色剂用量不足，待测离子没有完全转变成有色配合物，随着 c_R 增大，吸光度 A 增大。在 $a\sim b$ 范围内，曲线平直，吸光度出现稳定值，因此可在 $a\sim b$ 间选择合适的显色剂用量。这类反应生成的有色配合物稳定，对显色剂浓度控制要求不太严格，适用于光度分析。图 9-22(b)只有较窄的平坦部分，应选 $a'b'$ 之间所对应的显色剂浓度，显色剂浓度大于 b' 后吸光度下降，说明有副反应发生。例如，利用 $Mo(SCN)_5$ 红色配合物测定钼，过量 SCN^- 会与 $Mo(SCN)_5$ 形成浅红色的 $Mo(SCN)_6$ 配合物。图 9-22(c)曲线表明，随着显色剂浓度增大，吸光

度不断增大,例如 SCN^- 与 Fe^{3+} 反应,生成逐级配合物 $Fe(SCN)_n^{3-n}$,$n=1$,$2,\cdots,6$,随着 SCN^- 浓度增大,生成颜色愈来愈深的高配位数的配合物。对这种情况,必须十分严格地控制显色剂用量。

②酸度。酸度对显色反应的影响极大,它会直接影响金属离子和显色剂的存在形式、有色配合物的组成和稳定性及显色反应进行的完全程度。

③其他。显色温度、显色时间等都是需要考虑的因素。

9.2.3 有机化合物、无机化合物的紫外-可见吸收光谱

9.2.3.1 有机化合物的紫外-可见吸收光谱

分子的吸收光谱有转动、振动和电子光谱。其中,电子光谱源于电子跃迁,但电子跃迁时必然伴随着振动和转动能级的跃迁。与电子能级相比,振动和转动能量间隔很小,加上环境对电子跃迁影响较大,所以一般观察到的电子吸收光谱不是由一系列靠得很近的吸收线组成,而是呈现为一平滑曲线,即带状吸收光谱。电子光谱的波长主要位于紫外可见波长区。电子光谱常叫作紫外-可见吸收光谱。紫外-可见吸收光谱常用图来表示。图的横坐标可用波长、波数或频率,而纵坐标可用摩尔吸收系数、吸光度、透光率,但在与分析化学有关的书和文献中,紫外-可见吸收光谱的横坐标常用波长,而纵坐标常用摩尔吸收系数或吸光度。描述紫外-可见吸收光谱常用最大吸收波长 λ_{max} 和在最大吸收波长处的摩尔吸收系数 κ_{max} 两个参数。当然,形状也是一个描述紫外-可见吸收光谱的参数,但形状很难用一个或几个具体数字来描述,一般也不像原子光谱那样用半峰宽来描述。

(1)有机物电子跃迁类型。基态有机化合物的价电子包括成键的 σ 电子和 π 电子以及非键的 n 电子,这些电子占据相应的分子轨道,也称为 σ、π 和 n 轨道。分子的空轨道包括反键 σ^* 轨道和反键 π^* 轨道,这些轨道的能量高低顺序为

$$\sigma^* > \pi^* > n > \pi > \sigma$$

吸收光子后,价电子可由低能级跃迁至高能级,即由成键或非键轨道跃迁至反键空轨道,电子跃迁的类型前面已经介绍。可能的电子跃迁有 6 种,即 $\sigma \to \sigma^*$、$\sigma \to \pi^*$、$\pi \to \pi^*$、$\pi \to \sigma^*$、$n \to \sigma^*$、$n \to \pi^*$,但其中 $\sigma \to \pi^*$,$\pi \to \sigma^*$ 跃迁的 K 太小,一般都不考虑。

① $\sigma \to \sigma^*$ 跃迁。电子由 σ 轨道跃迁至 σ^* 轨道时,由于能级间隔大,需要吸收能量高、波长短的远紫外光,超出了一般紫外分光光度计的测量范围。

② $n \to \sigma^*$ 跃迁。电子由 n 轨道向 σ^* 跃迁属于禁阻跃迁,其 κ_{max} 一般不

高, λ_{max} 一般在 $160 \sim 260$ nm。

③ $\pi \rightarrow \pi^*$ 跃迁。电子由 π 轨道向 π^* 轨道跃迁属于允许跃迁, 在共轭体系中由 $\pi \rightarrow \pi^*$ 跃迁产生的吸收常称为 K 吸收带, 其 κ_{max} 较高, 一般大于 10^4 L·mol·cm^{-1}, 而 λ_{max} 一般在 $200 \sim 500$ nm。

④ $n \rightarrow \pi^*$ 跃迁。$n \rightarrow \pi^*$ 跃迁属禁阻跃迁, 由 $n \rightarrow \pi^*$ 跃迁产生的吸收带也称为 R 吸收带。其 κ_{max} 较小, 一般在 $10 \sim 10^2$ L/(mol·cm), 因为与其他跃迁比, 电子由 n 轨道向 π^* 轨道的跃迁所需能量最低, 所以吸收光的波长较长, 一般在 $250 \sim 600$ nm。所以 $n \rightarrow \pi^*$ 跃迁也是紫外-可见吸收光谱常研究的对象。

(2) 饱和化合物。饱和烃类分子中只含有 σ 键, 因此只有 $\sigma \rightarrow \sigma^*$ 跃迁。饱和烃化合物吸收峰的 λ_{max} 一般小于 150 nm, 如 CH_4 的 λ_{max} 为 125 nm; 而 C_6H_6 的 λ_{max} 为 135 nm。含杂原子的饱和化合物由于有孤对电子, 所以这类化合物既可发生 $\sigma \rightarrow \sigma^*$ 跃迁, 也可发生 $n \rightarrow \sigma^*$ 跃迁。$n \rightarrow \sigma^*$ 跃迁吸收的能量较 $\sigma \rightarrow \sigma^*$ 跃迁吸收的能量低, 因此与 $n \rightarrow \sigma^*$ 跃迁所对应的吸收峰的 λ_{max} 也更长一些。

(3) 烯烃和炔烃。在不饱和的烃类分子中, 如烯烃类分子, 除含 σ 键外, 还含有 π 键, 可以产生 $\sigma \rightarrow \sigma^*$ 和 $\pi \rightarrow \pi^*$ 两种跃迁。如乙烯的 λ_{max} 为 165 nm, κ_{max} 为 15 000 L/(mol·cm), 但当两个或多个 π 键组成共轭体系时, 吸收峰的 λ_{max} 向长波方向移动, 而 κ_{max} 也增加。

例如, 丁二烯的 λ_{max} 为 217 nm, 而 κ_{max} 为 21 000 L/(mol·cm)。随着多烯分子中共轭双键数目的增加, 吸收光谱的 λ_{max} 逐渐移向更长波长, κ_{max} 值也逐渐增大。由图 9-23 可知, 由于共轭后, 产生两个成键轨道 π_1、π_2 和两个反键轨道 π_3^*、π_4^*。其中 π_2 比共轭前 π 轨道能级高, 而 π_3^* 比共轭前 π^* 轨

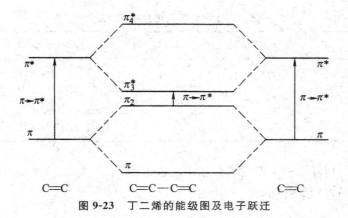

图 9-23　丁二烯的能级图及电子跃迁

道的能级低,所以使 $\pi \rightarrow \pi^*$ 跃迁所涉及轨道间能量降低了,相应的波长红移,κ_{max} 也增大了。

乙炔在 173 nm 有一个弱的 $\pi \rightarrow \pi^*$ 跃迁吸收带,共轭后,λ_{max} 红移,κ_{max} 增大。共轭多炔有两组主要吸收带,每组吸收带由几个亚带组成。如图 9-24 所示,短波处的吸收带较强,长波处的吸收带较弱。

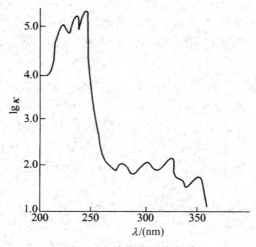

图 9-24 的紫外吸收光谱

(4)羰基化合物。

①醛和酮。饱和醛和酮中含有 σ 电子、π 电子和 n 电子。可能产生 4 种跃迁,即 $\sigma \rightarrow \sigma^*$、$n \rightarrow \sigma^*$、$n \rightarrow \pi^*$ 和 $\pi \rightarrow \pi^*$ 跃迁、不考虑 $\sigma \rightarrow \sigma^*$ 跃迁,其余三种跃迁所对应的吸收带的 λ_{max} 大约值见表 9-1。

表 9-1 饱和羰基化合物的跃迁

跃迁	$\lambda_{max}/(nm)$
$\pi \rightarrow \pi^*$	160
$n \rightarrow \sigma^*$	190
$n \rightarrow \pi^*$	270~300

显然,电子 $n \rightarrow \pi^*$ 跃迁所产生的吸收带的 λ_{max} 在紫外可见区,丙酮和乙醛的吸收特性见表 9-2。

表 9-2 乙醛和丙酮的吸收特性

化合物	跃迁	$\lambda_{max}/(nm)$	$\kappa_{max}/[L/(mol \cdot cm)]$
丙酮	$n \to \pi^*$	279	13
乙醛	$n \to \pi^*$	290	17

α, β-不饱和醛、酮类化合物中均含有与羰基共轭的烯键,与上述共轭烯烃相同,对于 π-π 共轭,$\pi \to \pi^*$ 的跃迁能下降,λ_{max} 向长波移动;羰基的 n 电子能级基本保持不变,而 π_3^* 的能量下降,使 $n \to \pi^*$ 的跃迁能量降低,λ_{max} 也向长波移动,如图 9-25 所示。

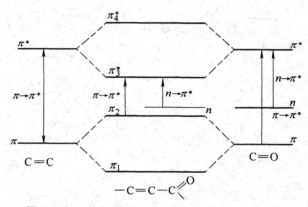

图 9-25 不饱和醛、酮共轭后轨道能级和电子跃迁

如巴豆醛,其 $\pi \to \pi^*$,$n \to \pi^*$ 跃迁所涉及的 λ_{max} 向长波移动。其中 $\pi \to \pi^*$ 跃迁所引起吸收的 λ_{max} 为 217 nm,而由 $n \to \pi^*$ 跃迁所引起吸收的 λ_{max} 为 321 nm,与表 9-2 所列 $\pi \to \pi^*$ 和 $n \to \pi^*$ 跃迁对应的 λ_{max} 相比,显然红移了许多。

②酸和酯。当羟基和烷氧基在羰基碳上取代分别生成羧酸和酯时,由于取代基中—OH 和—OR 的孤对电子与羰基 π 轨道产生 n-π 共轭,产生两个成键 π 轨道 π_1 和 π_2 以及一个反键轨道 π_3^*,如图 9-26 所示。其中 π_2 比共轭前孤立羰基 π 轨道的能级高,π_3^* 比孤立羰基 π^* 轨道能级也高,但升高的程度后者大于前者,所以使 $\pi \to \pi^*$ 的跃迁能上升,λ_{max} 蓝移。由于共轭后,原来羰基的 n 轨道能级略有下降,所以使 $n \to \pi^*$ 的跃迁能增加,λ_{max} 蓝移。类似地,α, β-不饱和羧酸及脂的 $\pi \to \pi^*$ 和 $n \to \pi^*$ 跃迁能增加,而由这些跃迁产生的吸收峰 λ_{max} 与相应的 α, β-不饱和醛、酮相比也发生蓝移。

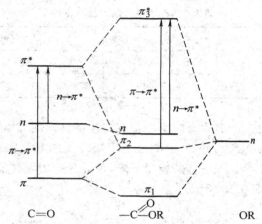

图 9-26　n-π 共轭后轨道能级和电子跃迁

由图可知，C＝O 上的 n 电子参与共轭，产生 $n \to \pi^*$ 跃迁。而 OR 上的 n 电子参与共轭，不产生 $n \to \pi^*$ 跃迁。酸和酯的 $n \to \pi^*$ 跃迁所产生的吸收带的 λ_{max} 见表 9-3。

表 9-3　酸和酯对应于 $n \to \pi^*$ 跃迁的 λ_{max}

化合物	λ_{max}/(nm)
$\underset{\text{R—C—OH}}{\overset{\text{O}}{\parallel}}$	205
$\underset{\text{R—C—OR}}{\overset{\text{O}}{\parallel}}$	205

将表 9-3 所列 λ_{max} 与表 9-2 所列丙酮和乙醛的相比，可知，由于 n-π 共轭，会使羰基 n 电子的 $n \to \pi^*$ 跃迁所对应的 λ_{max} 蓝移了。

9.2.3.2　无机化合物的紫外-可见吸收光谱

某些分子同时具有电子给予体和电子接受体，它们在外来辐射激发下会强烈吸收紫外光或可见光，使电子从给予体轨道向接受体轨道跃迁，这样产生的光谱称为电荷转移光谱。这种光谱的摩尔吸收系数一般较大，约 10^4 L/(mol·cm)，分为三种类型。

（1）配体→金属的电荷转移。这一过程配体是电子给予体，而金属是电子接受体，相当于金属离子被还原，如

$$Fe^{3+}SCH^- \xrightarrow{h\nu} Fe^{2+}SCH$$

（2）金属→配体的电荷转移。这一过程金属是电子给予体，相当于金属离子被氧化，而配体是电子接受体，如

$$Fe^{2+}(邻菲咯啉)_3 \xrightarrow{h\nu} Fe^{3+}(邻菲咯啉)_3^-$$

（3）金属→金属的电荷转移。配合物中含有两种不同氧化态的金属时，电子可在两种金属间转移，如普鲁士蓝 $K^+Fe^{3+}[Fe^{2+}(CN)_6]$，在光吸收过程中，分子中电子由 Fe^{2+} 转移到 Fe^{3+}。

电荷转移吸收光谱谱带的最大特点是摩尔吸光系数大，一般 ε_{max} 大于 10^4。因此用这类谱带进行定量分析可获得较高的测定灵敏度。

这种谱带是指过渡金属离子与配位体所形成的配合物在外来辐射作用下，吸收紫外或可见光而得到相应的吸收光谱。元素周期表中第四、第五周期的过渡元素分别含有 3d 和 4d 轨道，镧系和锕系元素分别含有 4f 和 5f 轨道。这些轨道的能量通常是相等的，而当配位体按一定的几何方向配位在金属离子的周围时，使得原来简单的 5 个 d 轨道和 7 个 f 轨道分别分裂成几组能量不等的 d 轨道和 f 轨道。如果轨道是未充满的，当它们的离子吸收光能后，低能态的 d 电子或 f 电子可以分别跃迁到高能态的 d 或 f 轨道上去。这两类跃迁分别称为 d-d 跃迁和 f-f 跃迁。这两类跃迁必须在配位体的配位场作用下才有可能产生，因此又称为配位场跃迁。

由于八面体场中 d 轨道的基态与激发态之间的能量差别不大，这类光谱一般位于可见光区。又由于选择规则的限制，配位场跃迁吸收谱带的摩尔吸光系数较小，一般 ε_{max} 小于 10^2。相对来说，配位体场吸收光谱较少用于定量分析中，但它可用于研究配合物的结构及无机配合物键合理论等方面。

第 10 章　分析化学中的样品制备及常用分离方法

分离和富集是定量分析化学的重要组成部分。当分析对象中的共存物质对测定有干扰时,如果采用控制反应条件、掩蔽等方法仍不能消除其干扰时,就要将其分离,然后测定。当待测组分含量低、测定方法灵敏度不足够高时,就要先将微量待测组分富集,然后测定。分离过程往往也是富集过程。

10.1　分析试样的采取与制备

10.1.1　试样采集方法

卫生检验的样品种类较多,组成复杂多变,试样的性质和均匀程度也各不相同,分析的项目也不一样,因此样品的采集方法和技术要求各不相同。针对不同的形态和不同种类的样品应采用不同的采样方法。

10.1.1.1　空气样品的采集

1) 直接采集法

又称为集气法,将空气样品直接采集在合适的空气收集器内。主要用于被测物浓度较高或分析方法较灵敏,直接采集就能满足要求的样品。直接采集法是利用真空吸取、置换或充气的原理收集现场空气,测定的是空气中污染物的瞬间浓度或短时间内的浓度,不适用以气溶胶状态存在的污染物。根据所用收集器和操作方法的不同,直接采样法又可分为注射器采样法、塑料袋采样法、置换采样法和真空采样法等。

2) 浓缩采集法

也称为富集法,使空气样品通过收集器,其中的被测组分被吸收、吸附或阻留。当空气中被测物浓度较低或所用分析方法灵敏度较低时,可选用此方法采样。采样仪器主要由收集器、流量计和抽气动力三部分组成。抽气动力将一定量的空气强制通过收集器,流量计用来计量采气流量。该方法采气量大,测定结果表示采样时间内被测物质的平均浓度。按收集器不同,浓缩法又可分为溶液吸收法、填充柱法、滤料阻留法等。

(1)溶液吸收法。主要采集气态、蒸气态和气溶胶物质。空气通过装有吸收液的吸收管时,被测物由于溶解作用或化学反应进入吸收液中,以达到浓缩的目的。

(2)填充柱法。主要用于气态和蒸气态物质的采集。空气通过装有固体填料的填充柱时,被测成分被固体填料吸收,然后用适宜的溶剂洗脱或通过加热解析的方法将其分离出来,达到分离富集的目的。填充柱可分为吸附型、分配型和反应型三种类型。吸附型填充柱常用的吸附剂有硅胶、活性炭、素陶瓷、分子筛、高分子多孔微球等。分配型填充柱的填充剂是表面涂有高沸点有机溶剂(如异十三烷)的惰性多孔颗粒物(如硅藻土),可采集空气中有机氯农药、多氯联苯等组分。反应型填充柱的填充剂由惰性多孔颗粒物(如石英砂、玻璃微球等)或纤维状物(如滤纸、玻璃棉等)和在其表面涂渍能与被测组分发生化学反应的试剂制成,可用于空气中微量氨的采集与测定。

(3)滤料阻留法。主要用于采集不易或不能被液体吸收的尘粒状气溶胶物质。空气通过滤料时,被测成分被阻留在膜上,达到浓缩的目的。常用的滤料有纤维状滤料和筛孔状滤料。纤维状滤料如滤纸(适用于金属尘粒的采集)、玻璃纤维滤膜(适用于采集大气中的飘尘)、过氯乙烯滤膜(适用于进行颗粒物分散度及颗粒物中化学组分的分析)等。筛孔状滤料如微孔滤膜、核孔滤膜、银薄膜(适用于采集分析金属的气溶胶)等。

10.1.1.2　水样的采集

卫生检验的水样分为天然水、生活饮用水、生活污水和工业废水等。采样前应对影响情况进行调查:①水源的水文、气候、地质、地貌特征;②水体沿岸城市分布、工业布局、污染源分布、排污情况和城市的给水情况;③水体沿岸资源现状、水资源用途和重点水源保护区等,以确定采样点。根据检测目的和要求以及水样的来源不同,采样的方法、次数、采样量等也不相同。

1)天然水与生活饮用水的采集

采集自来水或具有抽水设备的井水时,应先放水数分钟,使积留于水管中的杂质流出,再收集水样。对于没有抽水设备的井水,直接用采集瓶收集。采集江、河、湖、水库等表面水时,因为分布面积较广,因此采样点的布设应基于在较大范围内进行详尽的调查,获得足够的信息。水库原水一般布设采样点位于取水口与补给水的入水口,采集应选择在水质相对稳定的区域。河水采集一般应避开补给水的入口,在相对混合均匀且水质相对较稳定的区域采样。水样采集,通常在低于水面下 0.5 m 处采样,若有特定深度要求时,按要求的深度进行采集。采集较深层的水样,必须用特制的深水采样器。供细菌学检验用的水样,需对器具进行无菌处理。地表水有季节性的变化,采样频率取决于水质变化状况及特性。

2)生活污水和工业废水的采集

根据采样时间不同,采样方法主要有以下几种:

(1)瞬间取样。为了了解废水在每天不同时间内污染物含量的动态变化,应每隔一定时间,如 1 小时、2 小时或几分钟采集一次水样,并立即分析。

(2)间隔式等量取样。通常在一昼夜内,每隔一定时间采集等量的水样并混匀。这种采样方法适用于废水流量比较恒定的情况。

(3)平均比例取样。如果废水流量变化较大,则需要根据不同流量按比例采集水样,流量大时多采,流量小时少采,然后混合各次水样。

(4)单独取样。有些污染物,如悬浮物、油类等在废水中的分布极不均匀,而且在放置过程中又易于上浮或下沉,这种情况就应单独取样,全量分析。

采集水样时,应严格按照检测项目的要求采用相应的盛装容器,以区分检测有机物和无机物指标的样品。对要求遮光的水样要采用棕色瓶进行保存,并且防止污染。在采集前,应先涮洗盛装容器 2~3 次后再采集水样,并贴好标签,对于要求盛装满的水样,如溶解氧与 BOD_5,水样应完全装满容器,塞紧瓶塞,注明满瓶的标记。

10.1.1.3　食品样品的采集

食品的种类繁多,其成熟程度、加工和保存条件及外界温度等因素,都会影响食品中的营养成分以及被污染程度,同一食品不同部位某被测物的组成和含量也会有差异,应根据检测目的和样品的物理状态,采用不同的采样方式和采样方法。

(1)采样方式。采样方式分为随机抽样、系统抽样、指定代表性样品。随机抽样(random sampling)指使总体中每份样品被抽取的几率都相同的抽样方法,适用于对样品不太了解以及对食品的合格率检验等情况,例如,分析食品中某种营养素的含量,检验食品是否符合国家卫生标准等。系统抽样(systematic sampling)用于已经掌握了样品随时间和空间的变化规律,并按该规律进行采样的抽样方法,例如,分析生产流程对食品营养成分的破坏或污染等情况。指定代表性样品(representative sample)用于有某种特殊检测目的的样品的采集,例如,掺伪食品、被污染食品、变质食品等的检验。

(2)采样方法。液体或半固体样品如油料、鲜奶、饮料、酒等,应充分混匀后用虹吸管或长形玻璃管分上、中、下三层分别采出部分样品,充分混合后装在三个干净的容器中,作为检验、复检和备查样品。颗粒状样品如粮食、糖及其他粉末状食品等,用双套回转取样管,从每批食品的上、中、下三层不同部位分别采集,混合后按四分法缩分至采样量。对于组成不均匀固体食品如蔬菜、水果、鱼等,根据检测目的取其有代表性的部分(如根、茎、叶、肌肉等)制成匀浆,再用四分法缩分。小包装(瓶、袋、桶)固体食品如罐头、腐乳等,应按不同批号随机取样,同一批号取样件数,包装 250 g 以上的不得少于 6 个,250 g 以下的包装不得少于 10 个,然后再缩分。对于大包装固态食品,按采样件数的计算公式:采样件数 = $\sqrt{总件数/2}$,确定应该采集件数。在食品堆放的不同部位分别采样,取出选定的大包装,用采样工具在每一个包装的上、中、下三层和五点(周围四点和中心)取出样品。

10.1.1.4　生物材料样品的采集

生物材料指人或动物的体液、排泄物、分泌物及脏器等,最常用的是血样和尿样,其次是毛发、指甲、唾液、呼出气、粪便和组织。毒物进入机体后会发生富集、降解及转化等生化过程,故样品的选择应根据化学物在体内的吸收代谢途径、排泄和富集情况、转化形态、稳定程度及检测目的而定,使所采集样品能反映机体对化学物的吸收量。

(1)尿样。由于大多数毒物及其代谢物经肾脏排出,而且多数毒物在尿中的含量与其在血中的浓度有较大相关,同时尿液的收集也比较方便。但也有不足之处,如尿液受饮食、运动和用药的影响较大,也受肾功能的影响,还容易带入干扰物质,所以测定结果需要加以校正或综合分析。尿液可根据检测目的采集 24 h 混合尿(全日尿)、晨尿及某一时间的一次尿。尿液检验最好留取新鲜标本及时检查,否则尿液生长细菌,使尿液中的化学成分发生变化。在留取 24 h 或 12 h 尿液时,尿液标本应置冰箱保存或加入防腐剂,防止尿液被测成分损失。常用的尿液防腐剂有浓盐酸、甲苯、冰乙酸、麝香草酚等。收集一次尿时,应考虑化学物在体内的半减期。例如,对于现场操作工人,应根据接触化学物的排泄半减期而及时收集尿液,或于工作 4 h或 8 h 后进行取样,取样时应在其上次排尿后间隔 3～4 小时进行,并采集中段尿。全日尿能代表一天的平均水平,结果比较稳定,但收集较麻烦,且容易污染。实践表明,有些测定项目晨尿和全日尿的测定结果之间无显著性差异,因此多用晨尿代替全日尿。收集容器为聚乙烯瓶或硬质玻璃瓶。

(2)血样。血液的各种指标可以反映机体近期的情况,常与机体吸收的物质总量呈正相关,同时成分比较稳定,取样时受污染的机会少,但取样量和取样次数受限制。采集方法主要取决于分析目的及方法的要求,需血量小时采手指或耳垂血,需血量大时采取静脉血。根据被测物在血液中的分布,分别采取全血、血浆和血清进行分析。血样收集于清洁干燥带盖的聚四氟乙烯、聚乙烯或硬质玻璃管中。血样若需进行保存,应先进行成分分离后分别保存。

(3)呼出气。挥发性毒物经呼吸道进入人体后,在肺泡气与肺部血液之间达到血-气两相平衡,因此,可通过呼出气浓度水平估计血液中化合物的浓度水平,进而可反映环境毒物和人体摄入的水平。呼出气主要成分是二氧化碳、水蒸气和微量易挥发有机组分。呼出气可作为一种职业接触在血中溶解度低的挥发性有机溶剂和(或)在呼出气中以原型排泄的化合物的无损伤的监测方法。呼出气样品采集方便,可连续采样,样品中的干扰物质较少。例如,接触对于一些挥发性毒物如苯、甲苯、丙酮等,可采集呼出气作为检测的指标。采集呼出气时,应使受检人脱离现场,戴上特制的呼吸口罩,按正常的呼吸频率,连续做 2~3 次吸气与呼气,收集最后一次呼出的末尾气体。肺气肿患者不能用本方法。采集的呼出气可利用气相色谱仪直接进样进行分析,对于组分含量较低的呼出气,可用合适的吸附管先进行吸附富集,解吸后进行分析。目前临床应用上,已有集气体采集和测定为一体的装置,如呼出气-氧化氮测定装置。

(4)毛发。微量元素与毛发有特殊的亲和力,是许多元素的蓄积库,通过对头发微量元素的检测,可以了解体内某些元素的含量,能反映机体在近期或过去不同阶段物质吸收和代谢的情况,是一种经济、科学的健康检测方法。对微量元素而言,头发中的含量因积累的原因比人体其他部分如血、唾液、尿液中含量高,而且较为稳定,分析较容易,并且头发易于采集、便于长期保存。它的不足之处是易受外环境污染,所以发样的洗涤非常重要,既要洗去外源性污染物,又不能使内源性被测成分溶出。若要反映机体近期情况,应取枕部距头皮 2~5 cm 内的发段,取样量约 1~2 g。

(5)唾液。唾液作为生物材料样品,具有采样方便、无损伤、可反复测定的优点。唾液分为混合唾液和腮腺唾液,前者易采集,应用较多,后者需用专用取样器,样品成分较稳定,受污染的机会少。唾液可用于分析外源性毒物的含量。

(6)组织。组织主要包括尸检或手术后采集的肝、肾、肺等脏器。尸体组织最好在死后 24~48 h 之内取样,并要防止所用器械带来的污染,取样部位取决于分析目的。取样后,样品不经任何洗涤即放入干净的聚乙烯袋内冷冻保存。

10.1.2　试样的制备

10.1.2.1　试样的初步制备方法

试样制备的前处理就是对原始样品的分取、粉碎、混匀、缩分的过程。通过制样，使试样能正确代表全体样品。具体说来可分为三步：收集原始试样（粗样）；将每份粗样混合或粉碎、缩分至适合分析所需的数量；制成符合分析用的试样。不同的样品制备方法不同。例如，粮食等固体样品先经粉碎（磨碎或研碎）后，过 20 目筛取颗粒均匀的部分进行后续处理；液体、浆体或悬浮体等状态的样品在取样前应先充分摇匀或搅拌均匀后吸取所需的样品量；对于蔬菜、水果等样品，应水洗去泥沙，晾干，依据食用习惯取可食部分从纵轴剖开，切碎混匀，按照四分法取样；肉类等除去皮骨，肥瘦混合后绞碎取样。

常用的制备方法有以下几种：

（1）机械混匀。样品采集后进行机械混匀，以获得均匀的样品。常采用四分法和分样器法进行。①四分法。将采集的均匀的样品（如粮食等）放在干净的玻璃板或塑料布上，充分混合均匀，铺平使厚度约为 3 cm，划十字线把样品分成四份，保留对角的两份，其余两份弃去，如果保留的试样数量仍很多，可再用四分法处理，直至对角的两份达到所需数量为止。②分样器法。对于整桶采集回来的粉状样品（如奶粉等），可用双套回转取样器采集样品进行分析。

（2）粉碎、过筛。这种方法适用于粮食及水分少的固体食品等。常用的粉碎装置有粉碎机、旋风磨、咖啡磨、球磨机等。

（3）研磨。对含水多的新鲜样品（如马铃薯、水果等）、高脂肪的样品（如花生），可用缩分、研磨或捣碎的方法进行混匀与破碎。

（4）搅拌。对于液态样品（如油脂）及易溶于水或适当溶剂的样品，可用溶于溶液搅拌均匀的办法制样。

对采集后的样品可使用以上方法对样品进行初步的制备，以获得均质而有代表性的分析样品，进而进行下一步的试样分析溶液的制备，利于被测物的进一步分析与测定。在卫生和医学检验中，常用过滤法（filtration）、分解法、溶剂提取法（solvent extraction process）、水解法（hydrolization）等来制备试样分析溶液。接下来从无机组分和有机组分溶液的制备两个方面介绍分析溶液的制备方法。

10.1.2.2 无机成分分析样品的制备方法

样品中无机成分的分析目的通常有两个：一是进行营养评价，二是进行卫生检验。在样品制备前，通常需要做两方面的工作：一是除去大量有机物，可采用灰化、消化等方法。二是除去对分析有干扰的其他无机元素，可采用螯合萃取、分离等方法。

对无机成分分析试样的制备及分析通常按以下步骤进行：①采样、均化、缩分；②采取灰化或其他处理方法，除去大量有机物，然后将元素直接溶于盐酸或其他溶剂，制成试样溶液；③用溶剂萃取、掩蔽、沉淀等方法排除其他离子的干扰；④选用合适的分析方法，如原子吸收光谱法、原子荧光光谱法、原子发射光谱法、分光光度法、极谱法等进行测定。对于样品中无机物组分分析试样的制备，常用过滤法、分解法、直接提取法等方法。

1）过滤法

过滤法是除去低浓度悬浊液中微小颗粒的一种有效方法。根据过滤方式不同可分为筛滤、微孔过滤、膜滤和深层过滤等。例如，水样中存在的各种悬浮物或沉积物，会影响被测组分的定量分析，分析前应通过过滤将其除去。一般采用 0.45 μm 的滤膜过滤，收集滤液供分析用。使用过滤法时应避免滤膜对被测物的吸附以及它对样品的污染。

2）分解法

分解法是破坏样品中的有机物，使之分解或呈气体逸出，将被测物转化为离子状态，故又称为无机处理法，适宜于测定样品中的无机成分。目前常用的分解试样的方法有干式灰化法、湿消化法、密闭罐消化法和微波溶样法等。

（1）干式灰化法。干式灰化法是在一定温度和气氛下加热，使待测物质分解、灰化，留下的残渣再以适当的溶剂溶解。由于这种方法不使用熔剂分解试样，所以空白值低，适合微量元素的分析。

干式灰化法常用的有两种形式。一种是将试样置于蒸发皿或坩埚中，在空气中于一定温度范围（400～700 ℃）加热分解、灰化，所得残渣用适当溶剂溶解后进行测定。这种方法叫定温灰化法，常用于测定有机物和生物试样中的无机元素，如铬、铁、锌、锑、钠等。另一种是将试样包在定量滤纸中，用铂丝固定，放入充满 O_2 的密闭烧瓶中燃烧，瓶内可用适当的吸收剂吸收燃烧产物，然后进行测定。这种方法叫氧瓶燃烧法，常用于有机物中卤素、硫、磷、硼等元素的测定。

（2）湿消化法。在加热条件下，加入氧化性的强酸如浓 HNO_3、H_2SO_4、$HClO_4$ 等，使有机物质完全分解、氧化，呈气态逸出，被测成分转化为无机物状态存在于消化液中,供测试用。由于消化是在液态下进行的,故称为湿消化法(wet digestion)。试样中的有机物在加热过程中即被氧化成 CO_2 和 H_2O,金属元素则转变为硝酸盐或硫酸盐,非金属元素则转变为相应的阴离子。此法适用于测定有机物中的金属、硫、卤素等元素。为了加快分解速度,有时需加入其他氧化剂如 H_2O_2、$KMnO_4$ 等或催化剂如 V_2O_5、SeO_2、$CuSO_4$ 等。该法的优点是有机物分解速度快、所需时间短、分解效果好,被测元素的挥发损失少,便于多元素的同时测定。

常用的消化试剂有 HNO_3、H_2SO_4、$HClO_4$、HF 溶液等。

①HNO_3。几乎所有的硝酸盐都易溶于水,且硝酸具有强氧化性,除 Pt、Au 和某些稀有金属外,浓硝酸能分解几乎所有的金属试样。但 Fe、Al、Cr 等在硝酸中由于生成氧化膜而钝化,Sb、Sn、W 则生成不溶性的酸(偏锑酸、偏锡酸和钨酸),这些金属不宜用硝酸溶解。用硝酸溶解试样后,溶液中往往含有 HNO_2 和氮的低价氧化物,它们常常能破坏某些有机试剂而影响测定,应煮沸除去。试样中有机物的干扰,可用浓硝酸加热氧化破坏,也可加入其他酸如 H_2SO_4 或 $HClO_4$ 进行分解。

②H_2SO_4。除碱土金属和铅等硫酸盐外,其他硫酸盐一般都易溶于水,所以硫酸也是重要溶剂之一。其特点是沸点高(338 ℃)、分解试样较快。热的浓硫酸还具有强的脱水和氧化能力,用它在高温下可用来分解某些金属及合金(如铁、钴、镍、锌等)。当加热至冒白烟(产生 SO_3),可除去试样中低沸点的 HF、HCl、HNO_3 及氮的氧化物等,并可破坏试样中的有机物。

③$HClO_4$。除 K^+、NH_4^+ 等少数离子的高氯酸盐外,一般的高氯酸盐都易溶于水。浓热的高氯酸具有强的脱水和氧化能力,常用于硫化物的分解和破坏有机物。可将铬氧化为 $Cr_2O_7^{2-}$,钒氧化为 VO_3^-,硫氧化为 SO_4^{2-}。由于 $HClO_4$ 的沸点高(203 ℃),加热蒸发至冒烟时也可除去低沸点酸,所得残渣加水很易溶解。

在使用 $HClO_4$ 时应注意安全。浓度低于 85% 的纯 $HClO_4$ 在一般条件下十分稳定,但有强脱水剂(如浓硫酸)、有机物或某些还原剂等存在加热时,就会发生剧烈的爆炸。所以,对含有有机物和还原性物质的试样,应先用硝酸加热破坏,然后再用高氯酸分解,或直接用硝酸和高氯酸的混合酸分解,在氧化过程中随时补加硝酸,待试样全部分解后,才能停止加硝酸。一般说来,使用高氯酸必须有硝酸存在,这样才较安全。

④HF。常与 H_2SO_4 或 $HClO_4$ 等混合使用,分解硅铁、硅酸盐等试样。此时,硅以 SiF_4 形式除去,用 H_2SO_4 或 $HClO_4$ 是为了除去过量的 HF。如有碱土金属和铅时,用 $HClO_4$,有 K^+ 时用 H_2SO_4。用 HF 分解试样,需用铂坩埚或聚四氟乙烯器皿(温度低于 250 ℃)在通风柜内进行,并注意防止

HF 触及皮肤，以免灼伤。

在实际分析工作中，为了达到最好的样品分解效果，并考虑到安全的问题，常用几种消化试剂联用，结合各自的优点，取长补短，以增强对试样的消化能力，充分提取被测组分，便于进一步的分析与测定。常用的消化试剂组合有 HNO_3-H_2SO_4、HNO_3-$HClO_4$ 或 H_2O_2-$HClO_4$、HNO_3-H_2SO_4-$HClO_4$、H_2SO_4-$KMnO_4$ 等。

（3）密闭罐消化法。密闭罐消化法（closed vessel digestion method）是把样品放入用聚四氟乙烯材料作为内衬的密闭罐中，根据样品的情况，加入适量的氧化性强酸、HF 或 H_2O_2，加盖密封，然后在烘箱中加热消化。此法的优点是试剂用量小、空白值低、快速，可避免挥发性元素的损失。但密闭罐容易漏气，腐蚀烘箱。

（4）微波溶样法。微波溶样法（microwave digestion method）是将微波快速加热和密闭罐消化的高温高压特点相结合的一种新型而有效的分解样品技术。微波溶样装置主要由微波炉、密闭聚四氟乙烯罐组成。分解样品时，样品放入密闭罐中，并根据样品情况加入适量氧化性强酸、H_2O_2 等试剂。当微波（一般为 2 450 MHz）穿透密闭罐作用于消化试剂和样品时，一方面使试剂以及样品中的极性分子快速转向和定向排列，产生剧烈的振动、摩擦和撞击作用，使样品与试剂的接触界面不断快速更新，加速样品的分解；另外，样液中的各种离子在高频电磁场作用下产生快速变换方向的迁移运动，离子与周围各种分子的碰撞机会增加而使体系升温，这也有利于样品被撕裂、震碎和分解。微波溶样法快速、高效，一般 3～5 min 可将样品彻底分解，试剂用量少，空白值低，挥发性元素不损失，可同时进行多个样品的处理，便于自动化等优点。但缺点是设备昂贵，处理的样品量较少，一般为 1 g 左右。

3）直接提取法

直接提取法又称溶剂溶解法。用适当溶剂浸泡样品，将其中的被测组分全部溶解于溶剂中。此法对有机物和无机物的测定都适用。根据所用溶剂不同，又有以下四种方法。

（1）水溶法。用水溶解试样简单、快速，适用于一切可溶性盐和其他可溶性物料。常见的可溶性盐有硝酸盐、醋酸盐、铵盐、绝大多数的碱金属化合物、大部分的氯化物及硫酸盐。当用水不能完全溶解时，再用酸或碱溶解。

（2）酸溶法。酸溶法是利用酸的酸性、氧化性、还原性及配位性使试样溶解。合金、部分金属氧化物、硫化物、碳酸盐矿物、磷酸盐矿物等常用此法。

①盐酸具有还原性及配位性,它能够溶解金属活动顺序表中氢以前的金属或合金,还可以溶解一些碳酸盐、软锰矿(MnO_2)、赤铁矿(Fe_2O_3)及以碱金属、碱土金属为主要成分的矿石。

②硝酸具有氧化性,除铂、金及某些稀有金属外,绝大部分金属能溶解于硝酸。但能被硝酸钝化的金属(如铝、铬、铁)以及与硝酸作用生成难溶性化合物的金属(如锑、锡和钨等)都不能用硝酸溶解。

③浓热硫酸具有强氧化性和脱水能力,能溶解多种合金及矿石,并能分解破坏有机物。利用硫酸的高沸点(338 ℃),可以借蒸发至冒白烟来除去低沸点的酸,如 HCl、HNO_3、HF。

④磷酸在高温下形成焦磷酸,具有强的配位能力,常用于分解难溶的合金钢和矿石。

⑤高氯酸在加热情况下,具有强的氧化性和脱水能力,常用于分解含铬的合金和矿石。浓热高氯酸遇有机物,由于剧烈的氧化作用而易发生爆炸。因此当试样中含有机物时,应先用浓硝酸氧化有机物和还原剂后,再加入高氯酸。

⑥氢氟酸是较弱的酸,但 F^- 的配位能力很强。氢氟酸常与硫酸或硝酸混合使用分解硅酸盐样品。由于氢氟酸对玻璃有强烈的腐蚀作用,因此分解样品时应在铂或聚四氟乙烯器皿中进行。

⑦混合酸要比单一酸具有更强的溶解能力,如 3 体积的浓盐酸与 1 体积的浓硝酸混合制成的王水,可溶解金和铂等贵金属、合金及硫化物。常用的混合酸有王水、H_2SO_4 H_3PO_4、H_2SO_4-HNO_3、H_2SO_4-HF、H_2SO_4-$HClO_4$ 等。

(3)碱溶法。碱溶法的溶剂主要是氢氧化钠和氢氧化钾。常用于溶解两性金属、合金及氧化物,如铝、锌及氧化铝、三氧化二砷等。

(4)有机溶剂浸出法。溶剂用有机溶剂。适宜于易溶于有机溶剂的被测成分。常用溶剂有丙酮、乙醚、石油醚、三氯甲烷、正己烷等。根据"相似相溶"的原理选择有机溶剂。如食品中的脂溶性维生素可用三氯甲烷浸提;水果、蔬菜中的有机氯农药可用丙酮浸出后,再用石油醚提取;食品中的油脂可用乙醚浸提等。

提取法的关键是选择适当的溶剂或溶剂体系。一般按相似相溶的原理来选择溶剂,此外还应考虑样品的理化性质(如沸点、稳定性、毒性等)、水分含量、脂肪含量、被测物的性质、分析方法等。

10.1.2.3　有机成分分析样品的制备方法

有机成分分析样品的前处理方法很多,它通常包括提取、浓缩(或稀释)、净化(排除干扰)、形态转换等多个步骤。

1)被测组分的提取

(1)溶剂提取法。主要介绍液-液萃取法。溶剂萃取,又称液-液萃取或抽提,是利用溶质在两种互不相溶的溶剂中分配系数的不同,将被测物从一种溶剂转移到另一种溶剂中,而与其他组分分离,达到提取或分离的目的,是一种常用的样品制备方法和分离方法。例如,用苯为溶剂从煤焦油中提取酚,以石油醚为溶剂萃取动物油脂中的有机氯农药等。实验室中常用分液漏斗等仪器进行。为了达到良好的提取分离效果,选择合适的萃取溶剂是至关重要的。选择萃取剂时应考虑溶质与萃取剂的沸点差越大越有利于萃取,两个液相应具有一定的密度差,利于溶液的分层。此外,有机物的萃取中,可利用相似相溶的原理,根据被测组分的极性和检测的目的,选择合适的萃取体系。

(2)挥发与蒸馏法。挥发法(evolution method)与蒸馏法(distillation method)是利用共存组分挥发性的不同(沸点差异)进行分离的方法。

①挥发法。利用被分离组分具有挥发性或者可以转变为挥发性物质,通过加热或常温下通惰性气体,使其从试样基体中逸出而与共存组分分离的方法。逸出的挥发性物质可用适当的溶剂或吸附剂吸收,也可直接用于测定。例如,用冷原子吸收光谱法测定生物材料样品或环境样品中 Hg,样品经消化处理后,用酸性 $SnCl_2$ 将 Hg^{2+} 还原成金属汞,以空气或 N_2 将其吹出后直接测定;在酸性介质中用 Zn 或 KBH_4 作还原剂,可以使 As、Sb、Bi、Ge、Sn、Pb、Se、In、Ti 等形成挥发性氢化物逸出,达到分离和富集的目的;分离水或尿中氟化物,样品经 H_2SO_4 酸化后加热,用 N_2 将生成的 HF 吹出,并吸收于 NaOH 溶液中。

近年来,顶空分析法(hcad space analysis)发展迅速,其本质上就是挥发分离技术。顶空气相色谱法(HS-GC)又称液上气相色谱分析,它采用气体进样,可专一性收集样品中的易挥发性成分,其分离原理是将组成复杂的样品置于密闭系统中,恒温加热达到平衡后,一定量被测组分进入蒸气相,与样品基体分离,通过测定蒸气相中被测组分的含量,就可间接测得样品含量。

②蒸馏法。利用被测组分与其他物质的蒸气压不同而进行分离与提纯的一种方法。这一方法常用于挥发性物质与不挥发性物质,或沸点不同物质的分离。此法将挥发性的被测物或被测物经处理后转变为挥发性物质,加热使其成为蒸气从样品基体中逸出,再用适宜溶剂吸收或收集组分,达到分离富集的目的。蒸馏法是分离液体混合物常用的方法,它与挥发法并无本质的区别。蒸馏分离的关键是选择适宜的蒸馏体系,以便选择性地蒸出

样品中的被分离成分。例如,水或尿中挥发性酚的分离,蒸馏体系用 H_3PO_4 调节 pH＜4,并加入少量 $CnSO_4$;水中氰化物的测定,可用乙酸锌-酒石酸蒸馏体系,因为 $Zn(CN)_4^{2-}$ 配合物中的 CN^- 和游离 CN^- 容易被蒸出,其他金属配合物中的 CN^- 几乎不被蒸出;也可用 H_3PO_4 和 H_3PO_4-EDTA 蒸馏体系,除难以离解的 $Cd(CN)_4^{2-}$ 配合物外,其他配合物中的 CN^- 都可被定量蒸出。另外,根据被分离对象的不同,可以选用常压蒸馏法、水蒸气蒸馏法和减压蒸馏法。当物质的沸点在 40～150 ℃时,采用常压蒸馏法,如水或尿中挥发性酚的分离。当物质的蒸汽压较低,或在沸点温度下不稳定,但在 100 ℃的蒸气压大于 1.33 kPa,且与水不互溶时,可选用水蒸气蒸馏法,如分离富集水中的溴苯,对于在沸点温度或接近于沸点温度下易分解的物质,或沸点太高的物质,可选用减压蒸馏法,如食品中有机磷农药的分离富集。

③水解法。又称部分分解法,常用酸、碱、酶对样品进行水解,使被测组分释放出来。例如,食品总脂肪的测定,用 HCl 进行水解,使结合脂肪水解成游离脂肪;乳制品中脂肪的测定则采用 NH_3 水解,使乳制品中的酪蛋白钙盐溶解,并破坏胶体状态,释放出脂肪;测定食品中硫胺素含量时,为了使结合状态的硫胺素变成游离状态,需用淀粉酶进行水解。酶水解法特别适用于生物材料样品,优点是作用条件温和,可有效防止被测物的挥发损失,同时可维持金属离子的原有价态以进行形态分析,因此既可用于无机成分分析,也可用于有机成分分析。

2)试样的净化

净化的目的是除去试样中的干扰成分。在提取被测组分的同时,有些干扰成分会不可避免的同时被提取出来,此时就需要对试样进行净化,排除干扰,使分析结果更加准确。常用的一些净化方法有柱色谱法、薄层色谱法、液-液分配法、磺化法与皂化法、低温冷冻法、盐析法、酸沉淀法、渗析法、掩蔽法、吹扫共蒸馏法等。其中色谱法的主要原理是利用物质在流动相与固定相两相间的分配系数的差异,当两相做相对运动时,在两相间进行多次分配,产生差速迁移,从而实现各组分的分离。磺化法与皂化法用于对酸或碱稳定的被测成分提取液中脂肪的去除。

3)被测组分的浓缩

对于微量或痕量组分的分析,为了提高分析的灵敏度和准确性,往往在测定之前要对试样进行浓缩。浓缩过程中应注意防止被测物的氧化分解,尤其是在浓缩至近干的状况下,更容易发生氧化分解,此时就需要在氮气保护下进行浓缩。常用的浓缩的方法有蒸馏或减压蒸馏浓缩、旋转蒸发器浓缩、三球浓缩器浓缩、吹蒸法、提取-浓缩联合装置。

4)试样的衍生化或转态

例如,用气相色谱法测定高级脂肪酸,由于高级脂肪酸不能气化,而不能采用气相色谱法分析,必须将其转变为可被测定的甲酯才能进行分析。再如凯氏定氮法测定蛋白质的含量,是将样品中含氮有机化合物中的氮还原为 NH_3,NH_3 与硫酸结合为硫酸铵,氨在碱性条件下蒸出,并被硼酸溶液吸收,再用盐酸滴定。在这些例子中,既有样品的消化分解,又有成分的转化、净化分离与浓缩。

综上所述,试样溶液的制备方法有很多,要根据样品的种类、被测组分与干扰成分的性质差异、分析项目的要求等,选择合适的样品制备方法,以保证获得可靠的分析结果。

10.2 常用的分离方法

10.2.1 沉淀分离法

沉淀分离法是一种经典的分离方法,它是利用沉淀反应选择性地沉淀某些离子,而与其他可溶性离子分离。沉淀分离法的主要依据是溶度积原理。

沉淀分离法的主要类型如图 10-1 所示。

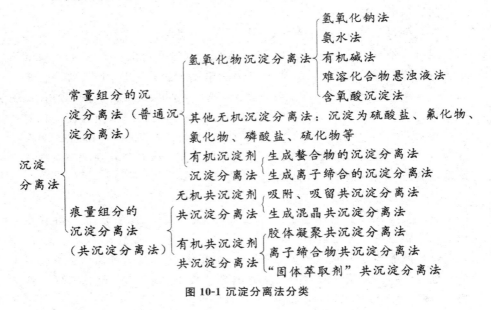

图 10-1 沉淀分离法分类

10.2.1.1　无机沉淀剂分离

1）氢氧化物沉淀法分离

通过金属离子在碱性条件下形成沉淀分离,是一种常用的方法。表 10-1 所示为某些氢氧化物沉淀和溶解时所需的 pH。

表 10-1　某些氢氧化物沉淀和溶解时所需的 pH

氢氧化物	pH				
	开始沉淀		沉淀完全	沉淀开始溶解	沉淀完全溶解
	原始浓度 (1 mol/L)	原始浓度 (0.01 mol/L)			
$Sn(OH)_4$	0	0.5		13	>14
$Ce(OH)_4$	0.9	0.8	1.0		
$Sn(OH)_2$	1.5	2.1		10	13.5
$Fe(OH)_3$		2.3	1.2		
$Ga(OH)_3$	3.3	3.5		9.7	
$Bi(OH)_3$	4.0	4.0	4.7		
$Al(OH)_3$	50	4.0		7.8	10.8
$Th(OH)_4$	5.2	4.5	4.1		
$Cr(OH)_3$	5.4	4.9	5.2	12	>14
$Cu(OH)_2$	6.5	6.2	6.8		
$Be(OH)_2$	6.6	6.4	8.8		
$Zn(OH)_2$	6.7	7.1~7.4		10.5	12~13
$Ce(OH)_3$	7.2	7.5	8.0		
$Fe(OH)_2$	7.8	7.6	9.7	13.5	
$Co(OH)_2$	9.4	7.7	9.2	14	
$Ni(OH)_2$		8.2	9.5		
$Cd(OH)_2$		7.2	9.7		
$Pb(OH)_2$		8.8	8.7	10	13

续表

氢氧化物	pH				
	开始沉淀		沉淀完全	沉淀开始溶解	沉淀完全溶解
	原始浓度 （1 mol/L）	原始浓度 （0.01 mol/L）			
$Mn(OH)_2$		10.4	10.4	14	
$Mg(OH)_2$		6.8~8.5			
稀土		约0	12.4		
$WO_3 \cdot nH_2O$		<0	约9.5		约8
$SiO_2 \cdot nH_2O$		<0		7.5	
$PbO_2 \cdot nH_2O$			约0	12	

由表 10-1 可以看出,大多数金属离子都能生成氢氧化物沉淀,不同金属离子生成氢氧化物沉淀所要求的 pH 是不同的,同时各种氢氧化物沉淀的溶解度有很大的差别。因此,可以通过控制酸度改变溶液中的 $[OH^-]$,达到选择性沉淀分离的目的(见表 10-2)。

表 10-2　常见氢氧化物沉淀分离沉淀剂和可沉淀的离子

pH	沉淀剂	沉淀分离的离子
pH≥12	NaOH	将两性元素与非两性元素分离 Al^{3+},Zn^{2+},Cr^{2+},$Sn(\text{IV})$,$Sn(\text{II})$,Pb^{2+},$Sb(\text{V})$ 在此条件下不沉淀
pH 8~9	NH_3	Ag^+,Co^{2+},Ni^{2+},Zn^{2+},Cd^{2+},Cu^{2+} 因生成配氨离子不沉淀而与其他离子分离
pH 5~6	ZnO 悬浊液或有机碱（六亚甲基四胺、吡啶等）	Mn^{2+},Co^{2+},Ni^{2+},Cu^{2+},Zn^{2+},Cd^{2+} 与 Al^{2+},Fe^{3+},Bi^{3+} 等离子分离

2)常见阳离子的两酸两碱沉淀分离

两酸两碱沉淀分离是指依次采用 HCl、H_2SO_4、NH_4Cl-NH_3 和 $NaOH$ 为组试剂,依据各种氯化物、硫酸盐和氢氧化物沉淀溶度积的差异进行选择性沉淀分离,如表 10-3 所示。

(1)$PbCl_2$ 在热溶液中溶解度大,难以沉淀。

（2）此组的离子不沉淀，与沉淀的离子分离。

3）硫化物沉淀分离系统

硫化物沉淀分离系统所依据的就是各离子硫化物溶解度有明显的不同，以及根据离子的其他性质，将常见阳离子分成五组，称为硫化氢系统分组方案。现简化为四组（将钙、钠组合并），见表 10-4。在分组之前应先分别检出 Fe^{3+}、Fe^{2+}、NH_4^+。

表 10-3　常见阳离子的两酸两碱沉淀分离

分组	I	II	III	IV	V
组试剂 分离离子	HCl	H_2SO_4	NH_4Cl-NH_3	NaOH	（可溶组）
	Ag^+	Ca^{2+}	Fe^{3+}	Cu^{2+}	Na^+
	Hg^{2+}	Sr^{2+}	Al^{3+}	Mg^{2+}	K^+
	(Pb^{2+})	Ba^{2+}	Cr^{3+}	Cd^{2+}	Zn^{2+}
		Pb^{2+}	Mn^{2+}	Co^{2+}	NH_4^+
			Hg^{2+}	Ni^{2+}	

表 10-4　简化的硫化氢系统分组方案

组试剂	HCl	0.3 mol/L HCl，H_2S 或 0.2～0.63 mol/L HCl，TAA，加热	$NH_3+NH_4Cl(NH_4)_2S$ 或 NH_3+NH_4Cl，TAA，加热	
组的名称	I 组 银组 盐酸组	II 组 铜锡组 硫化氢组	III 组 铁组 硫化铵组	IV 组 钙钠组 可溶组
组内离子	Ag^+，Hg_2^{2+}，Pb^{2+}	II A：Pb^{2+}，Bi^{3+}，Cu^{2+}，Cd^{2+} II B：Hg^{2+}，As（III），Sb（III），Sn（IV）	$Al(OH)_3$，$Cr(OH)_3$ Fe^{3+}，Fe^{2+}（S^{2-} 还原），Mn^{2+}，Zn^{2+}，CO^{2+}，Ni^{2+}	Ba^{2+}，K^+ Ca^{2+}，Na^+ Mg^{2+}，NH_4^+

注：表中未写出沉淀形式，均为相应的组沉淀。

H_2S 是有毒气体，为避免 H_2S 带来的污染，可采用硫代乙酰胺均匀沉淀代替 H_2S。

10.2.1.2　有机沉淀剂选择沉淀分离

有机沉淀剂种类多，并可根据需要加以修饰（如引入某些基团），因此具有选择性高、共沉淀不严重的特点,且形成的沉淀晶形好。

例如,丁二酮肟在氨性溶液中,在酒石酸存在下,与镍的反应是特效的:

在弱酸性介质中也只有 pd^{2+}、Ni^{2+} 与其生成沉淀。

又例如 8-羟基喹啉( )与 Al^{3+}、Zn^{2+} 均生成沉淀,若在 8-羟基

喹啉芳环上引入一个甲基,形成 2-甲基-8-羟基喹啉 ,可选择

沉淀 Zn^{2+},而 Al^{3+} 不沉淀,达到 Al^{3+} 与 Zn^{2+} 的分离。

沉淀分离常用有机试剂见表 10-5。

表 10-5　沉淀分离常用有机试剂

沉淀剂	沉淀条件	沉淀元素	溶液中不沉淀的元素
乙酸钠	pH 5.6	Cr, Hg, U, Os, Fe, Ti, Al, Bi, Zr	Ni, Co, Zn, Mn, Cu, Ca, Sr, Ba, Mg
尿素	pH 1.8～2.9	Fe, Co, Ni, Cu, Ag, Cd, Al, Ga, Th	
吡啶	pH 6.5	Fe, Al, Cr, Ti, Zr, V, Th, Ga, In	Mn, Cu, Ni, Co, Zn, Cd, Ca, Sr, Ba, Mg
六亚甲基四胺-铜试剂	浓溶液沉淀	Cu, Ag, Cd, Hg, Pb, Sb, Bi, Co, Zn, U, Fe, Ti, Zr, Cr, Al, Mn, In, Tl	Zn, Mo, V, Ca, Sr, Ba, Mg, Ce
苯甲酸铵	pH 3.8	Fe, Cr, Al, Ce^{4+}, Sn^{4+}, Zr	Ba, Cd, Ce^{3+}, Co, Fe^{2+}, Li, Mn, Mg, Hg^{2+}, Ni, Sr, V^{4+}, Zn
丁二酮肟	酒石酸铵溶液	Be, Fe, Ni, Pd, Pt^{2+}	Al, As, Sb, Cd, Cr, Co, Cu, Fe, Pb, Mn, Mo, Sn, Zn

沉淀剂	沉淀条件	沉淀元素	溶液中不沉淀的元素
8-羟基喹啉	乙酸铵溶液	Al, Bi, Cr, Cu, Co, Ga, In, Fe, Hg, Mo, Ni, Nb, Pb, Ag, Ta, Th, Ti, W, U, Zn, Zr	Sb, As, Ge, Ce, Pt, Se, Te
	氨性溶液 pH7.5	Al, Be, Bi, Cd, Ce, Cu, Ga, In, Fe, Mg, Mn, Hg, Nb, Pd, Sc, Ta, Th, Ti, U, Zr, Zn, RE	Cr, Au
铜铁试剂	强酸性溶液	W, Fe, Ti, V, Zr, Bi, Mo, Nb, Ta, Sn, U, Pd	K, Na, Ca, Sr, Ba, Al, As, Co, Cu, Mn, P, U(Ⅵ), Mg
辛可宁	0.15～3.9 mol/L 酸性溶液	Zr, Mo, Pt, W	
苦杏仁酸	2.5～3.9 mol/L HCl	Zr	Al, Ba, Bi, Ce, Cd, Cr, Cu, Fe, Mg, Mn, Re, Sr, V, Th
苯胂酸	1 mol/L HCl	Zr	Al, Be, Bi, Cu, Fe, Mn, Ni, Zn, Re
单宁	$\phi 8\%$ 或 $\phi 15\%$ HCl (加动物胶)	Nb, Ta	Al, Fe, Mn, Sb, Sn, Th, Ti, U
草酸	HCl 或 HNO$_3$ pH 1～2.5	Th, RE	Ag, Ba, Bi, Cd, Co, Cr, Cu, Fe, Al, Mn, Ni, Pb, Sr, U(Ⅵ), Zn
	pH 4.5	Ca	Mg 等

10.2.1.3　其他沉淀分离

使用氢氟酸(HF)、草酸($H_2C_2O_4$)等沉淀剂也能分离金属离子,如表 10-6 所示。

表 10-6　其他沉淀剂及沉淀分离的离子

沉淀剂	沉淀分离
HF 或 NH$_4$F	Ca^{2+},Sr^{2+},Mg^{2+},Th(Ⅳ),稀土金属离子形成氟化物沉淀与其他金属离子分离
H$_3$PO$_4$	Zr(Ⅳ),Hf(Ⅳ),Th(Ⅳ),Bi^{3+} 等形成磷酸盐沉淀与其他金属离子分离
H$_2$C$_2$O$_4$	Ca^{2+},Sr^{2+},Ba^{2+},Th(Ⅳ)等与 Fe^{3+},Al^{3+},Zr(Ⅳ),Nb(Ⅴ),Ta(Ⅴ)等分离
铜铁试剂	Fe^{3+},Th(Ⅳ),V(Ⅴ)等形成沉淀而与 Al^{3+},Cr^{3+},Co^{2+},Ni^{2+} 等分离
8-羟基喹啉	8-羟基喹啉与金属离子形成沉淀的溶度积有较大差异,可控制 pH 选择沉淀分离

10.2.1.4　共沉淀分离与富集

利用共沉淀现象,以某种沉淀作载体,将痕量组分定量地沉淀下来,溶解在少量溶剂中,达到分离与富集的目的。共沉淀分离与富集一方面要求待富集的痕量组分回收率高,另一方面要求共沉淀载体不干扰待富集组分的测定,常见共沉淀分离富集方法如表 10-7 所示。

表 10-7　几种共沉淀分离富集方法

表面吸附共沉淀	利用 Fe(OH)$_3$、Al(OH)$_3$、MnO(OH)$_2$ 作载体,通过吸附共沉淀将微量或痕量组分共沉淀分离富集
混晶共沉淀	利用生成混晶对微量组分或痕量组分进行共沉淀分离富集。例如,利用 Pb^{2+} 与 Ba^{2+} 生成硫酸盐混晶,用 BaSO$_4$ 共沉淀分离富集 Pb^{2+}
"固体萃取剂"共沉淀	例如,U(Ⅵ)-1-亚硝基-2-萘酚微溶螯合物量少时难以沉淀。在体系中加入 α-萘酚或酚酞的乙醇溶液。α-萘酚或酚酞在水溶液中溶解度小,故析出沉淀,同时将 U(Ⅵ)-1-亚硝基-2-萘酚螯合物共沉淀富集。α-萘酚或酚酞不与 U(Ⅵ)及其螯合物发生反应,称为"惰性共沉淀剂",也可理解为利用"固体萃取剂"进行共沉淀分离富集

10.2.2　溶剂萃取分离法

10.2.2.1　重要萃取体系

1)离子缔合物萃取体系

阳离子和阴离子通过静电引力结合而成的电中性疏水性化合物称为离子缔合物,它能被有机溶剂萃取。许多金属阳离子和金属配阴离子以及某些酸根离子,能形成疏水性的离子缔合物。例如,用乙醚从 6 mol/L HCl 溶液中萃取 Fe^{3+} 时,Fe^{3+} 与 Cl^- 配位形成配阴离子 $FeCl_4^-$。而溶剂乙醚可与溶液中的 H^+ 结合成锌离子,锌离子与 $FeCl_4^-$ 缔合成中性分子锌盐:

$$\begin{matrix} C_2H_5 \\ C_2H_5 \end{matrix}\!\!\!O + H^+ \longrightarrow \begin{matrix} C_2H_5 \\ C_2H_5 \end{matrix}\!\!\!OH^+ \xrightarrow{FeCl_4^-} \begin{matrix} C_2H_5 \\ C_2H_5 \end{matrix}\!\!\!OH^+ \cdot FeCl_4^-$$

锌盐有疏水性,可被有机溶剂乙醚所萃取。在这类萃取体系中,溶剂分子参加到被萃取的分子中去,因此它既是溶剂又是萃取剂。

含氮的有机萃取剂多为碱性染料,它在酸性溶液中可以和 H^+ 结合成阳离子,并能与金属配阴离子形成铵盐离子缔合物。例如,硼与 F^- 形成 BF_4^- 配阴离子,亚甲基蓝在酸性条件下与 H^+ 形成阳离子,再与 BF_4^- 缔合成铵盐缔合物(如下),可被二氯乙烷萃取。

$$\left[(CH_3)_2N-\!\!\!\!\!\overset{S}{\diagup\!\!\diagdown}\!\!\!\!\!\underset{\overset{|}{N}}{\diagdown\!\!\diagup}\!\!\!\!\!=N(CH_3)_2 \right]^+ [BF_4]^-$$

离子缔合物萃取效果好,有利于萃取分离。

在离子缔合物萃取体系中,加入与被萃取物具有相同阴离子的盐类(或酸类),可显著提高萃取效率。这种现象称为盐析作用,加入的盐类称为盐析剂。

2)金属螯合物萃取体系

这类萃取体系在分析化学中应用最为广泛。它是利用萃取剂与金属离子作用形成难溶于水、易溶于有机溶剂的螯合物来进行萃取分离的。所用的萃取剂一般是有机弱酸,也是螯合剂。例如,铜试剂在 $pH \approx 9$ 的氨性溶液中与 Cu^{2+} 作用生成稳定的疏水性的螯合物,加入 $CHCl_3$ 振荡,螯合物就被萃取到有机层中,把有机层分出就达到了 Cu^{2+} 与其他离子分离的目的。常用的萃取剂还有:双硫腙(又称打萨腙),可与 Ag^+、Bi^{3+}、Cd^{2+}、Hg^{2+}、Cu^{2+}、CO^{2+}、Mn^{2+}、Ni^{2+}、Pb^{2+} 等离子形成螯合物,易被 $CHCl_3$ 萃取;乙酰基丙酮,可与 Al^{3+}、Cr^{3+}、Cu^{2+}、Fe^{3+}、Co^{2+}、Ca^{2+}、Be^{2+} 等离子形成螯合物,易被 $CHCl_3$、CCl_4 萃取。

3)中性配合物萃取体系

中性配合物萃取是指被萃取组分与萃取剂都是中性分子,它们结合生成中性配合物进入有机相,可以把生成的中性配合物看成溶剂化合物,故这种类型的萃取又可称为溶剂化合物萃取。萃取剂通过配位原子与被萃取物质的分子相结合,取代被萃取物质分子中的水分子而形成新的溶剂化合物。如 $UO_2(NO_3)_2 \cdot 4H_2O$ 与磷酸三丁酯(TBP)反应,形成化合物 $UO_2(NO_3)_2 \cdot 2TBP \cdot 2H_2O$ 或 $UO_2(NO_3)_2 \cdot 2TBP$,其结构分别为:

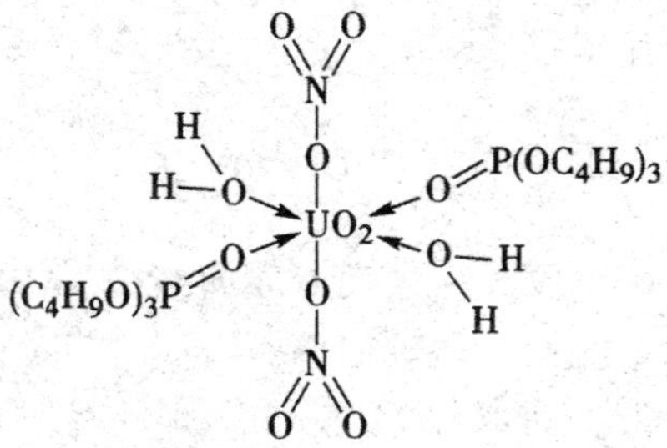

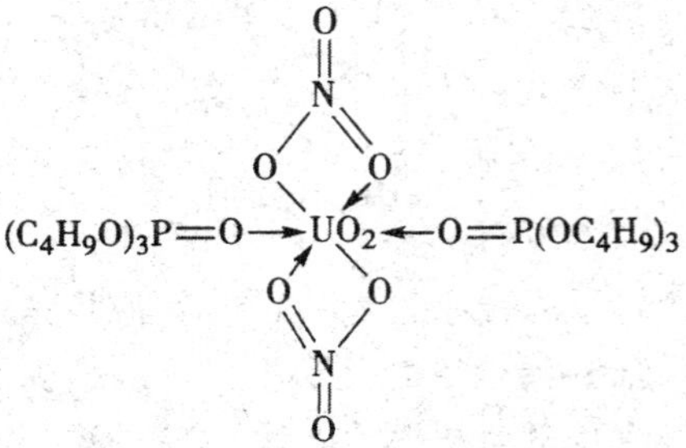

尽管 $UO_2(NO_3)_2$ 分子在水相中可能以 UO_2^{2+}、$UO_2(NO_3)^+$、$UO_2(NO_3)_2$、$UO_2(NO_3)_3^-$ 等多种形式存在,但被萃取的只是中性分子 $UO_2(NO_3)_2$。常用的中性萃取剂见表10-8。

表 10-8　常用的中性萃取剂

类型	举例
中性磷萃取剂	磷酸三丁酯、丁基膦酸二丁酯、二丁基膦酸丁酯、三丁基氧化膦
中性含氧萃取剂	酮、醇、酯、醛
中性含氮萃取剂	吡啶
中性含硫萃取剂	二甲基亚砜、二苯基亚砜

这类萃取体系在分析化学中应用最为广泛。它是利用萃取剂与金属离子作用形成难溶于水、易溶于有机溶剂的螯合物来进行萃取分离的。所用的萃取剂一般是有机弱酸,也是螯合剂。例如,铜试剂在 pH≈9 的氨性溶液中与 Cu^{2+} 作用生成稳定的疏水性的螯合物,加入 $CHCl_3$ 振荡,螯合物就被萃取到有机层中,把有机层分出就达到了 Cu^{2+} 与其他离子分离的目的。常用的萃取剂还有:双硫腙(又称打萨腙),可与 Ag^+、Bi^{3+}、Cd^{2+}、Hg^{2+}、Cu^{2+}、Co^{2+}、Mn^{2+}、Ni^{2+}、Pb^{2+} 等离子形成螯合物,易被 $CHCl_3$ 萃取;乙酰

基丙酮,可与 Al^{3+}、Cr^{3+}、Cu^{2+}、Fe^{3+}、Co^{2+}、Ca^{2+}、Be^{2+} 等离子形成螯合物,易被 $CHCl_3$、CCl_4 萃取。

10.2.2.2　溶剂萃取分离的应用

利用溶剂萃取分离法可将待测元素分离或富集,从而达到消除干扰的目的。在众多的仪器分析步骤中将萃取分离技术融入其中,是测量微量元素及痕量元素含量的有效的分离与富集手段。

(1)分离干扰物质。例如,用双硫腙萃取比色法测定工业废水中的 Hg^{2+} 时,Cu^{2+}、Cd^{2+}、Pb^{2+} 等重金属离子干扰,这时可将溶液 pH 控制为 1.5,以氯仿萃取双硫腙-Hg,而 Cu^{2+}、Cd^{2+}、Pb^{2+} 等离子留在水溶液中,分离后,萃取液直接用于比色测定。

(2)富集痕量组分。如工业废水中微量有害物质的测定,可在一定的萃取条件下,取大量的水样用少量的有机溶剂将待测组分萃取出来,从而使微量组分得到富集。然后用适当的方法进行测定。若将分层后的萃取液再经加热挥发除掉溶剂,剩余的残渣再用更少量的溶剂溶解,可达到进一步富集的目的。

溶剂萃取分离法简便、快速、分离效果好;既可用于分离有机物,又可用于分离无机物;不仅能用于常量组分的分离,而且在微量及痕量组分的分析中占有十分重要的地位。

10.3　平面色谱分离法

10.3.1　平面色谱分离法的分类

10.3.1.1　吸附柱色谱法

吸附柱色谱的流动相又称洗脱剂(液)。流动相的洗脱作用,实质上是流动相分子与被分离溶质分子竞争占据吸附剂表面活性位置的过程。如果流动相被强烈地吸附,则使得吸附剂对溶质的吸附性相对减弱。一般强极性的流动相分子占据吸附剂活性位置的能力强,因而具有强的洗脱作用。非极性流动相分子占据活性位置的能力弱,洗脱作用就要弱得多。因此,为了使试样中吸附能力有差异的各种组分分离,就必须根据吸附剂的吸附能力和待分离组分的极性选择适当极性的流动相。一般来说,采用吸附性较弱的吸附剂分离极性较大的物质时,应选用极性较大的流动相如水和甲醇等;采用吸附性较强的吸附剂分离极性较小的物质时,应选用极性较小的流动相如戊烷或己烷作为流动相的主体,再适当加入二氯乙烷、氯仿、乙酸乙酯等中等极性溶剂,或四氢呋喃、乙腈、甲醇等极性溶剂作为改性剂,以调节流动相的洗脱能力。在吸附柱色谱中,溶解试样的溶剂极性应与流动相相似,最好就是流动相,这样可以提高分离的分辨率。

吸附柱色谱对流动相的基本要求是:①对试样组分的溶解度要足够大;②不与试样组分和吸附剂发生化学反应;③黏度小、易流动;④有足够的纯度。

1)操作方法

第一,将有机萃取剂溶于挥发性溶剂中配制成适当浓度的溶液,把载体浸渍在此溶液中,搅拌或振荡一段时间后,让溶剂挥发制成固定相,然后装柱。第二,装柱后,用水流过色谱柱使固定相和流动相达到平衡。第三,将试液调至萃取所需要的最佳条件,并控制一定的流速流经色谱柱。第四,用同样的流速及与试液相似的水溶液洗涤柱床。第五,控制一定的流速、温度,根据待分离组分的性质选择不同的洗脱液淋洗,使各组分分离。例如,用三正辛胺-纤维素色谱柱,分别用 10 mol/L 盐酸、6 mol/L 盐酸和 0.05 mol/L 硝酸为洗脱液,可以将 $Th(\mathrm{IV})$,$Zr(\mathrm{IV})$ 和 UO_2^{2+} 很好地分离。如图 10-2 所示。

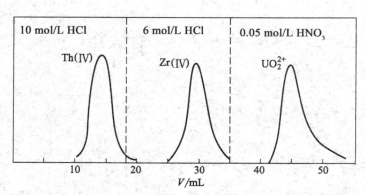

图 10-2　$Th(\mathrm{IV})$,$Zr(\mathrm{IV})$ 和 UO_2^{2+} 混合物的反相分配色谱分离(三正辛胺-纤维素色谱柱)

2)吸附柱色谱的应用

由于吸附柱色谱操作简便,吸附剂价廉易得,因而应用广泛。现仅将其在无机元素(或离子)和有机物中的分离应用举例于表 10-9 中。

表 10-9　吸附柱色谱法应用示例

被分离元素或化合物	从下列物质分离	固定相	流动相	备注
H^{3+}	Ag^+，Zn^{2+}，Cd^{2+}，Mn^{2+}，Fe^{3+}，Co^{2+}	纤维素	乙醚	
Bi^{3+}	Sb^{3+}，Sn^{2+}，As^{3+}	氧化铝	10％酒石酸	
Pt 族元素分离	相互分离	纤维素	己酮（3％HCl）	洗脱顺序：①Pt^{4+}，Ir^{4+}；② Pd^{2+}；③ 稀 HCl 洗 Rh^{4+}
Be^{2+}	Fe^{3+}，Al^{3+}，Mg^{2+}，Mn^{2+}，Hg^{2+}，Cd^{2+}，Zn^{2+}，Cu^{2+}，VO^-	硅胶	从 pH $=4.5\sim9.5$（含 EDTA）的溶液中分离	Be^{2+} 被吸着
水杨酸、对羟基苯甲酸、苯甲酸、山梨酸	相互分离	聚酰胺	①H_2O-HAc-CH_3OH(5.5：0.5：4) ②H_2O-HAc-CH_3OH(3：1：6)	用两种洗脱剂体系分步洗脱
维生素 A	维生素 E	氧化铝	二乙醚-己烷(1：2)或99％的异丙醇	己烷为溶剂
类胡萝卜素	维生素 E 与叶黄素	氧化铝	苯洗脱维生素 E，用甲醇洗脱叶黄素	类胡萝卜素通过

10.3.1.2　纸色谱分离法

1）方法原理

纸色谱分离法又称纸层析分离法，是以滤纸作载体，滤纸纤维上吸附的水或其他物质为固定相，展开剂为流动相。由于试液中的各组分在固定相和展开剂（流动相）中的分配系数不同，经多次反复地在两相中分配后达到分离的目的。

2）比移值

试样经展开分离后，可用比移值（R_f）表示各组分的位置。但由于影响比移值的因素较多，因而一般采用在相同实验条件下与对照物质对比以确

分析化学分析方法及其应用的研究

定其组分的异同。

$$R_f = \frac{x}{y} = \frac{原点中心到斑点中心的距离}{原点中心到溶剂中心的距离}$$

式中，x 为斑点中心到原点的距离；y 为溶剂前沿到原点的距离。在确定的色谱条件下，R_f 值应为一常数，其值在 $0\sim1$。利用 R_f 值的特征性可对各组分进行定性鉴定。实际分离中，各种物质的 R_f 值应控制在 $0.05\sim0.85$，两物质的 R_f 值差值应大于 0.05 才能分离。

3）基本操作

根据分离的目标组分数量，取适当的色谱滤纸按纤维长丝方向切成适当大小的纸条，将待分离的试液用微量吸管或微量注射器点在滤纸的原点位置（距离滤纸条下端有数厘米，可用铅笔划一点样基线），样点直径一般不超过 0.5 cm，样点通常应为圆形。将滤纸条原点一端放入流动相中（注意原点应高于展开剂液面，见图 10-3），由于毛细管作用，展开剂自下而上展开，使待分离组分在两相间进行反复的分配，此时，分配比大的上升快，分配比小的上升慢，从而将各个组分逐个分开。分配完成后，取出滤纸条，若此时斑点不明显，可喷上显色剂显示斑点，必要时用电吹风吹干显色，纸色谱分离装置如图 10-3 所示。

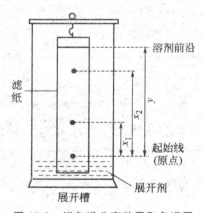

图 10-3　纸色谱分离装置和色谱图

4）对层析滤纸的要求

所用滤纸应质地均匀平整，具有一定的机械强度，不含影响色谱效果的杂质，也不应与所用显色剂起作用，以免影响分离和鉴别效果，必要时可作特殊处理后再用。具体要求为：①纯度高，无杂质（无金属离子），无斑点；②孔率、厚度、纤维素等分布均匀，质量稳定；③质地均匀平整，有一定的机械强度等。国际市场的 Whatman 滤纸和国产的新华层析滤纸都符合

244

要求。

5)应用

例如,铜、铁、钴、镍的分离,用丙酮-浓盐酸-水作展开剂,选用慢速滤纸,展开 1 h 后取出,用氨水熏 5 min,晾干后,再用二硫代乙酰胺溶液喷雾显色,就会得到一个良好的纸色谱图,如图 10-4 所示。

图 10-4　铁、铜、钴、镍的纸色谱分离
1—Ni^{2+};2—Co^{2+};3—Cu^{2+};4—Fe^{2+}

Fe^{2+} 呈黄色斑点,$R_f = 1.0$;Cu^{2+} 呈绿色斑点 $R_f = 0.70$;Co^{2+} 呈深黄色斑点,$R_f = 0.46$;Ni^{2+} 呈蓝色斑点,$R_f = 0.17$。若将斑点分别剪下,经灰化或用高氯酸和硝酸处理后(破坏滤纸纤维),可测定各组分的含量。此法可用于无机离子和各种有机物的分离,所用设备简单,操作方便,分离效果较好。

10.3.1.3　薄层色谱法

1)薄层色谱法原理

薄层色谱又称薄板色谱,是在纸色谱的基础上发展起来的。薄层色谱法是将吸附剂(固定相)铺在玻璃板或塑料板上,铺成均匀的薄层,以展开剂作流动相,被分离的组分就在薄层和展开剂之间不断地发生溶解、吸附、再溶解、再吸附的分配过程,从而达到分离的目的。

薄层色谱法与纸色谱法比较,具有分离速度快、灵敏度高、分离效果好和显色方便等优点。

2)吸附剂和展开剂的选择

吸附剂和展开剂的选择是薄层色谱分离获得成功的关键。对吸附剂的要求是具有适当的吸附能力,与溶剂、展开剂及欲分离的试样不发生化学反应,粒度一般在 200～300 目较为合适。

薄层色谱法的吸附剂类型与柱色谱法相似,有硅胶、氧化铝、纤维素和聚酰胺等,但吸附剂的颗粒比柱色谱细得多。最常用的是硅胶和氧化铝。

(1)硅胶。硅胶机械性能较差,一般需要加入黏合剂(如煅石膏、淀粉等)制成硬板。薄层色谱所用的硅胶有硅胶 H(不含黏合剂和其他添加剂)、硅胶 G(含 13%～15%煅石膏)、硅胶 GF254(含煅石膏和荧光指示剂,在 254 nm 紫外光照射下呈现黄绿色荧光)和硅胶 HF254(只含有荧光指示剂)。硅胶板适用于中性或酸性物质的分离。

(2)氧化铝。氧化铝的极性大于硅胶,适用于分离极性较小的化合物。它分为氧化铝 G(含煅石膏)、氧化铝 GF254 和氧化铝 HF254。

用吸附剂制薄层板时,一般将板制成软板和硬板两种。软板(又称干板)是直接用吸附剂铺成的板。硬板是在吸附剂中加入一定量的黏合剂(如煅石膏、淀粉等),按一定比例加入水制成的板,这种板可以增大板的机械强度。制成的硬板在使用前应于 105%～110%烘干活化,驱除水分,增强其吸附能力。根据活化后含水量的不同,其活性可分为五个等级,见表10-10。Ⅰ级活度最大,Ⅴ级活度最小,这两种都很少使用,使用最多的是Ⅱ～Ⅲ级或Ⅲ～Ⅳ级。一般制成的板在 110%活化 30 min 后活度可达Ⅱ～Ⅳ级。

表 10-10　吸附剂活度级

吸附剂	含水量/%	活度级
硅胶	0	Ⅰ
	5	Ⅱ
	15	Ⅲ
	25	Ⅳ
	38	Ⅴ
氧化铝	0	Ⅰ
	3	Ⅱ
	6	Ⅲ
	10	Ⅳ
	15	Ⅴ

吸附剂和展开剂,要根据样品中各组分的性质进行选择。吸附剂、展开剂和分离物质这三者之间的关系列于表 10-11 中,供实际应用时参考。

表 10-11　吸附剂、展开剂和分离物质三者的关系

展开剂的性质	非极性	中等极性	极性
分离物质的极性	非极性	中等极性	极性
吸附剂的活度级	Ⅰ～Ⅱ	Ⅱ～Ⅲ	Ⅳ～Ⅴ

例如,待分离的物质是中等极性的,由表 10-11 看出,应选用中等极性

的展开剂和Ⅱ～Ⅲ活度级的吸附剂为宜。如果待分离的物质是非极性的，则选用非极性的展开剂和活度为Ⅰ～Ⅱ级的吸附剂。

另外，在选择展开剂时，一般先用单一的溶剂，如果单一溶剂的分离效果不好，可选用混合溶剂进行试验。如在硅胶 G 板上分离生物碱时，可先试用环己烷、苯或氯仿等单一溶剂；再用混合溶剂，如苯-氯仿（9＋1）、环己烷-氯仿-二乙胺（5＋4＋1）等。混合溶剂中后加进去的组分主要用来改变展开剂的极性、调整展开剂的酸碱性，以增大试样的溶解度，从而改善分离效果。

3）操作方法

将已选好的吸附剂与适当的黏合剂按一定比例混合，加 2～3 倍水调成糊状，立即倒在洗净烘干的玻璃板上，铺成均匀的薄层，厚度一般为 0.2～1 mm，铺平后于 105～110 ℃烘干活化 30 min，制成薄层板。用毛细管或微量注射器将试液点在薄板上的一端，离边缘 1.5～2 cm 处，作为原点。然后把薄层板放入展开槽（筒）中，使点样的一端浸入展开剂中 0.5～1 cm 处，立即加盖密闭，进行展开分离（见图 10-5）。由于吸附剂对不同物质的吸附能力不同，较难吸附的组分最容易溶解，且随展开剂在薄层板上移动的距离最远；较易吸附的组分，则在薄层板上移动的距离较近。这样，试样中的各组分按其吸附能力强弱的差别彼此分开。例如，图 10-6 是 1-氨基蒽醌在中性氧化铝薄层板上以四氯化碳-丙酮-乙醇（3＋1＋0.04）为展开剂时所得到的色谱分离结果。由图 10-6 清楚地看到，离原点最远处有一个面积最大的橙色斑，这是主成分 1-氨基蒽醌；依次是橙红色的 1,5-二氨基蒽醌、桃红色的 1,8-二氨基蒽醌、黄色的 2-氨基蒽醌、红色的 1,6-二氨基蒽醌和橙黄色的 1,7-二氨基蒽醌，原点则为褐色。如果在薄层色谱分离后，斑点无色，可选用适当的显色剂喷洒在板上，使各个组分显色。也可在紫外灯（波长 254 nm、365 nm 的紫外光）下观察各个斑点的位置，然后由斑点和展开剂的距离计算出各组分的 R_f 值，以此作为定性的依据，再由斑点的颜色深浅或面积大小进行半定量。

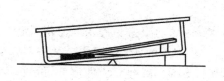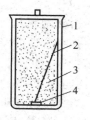

图 10-5　薄层色谱示意图

1—展开槽；2—薄层板；3—蒸气展开剂；4—盛有展开剂的器皿

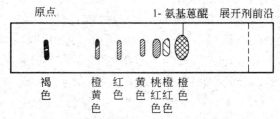

图 10-6　工业用氨基蒽醌的薄层色谱图

4）应用

（1）痕量组分的检测。例如,3,4-苯并芘是致癌物质,在多环芳烃中含量很低。可将试样用环己酮萃取,并浓缩到几毫升。点在含有 20 g/L 咖啡因的硅胶 G 板上,用异辛烷-氯仿（1＋2）展开后,置紫外灯下观察,板上呈现一紫至橘黄色斑点。将斑点刮下,用适当的方法进行测定。

（2）同系物或同分异构体的分离。用一般的分离方法很难将同系物或同分异构体分开,但用薄层色谱法可将它们分开。例如,$C_3 \sim C_{10}$ 的二元酸混合物在硅胶 G 板上,以苯-甲醇-乙酸（45＋8＋4）展开 10 min,就可以完全分离。

（3）无机离子的分离。薄层色谱法不仅能用于有机物质的分离和检测,而且也能用于无机离子的分离。例如,对硫化铵组阳离子的分离,将试液点在硅胶 G 板上,以丙酮-浓盐酸-己二酮（100＋1＋0.5）作展开剂,展开 10 min 后,用氨熏,再以 5 g/L 8-羟基喹啉的 60％乙醇溶液喷雾显色,得到各组分的 R_f 顺序为 Fe＞Zn＞Co＞Mn＞Cr＞Ni＞Al。再用比较色斑大小进行各组分的半定量。此外,薄层色谱法还可用于卤素的分离和鉴定,硒、碲的分离和鉴定,稀土元素铈、镧、镨、钕的分离等。

10.3.2　平面色谱法技术

10.3.2.1　点样技术

1）样品溶液配制

点样时选择合适的溶剂溶解样品,尽量避免用水为溶剂,因为水溶液点样时斑点易扩散,且不易挥发,一般用甲醇、乙醇、丙酮、氯仿等挥发性有机溶剂,最好用与展开剂极性相似的溶剂。点样后应使溶剂迅速挥发,并减少空气中水分对薄层吸附剂活度的影响,若样品为水溶液,且遇热不易破坏,可以边点样边加热干燥,例如,用吹风机吹热风,若样品遇热不稳定,则可用冷风吹干,以加快点样速度。液体样品适当稀释后可直接点样。

2)点样方式

点样方式、点样量及点样设备的选择取决于分析的目的、样品溶液的浓度及被测物质的检出灵敏度。点样前,应将薄层板在日光及紫外光下检查板面有无损坏或污染,选择合格的薄层板后再决定点样方式。表 10-12 是点样的相关参数,表 10-13 显示了不同点样方式的操作方法和特点。

点样过多会造成原点"过载",展开剂产生"绕行"现象,使斑点拖尾或重叠,使扫描峰形不对称或不能基线分离,严重影响定量结果。尽量避免多次点样,原点直径过大会降低分辨率和分离度。使用多元展开剂展开时,应注意原点与展开剂的距离每次要保持一致,否则会由于色谱分离最初行为的差异导致分离失败。斑点之间的距离必须十分精确,才能正确地扫描每行的色斑,得到好的测定结果。

表 10-12　点样参数

项目	点样体积 /(nL)	样品浓度 /(%)	原点直径 /(mm)	起始线距 底边/(cm)	展距 /(cm)	点间距离 /(cm)
经典薄层	1~5	0.01~1.00	3~5	1.5	10~15	1~2
高效薄层	100~500	0.01~1.00	1~2	1	5~7	0.5

表 10-13　不同点样方式的特征

点样方式	操作方法	优缺点	适用范围
点状点样	定性时用内径约 0.5 mm、管口平整的毛细管或微量注射器将样品溶液点在距薄层底边约 2 cm 处,点样直径不超过 5 mm,点间距为 1~1.5 cm。定量时可使用容积为 0.1~5 μL 的定量毛细管或可变体积的微量点样器	廉价,精密度一般,操作简单	一般样品
径向点样	样品点在颈上,点样直径可以更大	快捷,分离效果较好	点样量较大
带状点样	点样时样品溶液吸在微量注射器中,点样器不接触薄层,而是用氮气将注射器针尖的溶液吹落在薄层上,薄层板在针头下定速移动点成 0~199 mm 的窄带	展开后的斑点分辨率明显高于点状点样,精密准确,为定量分析提供最佳条件	样品溶液浓度稀、点样体积大

点样方式	操作方法	优缺点	适用范围
接触点样	带有抽气孔的凹形块的上方覆盖一片涂有疏水性物质的聚氟化物薄膜,当减压抽气时薄膜凹陷,此时将样品溶液点在凹槽处,然后用氮气吹去大部分溶剂,再将浓缩后的样品液滴与高效薄层板的吸附剂层接触,此时样品就定量地转移到薄层上	操作较复杂,需要其他特殊设备	样品溶液黏度较大或点样体积要超过 $100\ \mu L$
自动点样	使用各型自动点样仪器进行点样。如 Automarie TCL Sampler 全自动点样仪、CA-MAGNanomat 和 Linomat 型自动点样器	精密度高,自动化	一般样品

10.3.2.2 展开技术

平面色谱的展开方式有 3 大基本类型:线性展开(包括上行展开、下行展开、双向展开、近水平展开等),环形展开及向心展开。展开时也可以采取多次展开(包括单向多次展开、增量多次展开、分级展开、程序多次展开)和连续展开(包括短板连续展开、蒸气连续展开)等方法。

展开剂的选择和优化。选择合适的展开剂对于薄层色谱来讲是分离成败的关键因素,选择展开剂的方法可以查阅文献、微量圆环技术、三角形法、微型薄层板等方法。

1)微量圆环技术

在没有合适的文献参考时,应用微量圆环技术可以简便快速地确定样品在所用展开剂中的移动速度和大致的分离效果。如图 10-7 所示,将一滴样品点到薄层板上,干燥后形成一点,然后用尖头吸管或微量吸管滴少量溶剂于薄层的斑点上,观察分离情况,无色样品则需喷合适的显色剂。先用低极性溶剂试验,如果样品留在原点不动,则增加溶剂的极性或增大溶剂的量;如果移动太快或者甚至斑点移动直至溶剂前沿,则改用较低极性的溶剂调整移动距离;当溶剂可以将样品分离成几个同心环时,表明溶剂有较好的分离效果。

2)三角形法

三角形法是按照展开剂、固定相及被分离样品三者间的相互影响,设计三因素的组合,如图 10-8 所示,将三角形的一个顶点指向某一点,其他两个因素将随之自动地增加或减少,以帮助选择展开剂的极性或固定相的活度。

用吸附薄层色谱分离极性化合物时,要选用活度级别大,即吸附活度小的薄层板及极性大(扩大)的强洗脱剂展开;分离非极性化合物时要采用活度级别小,即吸附活度大的薄层板,用非极性溶剂(扩小)的弱洗脱剂展开;分离中等极性化合物则应采用中间条件展开,以大多数组分斑点的 R_f 在 $0.2\sim$ 0.8 为宜。

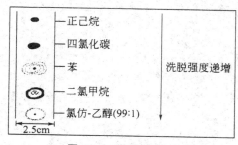

图 10-7 微量圆环法

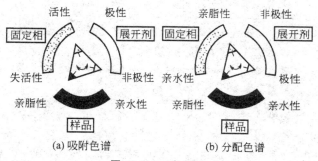

(a) 吸附色谱   (b) 分配色谱

图 10-8 三角形法

3)微型薄层板

微型薄层板法采用与实验展开相同的条件,经显微镜载玻片为板基,手工涂铺薄层,选择展开剂,当选择到较满意的展开剂后就改用普通实验用规格的薄层板进一步试验。微型薄层板法节约时间,可操作性强。

10.3.2.3 定位与定性

1)定位方法

点样的纸或薄层板展开后,要先挥发尽展开剂,如果色谱上有干扰定位的不易挥发的溶剂(如甲酰胺、酸或碱)也必须用加热的方法使之除尽后才能进行组分的定位。平面色谱的定位方法一般有光学显影法、蒸气检出法、试剂显色法、生物自显影、放射自显影,表 10-14 列出了各种定位方法的原理与操作。

表 10-14　不同的定位方法

定位方法	原理与操作
光学显影法	化合物对可见光(波长 400~800 nm)有吸收,则在自然光下目测定位;化合物对紫外线有吸收,则在紫外灯(波长 254 nm 或 365 nm)下观察;化合物具有发射长波长荧光特性的,则用荧光检测仪器下定位;化合物不吸收光波,又没有合适的显色剂,可采用荧光淬灭技术定位,即样品点在含有荧光剂的薄层板上,展开后挥去展开剂,置于紫外灯下观察,因为被分离成分减弱了吸附剂中荧光物质的紫外吸收强度,引起荧光的淬灭,所以在发亮的背景上显示暗点;也可以点在普通薄层板上,展开后挥去展开剂,喷上有机荧光剂,在紫外灯下观察
蒸气检出法	有些化合物与蒸气作用会生成不同颜色或产生荧光,可以定位斑点,常用蒸气有碘蒸气、浓氨水、二乙胺、盐酸、硝酸等
试剂显色法	化合物在紫外线或可见光下不能显示斑点,可根据被检出化合物的理化性质选择适当的显色剂,使之生成颜色或荧光稳定、轮廓清楚、灵敏度高、专属性强的斑点。含有腐蚀性试剂的显色剂不适用于纸色谱及含有机黏合剂的薄层的显色
生物自显影	具有生物活性的物质,如抗生素等,在纸或薄层上分离后与含相应微生物的琼脂培养基表面接触,在一定温度下培养后,在抗菌活性物质处的微生物生长受到抑制,琼脂表面出现抑菌点而得到定位
放射自显影	纸或薄层上分离的放射性同位素的辐射可以使照相底片感光,在相同感光条件下,胶片所呈暗度与斑点的放射活性成正比,通过得到的放射显迹图进行定性和定量

2)显色试剂

试剂显色法常采用喷雾法或浸渍法显色。喷雾显色是将显色剂溶液以气溶胶形式均匀地喷洒在纸或薄层上,喷雾显色必须在通风橱中进行,设备有电动喷雾器和手动喷雾器。浸渍法只适用于薄层中的硬板,不适合不含黏合剂的软板,将薄层板垂直插入装有显色剂的浸渍槽中,控制浸板、抽板的速度和停留的时间,板抽出后用干净的滤纸吸去薄层表面过量和背面残留的溶液。浸渍显色可确保薄层各部位均匀地接触显色剂,浸渍条件可以标准化,有利于实验的重现性,对环境保护也优于喷雾法,故常被采用。

3）定性

分析样品通过纸或薄层分离，并用适当方法定位后的斑点，可以通过比较斑点 R_f 值、斑点显色特性、原位光谱扫描或与其他分析技术联用的方法进行定性。理论上化合物的 R_f 值应该是个常数，实际操作中由于操作技术和操作环境的影响，R_f 值会有所变化，因此每次进行定性时必须同时随行对照品，而且要经过两种以上不同组成的展开剂展开得到的 R_f 值均与对照品一致时，才可认定该斑点与对照品是同一化合物。

在自然光下比较观察斑点的颜色，或在紫外光下观察斑点的颜色或荧光；或用专属性显色剂后斑点显色的情况与对照品比较可以定性。彩色摄影是真实地记录斑点颜色或荧光斑点，保存平面色谱图的最佳方法。

展开后的平面色谱，根据斑点的性质在薄层扫描仪上用不同光源进行斑点的原位扫描，如为颜色斑点选用钨灯为光源，从 400～780 nm 扫描，如斑点有紫外吸收，则选用氘灯为光源，从 200～400 nm 扫描，得到的斑点扫描光谱图与对照品的光谱图对比，从光谱图形和最大吸收波长等角度作为定性的参数。

此外，薄层色谱还能与其他分析技术联用，从而进一步为被分离物质提供定性鉴别的特征图谱和数据，如薄层色谱与其他色谱联用、薄层色谱与方波阳极伏安法、脉冲极谱法、库仑滴定法等电化学分析联用，薄层色谱与原子吸收光谱、红外光谱、拉曼光谱、光声光谱等光谱仪联用、薄层色谱与质谱、核磁共振谱仪联用等。今后薄层色谱联用技术会发挥更大作用，也提高了薄层色谱的应用范围。

10.4　离子交换分离法

离子交换分离法是利用离子交换树脂与溶液中的离子发生交换反应进行分离的方法。这种方法与溶剂萃取分离法不同，主要是基于被分离的物质在离子交换树脂上的交换能力不同而进行分离的。

10.4.1　离子交换树脂的分类与结构

常用离子交换树脂列于表 10-15 中。

表 10-15　常用离子交换树脂

类别	交换基	树脂牌号	交换容量（mmol/g）	国外对照产品
阳离子交换树脂	—SO$_3$H	强酸型♯1 阳离子交换树脂	4.5	
	—SO$_3$H	732（强酸 1×7）	≥4.5	Amberlite IR-100（美）
	—SO$_3$H —OH	华东强酸♯45	2.0～2.2	Zerolit 225（英） Amberlite IR-100（美）
	—COOH —OH	华东弱酸-122 弱酸♯101	3～4 8.5	Zerolit 216（英）
阴离子交换树脂	—N+(CH$_3$)$_3$	强碱型♯201 阴离子交换树脂	2.7	
	—N+(CH$_3$)$_3$	711（强碱 201×4）	≥3.5	Amberlite IRA-400（美）
	—N+(CH$_3$)$_3$	717（强碱 201×7）	≥3	Amberlite IRA-400（美）
	—NH$_2$	701（强碱 330）	≥9	Zerolit FF（英） DOolite A-3013（美）
	—N(CH$_3$)$_2$	330（弱碱）	8.5	Amberlite IR-45（美）
螯合型离子交换树脂	—N(CH$_2$COOH)$_2$	♯401	≥3	Chelex 100（英）

　　离子交换树脂是一类具有网状结构、带有活性基团的高分子聚合物。例如,常用的磺酸型阳离子交换树脂是由苯乙烯和二乙烯苯聚合所得的聚合物经浓 H$_2$SO$_4$ 磺化后制得的,其反应式为

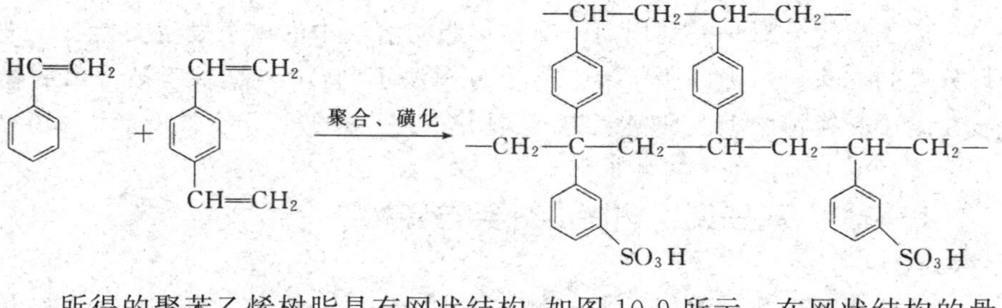

　　所得的聚苯乙烯树脂具有网状结构,如图 10-9 所示。在网状结构的骨架上分布着可与离子发生交换的磺酸基团。这种树脂的化学性质十分稳

定,即在 100 ℃时不受强酸、强碱、氧化剂或还原剂以及某些有机溶剂的影响,而且用过的树脂经再生后可以反复使用。

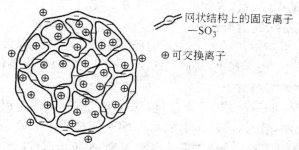

图 10-9　离子交换树脂的网状结构

10.4.2　离子交换分离的应用

10.4.2.1　一般离子交换分离

1)痕量组分的富集

痕量组分的富集包括痕量元素的选择吸附与基体分离,基体元素的选择保留与待测痕量元素分离两种情况。

(1)痕量元素的选择吸附。只要痕量元素的分配系数足够大,而主体成分的分配系数接近于零,便能够使痕量元素保留在交换柱上而主体元素不被吸附,而通过柱流出。

(2)主体元素的吸附保留。离子交换剂将主体元素保留在柱上,而待测的痕量元素通过柱直接流出。

下面列举常见的几组元素的阴、阳离子交换行为,以说明它们与其他元素的分离捕集方案。

阴离子交换分离岩矿中稀土元素。

分离步骤:试样碱熔融浸取后,煮至 40 mL,以水稀至 200 mL,过滤,以 20 g/L NaCl 溶液洗涤。用 50 mL 8%H_2SO_4 热溶液将沉淀溶解于原烧杯中,用水洗涤滤纸 6~8 次。将烧杯加热蒸发至冒 SO_3 白烟,取下冷却,加水至 100 mL(若含有 Zr,则加入 1 g Na_2HPO_4),煮沸,冷却,用慢速滤纸过滤除去 SiO_2 及 Zr,以 1% H_2SO_4 溶液洗涤 8~10 次,滤液及洗液用烧杯承接,并用水稀至 250 mL。

将上述溶液以 1.5 mL/min 流速流经阳离子交换柱(Zerolit225,H^+ 型,孔径 0.295~0.147 mm,φ1.5×10 cm),依次用 150 mL 1% H_2SO_4、

500 mL 1.25 mol/L HCl 洗提,除去 Fe、Mg、Mn、U、Ti 和 Al 等元素。然后用 300 mL 3 mol/L HCl 洗脱稀土元素,将流出液加热浓缩至约 0.5 mL,以水移入容量瓶中,以偶氮胂Ⅲ分光光度法测定。

阳离子交换分离金属锆(铪)中的 Ca、Na、K、Cu、Zn 和 Cd。

在稀 HF 介质中,Ca^{2+}、Na^+、K^+、Cu^{2+}、Zn^{2+} 和 Cd^{2+} 保留在阳离子交换树脂上,Zr(Ⅳ)或 Hf(Ⅳ)则形成络阴离子不被阳离子交换树脂吸留,从而与杂质元素离子分离。

分离步骤:称取适量试样于塑料杯中,加入 30 mL 水,分批加入 3 mL HF 使试样溶解,若有残渣,则加数滴 HNO_3 使之完全溶解。交换前先用 10 mL(1+99) HF 通过强酸性阳离子交换柱,再将试液过柱,流速为 0.5~1.0 mL/min,用(1+99)HF 洗交换柱 8 次(每次 10 mL),将残存的 Zr(Ⅳ)洗净,以水洗至中性,弃去流出液。再以 0.5~1 mL/min 流速用 3 mol/L HCl 洗脱,用 50 mL 容量瓶承接至刻度,摇匀。分别用原子吸收光谱法测定 Ca、Na、K、Cu、Zn 和 Cd。

2)元素之间的分离

离子交换特别适宜分离少量元素,被分离的元素可从几种至几十种,分离效果通常比较满意。例如,高纯硅中痕量组分的分离,样品经 HF-$HClO_4$ 分解后溶液通过交换柱可将痕量元素分成六组。

在 Dowex 50W-X12 阳离子交换柱和 Dowex 1-X10 阴离子交换柱上,用 HCl、HF 及其铵盐溶液或 HNO_3 和 $HClO_4$ 作为洗脱剂分离某些痕量元素,得到以下六组:(a)W、Mo、Si、Bi、Hg、Ta、Re、Pt、Au;(b)In、Zn、Cd;(c)Na、K、Rb、Cs、Mn、Ca、Sr、Ba;(d)Cu、Co、Ni、Ga、Fe;(e)S、P;(f)Hf、Zr、Ag、Th、Se、稀土元素。

表 10-16 列出了稀土元素成组分离常用的方案,并已成功地用于岩矿样品的分离分析。

10.4.2.2　混合物中单一组分的分离

从混合物中分离单个元素的可能性是依据周期表各族元素化学性质的差异及分离的要求,选择适宜的分离方案。

1)铈与其他稀土元素分离

在较浓的 HNO_3 溶液中 Ce(Ⅳ)的阴离子交换行为与 Ce(Ⅲ)及其他稀土元素相差甚大,与 Th 相近,能被阴离子交换树脂吸附,在 8 mol/L HNO_3 溶液中的分配系数为 1×10^{-3}。将两个交换柱串联,上柱装阴离子树脂,下柱装填阴离子树脂和细粒状 PbO_2。将制成的 8 mol/L HNO_3 试液流经交换柱,Th 被吸附在上柱中,Ce(Ⅲ)、非铈稀土和其他元素通过进入下柱,Ce

（Ⅲ）被 PbO_2 氧化成 Ce（Ⅳ），吸附在柱上，非铈稀土和其他元素通过 p 然后将上、下柱分开，分别用 6.0 mol/L HCl 溶液洗提 Ce 和 Th，此法 Ce 的选择性极好。

表 10-16　稀土元素分组分离

交换柱	洗提剂	洗提元素
717；ϕ1.5 cm×12 cm	8％10 mol/L HNO_3-92％异丙醇	Fe，Al，Ti 等
	25％3.4 mol/L HNO_3-75％CH_3OH	Sm，Lu，Y，
	45％1.5 mol/L HNO_3-55％CH_3OH	La，Nd，
	0.2 mol/L HNO_3	Th
Dowex 1-X1	5％7 mol/L HNO_3-95％CH_3OH	Na，Mg，Ca，Al，
ϕ1 cm×14 cm	45％7 mol/L HNO_3-55％CH_3OH 水	K，Sc，Mn，Fe，P
		Sm-Lu，Y，La-Nd
717；ϕ1.5 cm×12 cm	10％7.5 mol/L HNO_3-90％CH_3OH	Sm-Lu，Y
	0.2 mol/L HNO_3	La-Np
Zerolit FF：	35％3.4 mol/L HNO_3-65％CH_3OH	Sm-Lu，Y
ϕ1.7 cm×12 cm	0.2 mol/L HNO_3	La-Nd
AG 1-8；	10％5.25 mol/L HNO_3-90％CH_3OH	Dy-Yb，Ce-Gd，
ϕ4 cm×5 cm	10％10 mol/L HNO_3-90％CH_3OH	50％La，La 50％
	1 mol/L HNO_3	
717；ϕ1.5 cm×22 cm	10％2.5 mol/L HNO_3-90％CH_3OH	Gd-Lu，Y
	1.2 mol/L HNO_3-65％CH_3OH	Sm-Eu
	0.5 mol/L HNO_3	La-Nd
	10％5 mol/L HNO_3-90％CH_3OH 或	U，Gd-Lu，Y
	5％5 mol/L HNO_3-95％CH_3OH	
	0.5 mol/L 或 0.25 mol/L HNO_3	Th，La-Eu

2）锆和铪的分离

锆铪性质相似，它们易聚合或水解。Zr、Hf 在硫酸溶液中用阳离子树脂分离效果不好，如加入适量高氯酸可提高 Zr、Hf 的分离效果。但用阴离子树脂吸附时，Zr 的分配系数大于 Hf。例如，在 0.5～0.8 mol/L H_2SO_4 中 Zr、Hf 的分离有较好的效果。在试样液进入交换柱前，应将硫酸加热冒烟，尽可能地使 Zr、Hf 解聚，然后稀释至适宜浓度，稀释后 H_2SO_4 浓度不宜低于 0.5 mol/L，并尽量不放置。用 0.65 mol/L H_2SO_4-0.1％H_2O_2 溶液流经阴离子交换柱，0.65 mol/L H_2SO_4-0.1％H_2O_2 溶液洗提 Hf，1.0 mol/L H_2SO_4-0.1％H_2O_2 溶液洗提 Zr，可以完全分离。

3)铌和钽的分离

在 HF 溶液中，Nb 以 $NbOF_5^{2-}$ 形式，Ta 主要以 TaF^-、TaF_7^{2-} 形式形成稳定的络合物，被阴离子树脂所吸附，但在 HF-HCl 混合液中，二者的阴离子交换行为有较大的差别：在低浓度 HF 和较高浓度 HCl 溶液中，Ta 的分配系数很大（D 为 $100\sim400$），而 Nb 的分配系数很小（D 为 $3\sim5$），借此可进行 Nb 和 Ta 的分离。使用 HF-HCl、HF-HNO_3、HF-H_2SO_4 和 NH_4F-NH_4Cl 等作洗提剂，均获得较好效果。以 HF-HNO_3 分解试样，配制成 5 mL 含有 1.5 mL HF 和 1 mL HNO_3 的试液，流经阴离子交换柱吸着除去钽后，以 20 mL（1+25）HNO_3 洗提 Si，加 H_3BO_3 络合 F^-，以钼蓝分光光度法测定；以 77 mLHNO_3 和 185 mL HF 稀释至 1 L 溶液，取其 30 mL 分别洗提 Fe，Ni，Cu，Cr，Mn，Al，Ti，流出液用 $HClO_4$-H_2SO_4 冒烟后酒石酸浸取，用分光光度法或原子吸收法分别测定之，测定范围 Al、Ti 为大于 0.001%，其余为大于 0.000 5%。阴离子交换分离钽中微量 Nb 的方法也被采纳为 JIS 标准。

10.4.2.3　不同价态离子的分离

对于不同价态离子的分离可基于它们存在的型体不同，用离子交换分离法分离操作十分简便。Cr(Ⅲ)以阳离子型体存在，可将待测溶液通过阴离子交换柱与 Cr(Ⅵ)分离，在流出液中测定 Cr(Ⅲ)；Cr(Ⅵ)以阴离子型体存在（CrO_4^{2-} 或 $Cr_2O_2^{2-}$），可将待测溶液通过阳离子交换柱与 Cr(Ⅲ)分离，在流出液中测定 Cr(Ⅵ)。

10.5　其他分离法

10.5.1　膜分离技术

膜分离（membrane separation）技术是以选择性透过膜为介质，使被分离的物质在某种推动力，如压力差、浓度差、电位差等作用下有选择性地通过膜，如低相对分子质量溶质可以通过膜，而高相对分子质量溶质被截留，以此来分离溶液中不同相对分子质量的物质，从而达到分离、提纯的目的。

与传统的分离操作相比，膜分离具有以下特点：无相变发生，是单纯的物理变化，能耗低；一般无须额外加入其他物质，节约资源；常温下进行，特别适用于热敏性物质分离；膜组件简单，设备体积小，运行成本低，可实现连续操作。

1) 微滤

微滤(microfiltration)又称微孔过滤,是以多孔膜(微孔滤膜)为过滤介质,在 $0.1 \sim 0.3$ MPa 的压力推动下,溶液中的悬浮固体、细菌、胶体及固体蛋白等大的粒子组分被截留,而大量溶剂、小分子及少量大分子溶质都能透过膜的分离过程。

常用的微滤膜根据材质分为有机和无机两大类,有机膜材料有乙酸纤维素、聚丙烯、聚碳酸酯、聚四氟乙烯等,无机膜材料有陶瓷滤片和金属烧结滤片等。微滤膜一般为均匀的多孔膜,孔径较大,通常用测得的平均直径来表示其截留特性,孔径范围在 $0.02 \sim 10$ μm,膜厚 $50 \sim 250$ μm,微孔滤膜的孔隙率占其体积的 $70\% \sim 80\%$,因此微滤的阻力小,过滤速度快。

微滤应用范围很广,适用于去除水中的悬浮物,微小粒子和细菌;除去组织液、抗生素、血清、血浆蛋白质等多种溶液中的菌体;饮料、酒类、酱油、醋等食品中的悬浊物、微生物、酵母和真菌;在高效液相色谱分析中也广泛使用 $0.22 \sim 0.46$ μm 的微孔滤膜去除流动相中的细小固体颗粒。

2) 超滤

超滤(ultra-filtration)是一种加压膜分离技术,以大分子与小分子分离为目的,即在一定压力下,使小分子溶质和溶剂穿过一定孔径的特制的薄膜,成为净化液(滤清液),比膜孔大的溶质及溶质集团被截留,成为浓缩液。超滤膜材料大多是醋酯纤维或与其性能类似的高分子材料,由表面活性层和支持层组成。表面活性层很薄,约厚 $0.1 \sim 1.5$ μm,具有排列有序、孔径均匀的微孔。支持层厚度为 $200 \sim 250$ μm,起支撑作用,使膜有足够强度。支撑层疏松、孔径较大,透水率高。

超滤在超纯水制备中必不可少,可除去水中极细微粒(如细菌、病毒、热源等);在样品预处理中,超滤可进行低分子到高分子物质的浓缩、分离和纯化。

3) 纳滤

纳滤(nano-filtration)是介于超滤与反渗透之间的一种膜分离技术,其截留分子量在 $80 \sim 1\,000$ 的范围内,孔径为几纳米,因此又称为"纳米过滤"。也是一种以压力为驱动力的新型膜分离过程,操作压力差一般为 $0.5 \sim 4.0$ MPa。

纳滤膜多为芳香族聚酰胺类复合膜,大多数自身带有负电荷。复合膜为非对称膜,由两部分结构组成:一部分为起支撑作用的多孔膜,其机制为筛分作用;另一部分为起分离作用的一层较薄的致密膜。分离具有两个特征:对于液体中分子量为数百的有机小分子具有分离性能;物料的荷电性和离子价数对膜的分离效应有很大影响,一般一价离子易渗透,多价离子易被截留。

纳滤主要用于饮用水中脱除 Ca^{2+}、Mg^{2+} 离子等硬度成分、三卤甲烷中间体、异味、色度、农药、合成洗涤剂,可溶性有机物及蒸发残留物质。也可用于废水处理、高附加值成分浓缩等,其应用前景广阔。

4)反渗透

许多人造或天然的膜对于物质的透过具有选择性,我们把能够透过溶剂而不能透过溶质的膜称为理想的半透膜(semipermeable membrane)。有些天然膜,如动物膀胱等,水能透过膜,而高相对分子质量的或胶体溶质则不能通过。

反渗透膜一般是表面与内部结构不同的非对称膜,有无机膜(如玻璃中空纤维膜)和有机膜(如乙酸纤维素膜、聚酰胺膜等)。反渗透的操作压力一般为 1.0~10.0 MPa,截留组分为分离溶液中相对分子质量低于 500 的糖、盐等分子物质。

反渗透早期主要应用于海水淡化、纯水制备,现已发展到化学化工、食品、制药等领域中的分离。

5)微渗析

微渗析(microdialysis)又称微透析,是一种将灌流取样和透析技术结合起来,从生物活体内进行动态微量生化取样的新技术。它具有活体连续取样、动态观察、定量分析、采样量小、组织损伤轻等特点。可在麻醉或清醒的生物体上使用,特别适合于深部组织和重要器官的活体生化研究。以透析原理作为基础,通过对插入生物体内的微透析探头在非平衡条件下进行灌流,物质沿浓度梯度逆向扩散,使被分析物质穿过膜扩散进入透析管内,并被透析管内连续流动的灌流液不断带出,从而达到活体组织取样的目的。

渗析膜为纤维素膜、聚丙烯腈膜、和聚碳酸酯膜,它们不具有化学选择性。由膜的孔径大小决定体液小分子渗入或渗出。排出体外的液体可用化学或仪器分析方法进行检测。

6)电渗析

电渗析(electrodialysis)是以直流电为动力,利用阴、阳离子交换膜对水溶液中阴、阳离子的选择透过性,以及溶液中阴、阳离子在电场作用下的趋向运动而进行溶质与溶剂分离的方法。在原理上,电渗析器是一个带有隔膜的电解池。

电渗析膜材料主要有聚乙烯醇、聚乙烯异相膜,聚偏氟乙烯、聚苯醚、聚三氟苯乙烯、全氟磺酸、聚乙烯、聚氯乙烯等均相或半均相膜。用于电渗析的离子交换膜要求膜的电阻低、选择性高、机械强度和化学稳定性好。

电渗析可以对电解质水溶液起淡化、浓缩、分离、提纯的作用；也可以用于蔗糖等非电解质的提纯，以除去其中的电解质。

其他的膜分离方法还有气体膜分离、渗透汽化、液膜分离等。

10.5.2　固相萃取

固相萃取（solide phase extraction，SPE）是利用吸附剂将液体样品中的目标化合物吸附，与样品的基质和干扰化合物分离，然后再用洗脱液洗脱，达到分离或者富集目标化合物的目的。

固相萃取与传统的液-液萃取相比，具有操作时间短、样品量小、不需萃取溶剂、适于分析挥发性与非挥发性物质、重现性好等优点。SPE 法可用于环境化学、生物化学、食品农药残留、医药卫生、临床化学、法医学等领域中微量或痕量复杂目标物样品的分离、富集和分析。

下面列举两个应用固相萃取分析的实例。

（1）血液样品中氟乙酸钠的测定。使用 C_{18} 固相萃取柱（100 mg，Agilent 公司）分析血液样品中的氟乙酸钠。在使用前，用 3.0 mL 无水甲醇活化固相萃取柱，然后用等体积的水淋洗，流出液注进离子色谱仪进行空白分析。分别量取 1.0 mL 的 1.0 mg/L、5.0 mg/L、10.0 mg/L 3 种浓度的氟乙酸钠标准溶液过 C_{18} 固相萃取小柱，然后用水洗脱并定容到 3.0 mL，在 DX 型离子色谱仪（Dionex 公司）上测定其回收率。

离子色谱条件：分析柱采用美国 Dionex 公司的 Ion Pac AS11 阴离子交换柱（250 mm×4 mm i.d.）及其相应的 AG11 保护柱（50 mm×4 mm i.d.）。抑制器电流为 50 mA。2.0 mmoL/L $Na_2B_4O_7$ 为淋洗液，流速为 1.0 mL/min，室温。数据的采集和处理均由 PeakNet6.0 色谱工作站控制。

实验结果：回收率为 $100\% \sim 108\%$（见表 10-17 和图 10-10），说明 C_{18} 固相萃取柱对氟-乙酸钠没有保留。

表 10-17　氟乙酸钠经过 Cl R 固相萃取柱的回收率测定结果（$n=3$）

添加量/pg	实验结果/μg	回收率/%	RSD/%
1.0	1.02	102	0.69
5.0	5.01	101	3.8
10.0	10.8	108	0.93

（2）固相萃取-高效液相色谱法测定环境水样中多环芳烃。使用 Waters SPE 真空提取装置，Waters Porapak Sep-Park C_{18} 固相萃取小柱（1 cc/30 mg，30 μm）先用 15 mL 甲醇活化，再用 30 mL 水洗去小柱上残留的甲醇。小柱活化和样品富集的流速均为 10 mL/min。环境水样用 0.45 μm 微孔滤膜过滤后用氢氧化钠调 pH 到 13，以 10 mL/min 的流速通过小柱。收集第一次通过小柱后的水样，用磷酸调 pH 2.0～3.5 后以 10 mL/min 通过小柱，在该条件下酚类物质在小柱上有较好的保留，故可富集水样中的酚类物质。样品富集结束离心脱水，用 5 mL 四氢呋喃以 10 mL/min 流速洗脱，把小柱上的酚完全洗下来，用水定容到 10 mL，进样 40 μL，进行 HPLC 分析。

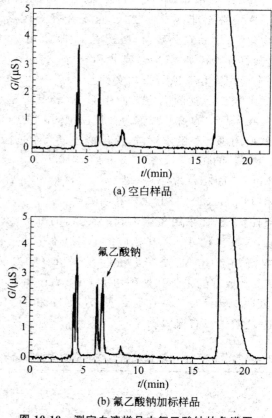

(a) 空白样品

(b) 氟乙酸钠加标样品

图 10-10　测定血液样品中氟乙酸钠的色谱图

HPLC 分析条件：Waters Nova-Pak-Cl8 液相色谱柱（3.9 mm×150 mm，5 μm）；以 A，1%的醋酸乙腈溶液；B，0.05 mol/L 磷酸二氢钾缓冲液作流

动相,流速为 1.0 mL/min。

在上述色谱条件下,标样和水样的实验结果见色谱图 10-11。用该方法测定了自来水、工业废水、湖水、河水、地下水等水样中的酚类物质,结果令人满意。

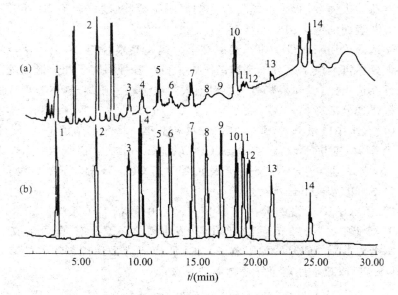

图 10-11　酚标准色谱图(b)及水样色谱图(a)

1—儿茶酚;2—苯酚;3—4-硝基苯酚;4—4-甲基苯酚;5—2-氯苯酚;

6—2-硝基苯酚;7—2,4-二硝基苯酚;8—2,4-二甲基苯酚;

9—4-氯-3-甲基苯酚;10—2,4-二氯苯酚;11—4,6-二硝基-2-甲基苯酚;

12—2,4,6-三甲基苯酚;13—2,4,6-三氯基苯酚;14—五氯苯酚

10.5.3　泡沫浮选分离法

泡沫浮选技术是指在一定条件下,向试液中鼓入空气或氮气气泡,使欲分离富集的微量(或痕量)组分被吸收而随气泡浮到液面,形成泡沫,然后收集起来进行分析测定。迄今已对 60 多种元素以阳离子、阴离子或配离子的形式采用泡沫浮选法进行分离富集的研究,并与分光光度、原子吸收、电感耦合等离子体原子发射光谱法等联用,广泛用于海水、河水、湖水、工业污水和其他环境分析试样中痕量组分的分离和富集以及高纯金属中痕量杂质的分离和富集。

按照浮选作用机理的不同,泡沫浮选分离法分为离子浮选法、共沉淀浮选法和溶剂浮选法三种。

10.5.3.1　离子浮选法

此法是将欲分离的微量元素先形成配阳离子或配阴离子,然后加入带相反电荷的表面活性剂,生成疏水性的离子缔合物,通气起泡,遂浮升并附着在溶液表面的泡沫层中而被浮选。

浮选既可用于大量基体元素存在下分离富集痕量组分,也可从极稀的溶液中分离富集痕量组分。金属离子除了可与各种阴离子配位形成配阴离子进行浮选,也可以和某些有机染料的大阴离子或大阳离子配位,形成配离子进行浮选分离。

(1)海水中微量 Fe^{3+} 和 Cu^{2+} 的分离和富集。将海水中的 Fe^{3+} 和 Cu^{2+} 在硫氰酸盐-氯化十六烷基吡啶(CPC)体系中浮选。Fe^{3+} 和 Cu^{2+} 先与 SCN^- 生成配阴离子,再与阳离子表面活性剂 CPC 形成离子缔合物,然后在各自适宜的酸度下进行浮选。

(2)污水中微量铬的分离和富集。污水中微量 $Cr(VI)$ 在 0.1 mol/L H_2SO_4 溶液中,可与二苯卡巴肼(DPCI)发生氧化还原反应,配位生成 Cr^{3+} 与二苯卡巴腙(DPCO)的配阳离子,加入阴离子表面活性剂十二烷基磺酸钠(SDS),形成疏水性离子缔合物而被浮选。

10.5.3.2　共沉淀浮选法

此法是在试样中加入少量载体(或称捕集剂),再加入无机或有机沉淀剂,在载体沉淀的同时,将欲分离富集的微量(痕量)元素共沉淀捕集。然后加入与沉淀表面带相反电荷的表面活性剂,使表面活性剂的亲水基团在沉淀表面定向聚集,从而增加其疏水性并吸附于气泡上被浮选。

在共沉淀浮选法中,控制溶液的 pH 至关重要。溶液的酸度直接影响欲测组分、载体及表面活性剂在溶液中的存在形体和电性,因此影响浮选率。沉淀与浮选一般在同一 pH 下进行。最佳 pH 范围由欲测组分被富集的回收率确定。

根据所用载体的不同,共沉淀浮选可分为氢氧化物共沉淀浮选和有机试剂共沉淀浮选两类。

(1)高纯锌(99.999%)中痕量铁和铅的富集与测定。将试样溶于 HNO_3,加水稀释定容,加入载体 Bi^{3+},再加入大量氨水使 $Zn(OH)_2$ 全部溶解,产生的 $Bi(OH)_3$ 共沉淀捕集痕量组分 Fe 和 Pb。加入油酸钠的乙醇溶液进行浮选,沉淀消泡溶解后用原子吸收光谱法测定。

(2)海水中微量银的富集与测定。将水样用 HNO_3 酸化后,加 2-巯基苯噻唑的丙酮溶液，Ag^+ 与 2-巯基苯噻唑生成难溶化合物，而 2-巯基苯噻唑也难溶于水，共沉淀析出，送气浮选。分离沉淀，溶于丙酮，蒸发干后将有机沉淀湿法灰化，残渣溶于 HNO_3，用原子吸收光谱法测定。

采用有机沉淀剂共沉淀浮选时，不必加表面活性剂，因有机沉淀剂本身难溶于水也沉淀析出，于是共沉淀捕集微量元素。

10.5.3.3　溶剂浮选法

此法是在浮选溶液的表面上加入少量与水不相混溶的比水轻的有机溶剂。在鼓气过程中，欲测离子与某些配位剂形成疏水性沉淀，浮选后它在水相与有机相之间形成第三（固）相，或附着于浮选槽壁上，从而达到浮选分离的目的。若沉淀微粒能溶于有机相，则浮选后从气泡脱落，直接进入有机相中，此为萃取浮选，可直接用萃取光度法测定。

（1）自来水中痕量 Zn^{2+} 的富集和测定。取水样使 Zn^{2+} 与 SCN^- 配位生成配阴离子 $Zn(SCN)_3^-$，再加入碱性染料孔雀绿（MG^+），它与配阴离子生成疏水性的离子缔合物 $MG[Zn(sCN)]$。用甲苯作溶剂，通氮浮选进入溶剂相中，分离后即可用萃取光度法测定。

（2）饮用水中痕量 Cu^{2+} 的富集和测定。取水样加入酒石酸和 EDTA，配位掩蔽干扰离子；调节 pH＝$6.0\sim6.4$，加入乙二胺基二硫代甲酸钠（Na-DDTC）；使之与 Cu^{2+} 形成螯合物，再加入异戊醇，通氮气浮选。Cu-DDTC 螯合物沉淀微粒随气泡上升，溶解于异戊醇中，分离溶剂层，直接用于萃取光度法测定。

参考文献

[1]王嗣岑,朱军.分析化学[M].北京:科学出版社,2017.

[2]胡琴,彭金咏.分析化学[M].2版.北京:科学出版社,2017.

[3]陈虹锦.无机与分析化学[M].2版.北京:科学出版社,2017.

[4]胡广林,许辉.分析化学[M].北京:中国农业大学出版社,2017.

[5]柴逸峰,邸欣.分析化学[M].8版.北京:人民卫生出版社,2016.

[6]时清亮,潘炳力.分析化学[M].北京:化学工业出版社,2016.

[7]王秀彦,马凤霞.分析化学[M].北京:化学工业出版社,2016.

[8]王文渊,黄丹云,程萍.分析化学[M].北京:华中科技大学出版社,2016.

[9]邱细敏,朱开梅.分析化学[M].3版.北京:中国医药科技出版社,2012.

[10]谢庆娟.分析化学[M].2版.北京:人民卫生出版社,2013.

[11]张跃春.分析化学[M].北京:冶金工业出版社,2011.

[12]曾元儿,张凌.分析化学[M].北京:科学出版社,2007.

[13]屠闻文.分析化学分析方法及原理研究[M].北京:中国原子能出版社,2012.

[14]司学芝,刘捷.分析化学[M].北京:化学工业出版社,2010.

[15]杨立军.分析化学[M].北京:北京理工大学出版社,2011.

[16]陈久标,邓基芹.分析化学[M].上海:华东理工大学出版社,2010.

[17]蔡明招.分析化学[M].北京:化学工业出版社,2009.

[18]陶增宁,白桂蓉.分析化学[M].北京:中央广播电视大学出版社,1995.

[19]周春山,符斌.分析化学简明手册[M].北京:化学工业出版社,2010.

[20]贺浪冲.分析化学[M].北京:高等教育出版社,2009.

[21]王淑美.分析化学[M].郑州:郑州大学出版社,2007.

[22]刘金龙.分析化学[M].北京:化学工业出版社,2012.

[23]王蕾,崔迎.仪器分析[M].天津:天津大学出版社,2009.

[24]马长华,曾元儿.分析化学[M].北京:科学出版社,2005.

[25]薛华.分析化学[M].2版.北京:清华大学出版社,1997.

[26]吴性良,孔继烈.分析化学原理[M].2版.北京:化学工业出版社,2010.

[27]席先蓉.分析化学[M].北京:中国医药出版社,2006.

[28]陈智栋,何明阳.化工分析技术[M].北京:化学工业出版社,2010.

[29]周梅村.仪器分析[M].武汉:华中科技大学出版社,2008.

[30]姚思童.分析化学[M].北京:化学工业出版社,2015.

[31]于文国,卞进发.生化分离技术[M].北京:化学工业出版社,2006.

[32]孙凤霞.仪器分析[M].北京:化学工业出版社,2010.

[33]高晓松,张惠,薛富.仪器分析[M].北京:科学出版社,2009.

[34]张寒琦.仪器分析[M].北京:高等教育出版社,2009.

[35]黄一石.仪器分析[M].2版.北京:化学工业出版社,2010.

[36]刘志广.仪器分析[M].北京:高等教育出版社,2007.

[37]董慧茹.仪器分析[M].2版.北京:化学工业出版社,2010.

[38]张威.仪器分析[M].北京:化学工业出版社,2010.

[39]国家自然科学基金委员会化学科技部;庄乾坤,刘虎威,陈洪渊.分析化学学科前沿与展望[M].北京:科学出版社,2012.

[40]高向阳.新编仪器分析[M].2版.北京:科学出版社,2009.

[41]刘燕娥.分析化学[M].西安:第四军医大学出版社,2011.

[42]严拯宇.仪器分析[M].2版.南京:东南大学出版社,2009.

[43]潘祖亭,黄朝表.分析化学[M].武汉:华中科技大学出版社,2011.

[44]张凌,李锦.分析化学[M].北京:人民卫生出版社,2012.

[45]陈媛梅.分析化学[M].北京:科学出版社,2012.

[46]孙延一,吴灵.仪器分析[M].武汉:华中科技大学出版社,2012.

[47]蒋云霞.分析化学[M].北京:中国环境科学出版社,2007.

[48]武汉大学等.分析化学(上)[M].5版.北京:高等教育出版社,2006.

[49]武汉大学等.分析化学(下)[M].5版.北京:高等教育出版社,2006.

[50]朱灵峰.分析化学[M].北京:中国农业出版社,2003.

[51]朱灵峰.无机及分析化学[M].北京:中国农业出版社,2001.

[52]张云.分析化学[M].北京:化学工业出版社,2015.

[53]任健敏,韦寿莲,刘梦琴,任乃林.分析化学[M].北京:化学工业出版社,2014.

[54]毋福海.分析化学[M].北京:人民卫生出版社,2015.

[55]张梅,池玉梅.分析化学[M].北京:中国医药科技出版社,2014.

[56]李发美.分析化学[M].北京:人民卫生出版社,2012.

[57]李发美.化学分析[M].6版.北京:人民卫生出版社,2007.

[58]郭勇,杨宏秀.仪器分析[M].北京:地震出版社,2001.

[59]钱沙华,韦进宝.环境仪器分析.2版.北京:中国环境科学出版社,2011

[60]李慎新,卢燕,向珍.分析化学[M].北京:科学出版社,2014.

[61]吴蔓莉等.环境分析化学[M].北京:清华大学出版社,2013.

[62]方惠群,于俊生,史坚.仪器分析[M].北京:科学出版社,2002.

[63]王春丽.环境仪器分析[M].北京:中国铁道出版社,2014.

[64]孙福生.环境分析化学[M].北京:化学工业出版社,2011.

[65]许金生.仪器分析[M].南京:南京大学出版社,2003.

[66]张宝贵,韩长秀,毕成良.环境仪器分析[M].北京:化学工业出版社,2008.

[67]但德忠.环境分析化学[M].北京:高等教育出版社,2009.

[68]赵怀清.分析化学[M].3版.北京:人民卫生出版社,2013.

[69]赵美萍,邵敏.环境化学[M].北京:北京大学出版社,2005.

[70]王中慧,张清华.分析化学[M].北京:化学工业出版社,2013.

[71]薛淑萍,薛月圆,姚鹏.现代化学分离技术及应用研究[M].北京:中国原子能出版传媒有限公司,2011.

[72]田丹碧.仪器分析[M].北京:化学工业出版社,2004.

[73]丁明玉等.现代分离方法与技术[M].北京:化学工业出版社,2006.

[74]周学芝,刘捷.分析化学[M].北京:化学工业出版社,2010.

[75]郭英凯.仪器分析[M].北京:化学工业出版社,2009.

[76]严新,徐茂蓉.无机及分析化学[M].北京:北京大学出版社,2011.

[77]周宛平.化学分离法[M].北京:北京大学出版社,2008.

[78]高歧.分析化学[M].北京:高等教育出版社,2006.

[79]王芬.分析化学[M].2版.北京:中国农业出版社,2009.

[80]王令令.分析化学计算基础[M].北京:化学工业出版社,2002.

[81]孙义.无机及分析化学[M].北京:中央广播电视大学出版社,2010.

[82]董元彦,王运,张方钰.无机及分析化学[M].2版.北京:科学出版社,2011.

[83]赵金安,徐霞.无机及分析化学[M].郑州:郑州大学出版社,2007.

[84]曾泳淮,林树昌.分析化学——仪器分析部分[M].2版.北京:高等教育出版社,2004.

[85]李生泉.分析化学[M].北京:中国农业大学出版社,2008.

[86]王炳强.仪器分析——光谱与电化学分析技术[M].北京:化学工业出版社,2010.

[87]魏福祥.仪器分析及应用[M].北京:中国石化出版社,2009.

[88]梁华定.无机及分析化学[M].杭州:浙江大学出版社,2010.

[89]曹国庆.仪器分析[M].北京:高等教育出版社,2007.

[90]李芬,金茜,袁廷香.典型分析化学分析方法及发展研究[M].成都:电子科技大学出版社,2018.

[91]白蓉,杨雪,张彩霞.分析化学中的分析方法与应用研究[M].北京:中国原子能出版社,2018.

[92]王元.分析化学中的典型分析方法及新进展研究[M].北京:中国原子能出版社,2018.

[93]李炳龙.分析化学方法及质谱技术研究[M].北京:中国水利水电出版社,2017.

[94]高春波,景晓霞,彭邦华.分析化学分析方法的原理及应用研究[M].北京:中国纺织出版社,2017.

[95]李琼,刘丽珍,唐克.分析化学原理及方法研究[M].北京:中国原子能出版社,2017.

[96]王自军,周娜.无机及分析化学[M].长春:吉林大学出版社,2016.

[97]殷广明,张静,赵秋伶.分析化学中的典型分析法及分离富集技术探究[M].北京:中国原子能出版社,2016.

[98]贺凤伟,张雅琴,徐慧娟.现代化学分析及仪器分析方法探究[M].长春:吉林大学出版社,2016.

[99]江志勇,齐誉,曾红.分析化学中的经典分析法及其新进展研究[M].北京:中国原子能出版社,2016.

[100]罗思义,王晓强,任丽彤.分析化学中的分析方法及应用研究[M].长春:吉林大学出版社,2015.

[101]张海丰,庞艳华,祝雷.环境分析化学的分析原理与应用探究[M].长春:吉林大学出版社,2015.

[102]周开梅,肖萍,王向辉.现代分析化学原理与方法探究[M].北京:新华出版社,2015.

[103]唐杰,曾亮,陈秋颖.环境分析化学的方法及应用研究[M].北京:中国水利水电出版社,2014.

[104]何艳萍,蒋煜峰,杨云.分析化学理论及方法研究[M].北京:中国原子能出版社,2014.

[105]杨玲娟,陈亚玲,马茹燕.化学分析技术与原理研究[M].北京:中国水利水电出版社,2014.

[106]韩爱鸿,李艳霞,张建夫.化学分析方式及仪器研究[M].北京:中国水利水电出版社,2014.

[107]刘名扬,万晓辉,刘庆超.化学分析技术与应用研究[M].长春:吉林大学出版社,2013.

[108]苏候香,白慧云,陈亚红.化学分析方法与技术研究[M].北京:中国水利水电出版社,2013.